VIETNAM WAR

【図解】ベトナム戦争

■作画 上田 信
■解説 沼田和人

新紀元社

CONTENTS

ベトナム戦争の歴史

インドシナ半島の東側に位置し、南北に長い国土を持つベトナム。北部は中国に接し、その地勢的な関係により、紀元前2世紀頃～17世紀まで漢、元、明、清など中国各王朝の影響下に置かれた。そして1888年、ベトナムはフランスの植民地となり、新たな抵抗の歴史が始まった。

■第一次インドシナ戦争

第二次世界大戦の勃発によってフランスに替わり、日本の支配下に置かれていたベトナムは、1945年8月15日、日本のポツダム宣言受諾により、情勢が変化する。8月17日、祖国独立を目指し、活動していたホー・チ・ミン率いるベトミン（ベトナム独立同盟）がハノイを占拠し、9月2日にベトナム民主共和国の樹立を宣言。それとともにホー・チ・ミンは初代国家主席兼首相に就任した。

しかし、ベトナムにおける主権を取り戻そうとするフランスは、この独立を認めず、1946年11月、ハイフォンでの武力衝突により第一次インドシナ戦争（以下、インドシナ戦争）が始まった。この独立運動に対して、ベトナムの共産化を嫌ったフランスは1949年6月14日、阮（グエン）朝最後の皇帝バオ・ダイを元首とする傀儡国家、ベトナム国を南部に樹立させて独立を承認し、植民地を存続させようとした。インドシナ戦争は、主にベトナムの北部地域で戦闘が行われた。軍事力に勝るフランス軍は主要都市を占領していくが、ベトミン軍はゲリラ戦によって抵抗を続けていく。当初、戦いはフランス軍が優勢と見られていた。しかし、各地で展開されるベトミン軍のゲリラ戦によって、徐々にフランス軍の損害が増大していく。

その状況を打開するため、1953年に入ると、フランス軍はゲリラを拠点で各個撃破するという戦術から、ベトミン軍の北南に通じる補給ルートを絶つこ

とで、ゲリラ戦を阻止する戦いへと戦略を転換した。新しい作戦計画に沿ってフランス軍は、ベトナムだけでなくラオスの抵抗勢力に対する補給ルートの遮断を目的に、ラオスに近い高原地帯にあるディエンビエンフーに陣地を築いた。そして1954年3月13日、ベトミン軍の攻撃により「ディエンビエンフーの戦い」が始まる。両軍ともディエンビエンフーを決戦場と考え、激戦は約2カ月間続いた。結果、5月7日にディエンビエンフーのフランス軍が降服し、ベトミン軍が勝利する。この敗北を受けてフランスは、ベトナムからの撤退を決意したのであった。

■南北分断

ディエンビエンフーの戦いに勝利したベトナム民主共和国は、フランスとの和平交渉を行い、インドシナ休戦協定（ジュネーブ協定）を1956年7月21日に締結する。この協定によって、フランスのベトナム撤退が決定し、同時に北緯17°線を境に休戦状態にあった北部と南部を統一するための自由選挙が実施されることになった。

同年10月、南部では、ゴ・ディン・ジェムが大統領に就任し、ベトナム国はベトナム共和国へと体制を変えると、ジェム政権は1956年7月に予定されていた自由選挙を拒否した。こうして北緯17°線を挟み、ベトナム民主共和国（北ベトナム）とベトナム共和国（南ベトナム）とに分断され、インドシナ半島の情勢は新たな局面を迎えることになったのである。

■アメリカの介入

アメリカのベトナム介入は、フランス軍を支援するため1950年5月に始まった。同じ年の6月には朝鮮戦争が勃発し、前年の10月には中華人民共和国の建国など米ソ対立の東西冷戦は既にアジアにも波及していたことから、アメリカの介入は、東南アジア諸国の共産化を防ぐ目的もあった。インドシナ戦争終結後、アメリカは南ベトナムに対しての援助を開始する。そして1962年には、南ベトナム軍事援助司令部（Military Assistance Command, Vietnam=MACV）を現地に設置して介入力を高めていた。

一方、統一選挙を反故にされた北ベトナムは、南北の統一を目指すため1960年12月20日、南ベトナム解放民族戦線（National Liberation Fronteb＝NLF、以下、解放戦線）を結成。南のサイゴン政府とアメリカの打倒をスローガンに、南ベトナム各地で南ベトナム軍に対するゲリラ戦や都市部での爆弾テロなどを始めていた。

そのような状況が続く中、1964年8月2日、北ベトナム海域のトンキン湾において、アメリカ海軍の駆逐艦と北ベトナム海軍の哨戒艇が交戦する「トンキン湾事件」が発生した。それにより、アメリカ政府は北ベトナムに対する武力攻撃の権限を大統領に一任するよう議会に求め、上下両院の議会は「トンキン湾議決」を承認するに至った。

後年、このトンキン湾事件はアメリカが仕掛けたことが暴露されるが、この決議によりアメリカは援助だけでなく陸

海空の兵力をベトナムに直接投入する軍事介入が可能となったのである。

■ベトナム戦争

ベトナム戦争または第二次インドシナ戦争ともといわれるこの戦争は、当事国間において宣戦布告が行われなかったために、開戦時期は諸説ある。その時期は捉え方によって違いがあり、1956年の南ベトナム建国からアメリカ軍の地上部隊が投入された1965年までと幅がある。ここでは解放戦線が結成され、本格的な活動を開始した1961年を起点としていく。

トンキン湾事件の後、アメリカの直接的な軍事介入は空軍及び海軍の航空機による北ベトナム領内の爆撃（北爆）や南ベトナムの解放戦線拠点に対する爆撃から始まった。軍事顧問団以外の地上戦闘部隊の投入は、1965年3月、南ベトナムのダナンへの海兵隊上陸に始まり、陸軍は9月以降、第1騎兵師団、第1歩兵師団、第101空挺師団（1個旅団）、第175空挺旅団などの地上部隊を派遣。同年末までにアメリカ軍の総兵力は18万名を超す規模となった。その後、1973年1月のアメリカ軍全面撤退までに、派兵された人員は最大50万名以上に膨らむことになる。

ベトナム戦争は、南ベトナム軍とアメリカ軍が都市部、北ベトナム軍及び解放戦線が山岳地帯や地方の農村部を支配下に置いたことから、明確な戦線が存在しないことが特徴のひとつであった。そのため、1966年以降、南ベトナム国内の各地で大小さまざまな戦闘が続いていく。

現地で作戦を指揮するMACVは、1967年末までの戦果から、南が優勢であるとの楽観論を示していた。しかし、1968年1月、北ベトナム軍が南ベトナムの首都サイゴンを含む都市部で発動した大攻勢、いわゆる"テト攻勢"により、その楽観論は吹き飛んでしまう。この攻勢がアメリカに与えたショックは大きく、国内では反戦運動が高まり、政府内部においても戦争継続が疑問視された。また、戦死傷者も増大していたことから、テト攻勢は、アメリカのベトナム撤退を促していく転機となったのである。

■アメリカの撤退と戦火の拡大

ベトナムからの名誉ある撤退を唱えて、1969年1月に就任したニクソン大統領は、同年7月25日、「ニクソン・ドクトリン」を発表した。これは、南ベトナム政府に対して自国防衛を自らに担わせるというもので、「ベトナム化（ベトナミゼーション）」と呼ばれた。そして、ベトナムからの段階的撤退は8月から実施され、アメリカ軍地上部隊の撤退が始まった。

アメリカ軍の規模が縮小する一方、ベトナム戦争の戦火は隣国に拡大していった。1970年3月、カンボジアの国家元首ノロドム・シハヌークが国外に追放され、軍部が政権を掌握する。この政変に対して、反政府勢力のクメールージュを支援するため北ベトナムは同月末、カンボジア領内に進攻すると、南ベトナム軍とアメリカ軍もカンボジア領内を通るホーチミンルート遮断のため4月26日、カンボジアへと進攻した。作戦は短期間で終了し、アメリカ軍は6月までに撤退。しかし、この進攻によってカンボジアでは内戦が激化していくことになった。

翌年の1月には、南ベトナム政府軍がラオス領内のホーチミンルートを攻撃する"ラムソン719作戦"を発動し、ラオスに進攻した。この作戦からベトナム化が実施され、アメリカ軍は、地上部隊を投入せずに南ベトナム軍に対して航空機の支援のみを行っている。

■パリ和平交渉と戦争の終結

1969年より、アメリカと北ベトナムとの間で繰り返し開催されてきた和平交渉は、1972年に大きく進展した。1月27日、両国はパリ協定を締結し、29日、ニクソン大統領はベトナム戦争の終戦を宣言。アメリカ軍は3月29日までに南ベトナムから撤退を完了した。

これにより、南ベトナムに対するアメリカの支援は激減し、ソ連や中国の軍事援助を受ける北ベトナム軍に対し、南ベトナム軍には士気の低下もあり、北ベトナム軍の南下を防ぐ力は残されていなかった。

その間、北ベトナムは南ベトナムの解放に向けた作戦を計画。1975年3月10日、中部高原地帯で最初の攻勢を開始する。そして同月26日にユエ、29日にはダナンが陥落し、南ベトナム政府崩壊の速度は加速していった。

北ベトナム軍は、当初の計画では南ベトナム全土の解放を2年と想定していたが、この早い進展に作戦計画を見直して4月26日、"サイゴン作戦"を発動し、サイゴン解放に向けた総攻撃を開始した。

3月の攻勢以来、南ベトナムの各地では南ベトナム軍の敗走と南下する北ベトナム軍に対する恐怖心から市民はパニックに陥っていたが、北ベトナム軍が迫るサイゴンも同様な状況にあった。サイゴン陥落は決定的であると見たアメリカ政府は、4月28日、サイゴンからの救出作戦を開始する。これにより30日までに、アメリカ大使を含めた駐在アメリカ人と南ベトナム政府要人などがサイゴンからヘリコプターなどでトンキン湾に待機するアメリカ軍空母へと脱出し、南ベトナム政府は事実上、崩壊した。同日、サイゴンに北ベトナム軍が入城。ズオン・バン・ミン大統領の降伏宣言により、南ベトナムは消滅し、ベトナム戦争は終結した。

ベトナム史 戦争関係年表

<table>
<tr><td>1939年</td><td>9月1日</td><td>第二次世界大戦勃発</td></tr>
<tr><td>1940年</td><td>6月21日</td><td>フランスがドイツに降伏</td></tr>
<tr><td></td><td>9月21日</td><td>日本軍がベトナム北部に進駐（北部仏印進駐）</td></tr>
<tr><td>1941年</td><td>5月19日</td><td>ベトナム独立同盟（ベトミン）結成</td></tr>
<tr><td></td><td>7月28日</td><td>日本軍がベトナム南部に進駐（南部仏印進駐）</td></tr>
<tr><td>1945年</td><td>8月15日</td><td>日本政府がポツダム宣言を受諾</td></tr>
<tr><td></td><td>24日</td><td>バオ・ダイ皇帝が退位し、阮朝滅亡</td></tr>
<tr><td></td><td>26日</td><td>ベトミン軍がハノイに入城</td></tr>
<tr><td></td><td>28日</td><td>ベトナム民主共和国臨時政府が樹立</td></tr>
<tr><td></td><td>9月2日</td><td>ホー・チ・ミンがベトナム独立宣言を行い、
ベトナム民主共和国建国</td></tr>
<tr><td></td><td>23日</td><td>フランス軍がサイゴンに進駐</td></tr>
<tr><td>1946年</td><td>11月20日</td><td>ハイフォンでのフランス軍とベトミン軍の武力衝突から
インドシナ戦争が勃発</td></tr>
<tr><td>1948年</td><td>6月14日</td><td>南部にバオ・ダイを国家元首にしたベトナム国が
樹立</td></tr>
<tr><td>1949年</td><td>9月4日</td><td>ベトミン軍は、前年の10月から続いたカオバン
攻防戦で敗北</td></tr>
<tr><td>1950年</td><td>1月14日</td><td>中国がベトナム民主共和国を承認</td></tr>
<tr><td></td><td>31日</td><td>ソ連がベトナム民主共和国を承認</td></tr>
<tr><td></td><td>5月1日</td><td>アメリカがフランスへの軍事援助を開始</td></tr>
<tr><td></td><td>6月25日</td><td>朝鮮戦争勃発</td></tr>
<tr><td>1951年</td><td>2月</td><td>ベトナム労働党結成</td></tr>
<tr><td></td><td>1〜5月</td><td>ベトミン軍は各地で攻勢を実施するが、敗北が続く</td></tr>
<tr><td>1952年</td><td>1月1日</td><td>ベトミン軍がホアビン方面で攻勢を開始</td></tr>
<tr><td></td><td>2月22日</td><td>フランス軍はホアビンから撤退</td></tr>
<tr><td></td><td>3〜11月</td><td>ベトミン軍の攻勢とフランス軍の掃討作戦が続き、
一進一退の戦況</td></tr>
<tr><td>1953年</td><td>3月5日</td><td>スターリン死去</td></tr>
<tr><td></td><td>5月8日</td><td>アンリ・ユージン・ナバル将軍がフランス軍司令官
に就任</td></tr>
<tr><td></td><td>7月27日</td><td>朝鮮戦争休戦</td></tr>
<tr><td></td><td>11月20日</td><td>フランス軍外人部隊の空挺連隊がディエンビエ
ンフーに降下</td></tr>
<tr><td></td><td>12月26日</td><td>ベトミン軍はディエンビエンフー周辺に約4個師団
の部隊を配置、同地を包囲する</td></tr>
<tr><td>1954年</td><td>3月13日〜5月7日</td><td>ディエンビエンフーの戦い</td></tr>
<tr><td></td><td>5月9日</td><td>ジュネーブ会議が始まる</td></tr>
<tr><td></td><td>7月21日</td><td>ジュネーブ協定調印</td></tr>
<tr><td>1955年</td><td>10月26日</td><td>ベトナム共和国樹立、初代大統領にゴ・ディン・ジ
エムが就任</td></tr>
<tr><td>1956年</td><td>7月20日</td><td>ジュネーブ協定で定められた南北統一選挙を南ベト
ナム政府が拒否</td></tr>
<tr><td>1957年</td><td>5月8日</td><td>ジエム大統領がアメリカ訪問</td></tr>
<tr><td></td><td>10月</td><td>南ベトナム内の各地で反政府活動が多発</td></tr>
<tr><td>1958年</td><td>12月21日</td><td>南ベトナム政府がジュネーブ協定の廃棄を発表</td></tr>
<tr><td>1959年</td><td>1月13日</td><td>北ベトナムは第15回ベトナム労働党中央委員会拡
大総会において、南部の政権を打倒するため武力
解放戦争を決議</td></tr>
<tr><td></td><td>7月8日</td><td>ゲリラ部隊がビエンホア基地を襲撃</td></tr>
<tr><td>1960年</td><td>11月11日</td><td>南ベトナム軍の空挺部隊によるクーデター未遂事件
発生。13日までに鎮圧される</td></tr>
<tr><td></td><td>12月20日</td><td>南ベトナム解放民族戦線を結成</td></tr>
<tr><td>1961年</td><td>1月20日</td><td>ジョン・F・ケネディがアメリカ合衆国大統領に就任</td></tr>
</table>

<table>
<tr><td></td><td>9月18日</td><td>解放戦線がフォクビンにおいて最初の大規模攻撃を
実施</td></tr>
<tr><td></td><td>11月12日</td><td>アメリカ陸軍のヘリコプター部隊を派遣</td></tr>
<tr><td>1962年</td><td>2月8日</td><td>アメリカ政府が南ベトナム軍事援助司令部（MACV）
を設置</td></tr>
<tr><td></td><td>3月23日</td><td>初の「戦略村」がビンディン省に設置される</td></tr>
<tr><td></td><td>12月末までに在ベトナムアメリカ軍は1万3000名
になる</td><td></td></tr>
<tr><td>1963年</td><td>1月2日</td><td>アブ・バクの戦い。南ベトナム政府軍が解放戦線を
攻撃するが大敗</td></tr>
<tr><td></td><td>5月8日</td><td>南ベトナム政府の仏教徒弾圧に対する抗議を政府
軍が鎮圧</td></tr>
<tr><td></td><td>11月1〜2日</td><td>軍事クーデター。失脚したジエム大統領は処刑される</td></tr>
<tr><td></td><td>22日</td><td>ケネディ大統領暗殺。リンドン・B・ジョンソン副大
統領が大統領へ就任</td></tr>
<tr><td>1964年</td><td>1月</td><td>都市部での民間施設を含めた解放戦線の無差別
テロが多発</td></tr>
<tr><td></td><td>8月2日</td><td>トンキン湾事件発生</td></tr>
<tr><td></td><td>4日</td><td>アメリカ軍は北ベトナム海軍施設に対して報復爆撃
を実施</td></tr>
<tr><td></td><td>7日</td><td>アメリカ議会「トンキン湾決議」承認</td></tr>
<tr><td></td><td>11月1日</td><td>解放戦線がビエンホワのアメリカ空軍基地を攻撃</td></tr>
<tr><td>1965年</td><td>1月8日</td><td>韓国軍の第一陣がベトナムに上陸</td></tr>
<tr><td></td><td>2月7日</td><td>解放戦線がプレイクのアメリカ軍事顧問団基地を攻撃</td></tr>
<tr><td></td><td>7〜24日</td><td>軍事顧問団基地襲撃の報復として空・海軍機によ
る北爆、"フレイミング・ダート作戦"を実施</td></tr>
<tr><td></td><td>3月2日</td><td>初の大規模北爆"ローリング・サンダー作戦"が
開始される</td></tr>
<tr><td></td><td>3月8日</td><td>アメリカ海兵隊3500人がダナンに上陸</td></tr>
<tr><td></td><td>5月3日〜12日</td><td>アメリカ陸軍最初の戦闘部隊第173空挺旅団が
ベトナムに到着。ビエンホア周辺に配置される</td></tr>
<tr><td></td><td>6月4日</td><td>北ベトナム・ソ連援助協定が調印</td></tr>
<tr><td></td><td>8日</td><td>オーストラリア陸軍最初の部隊がベトナムに到着</td></tr>
<tr><td></td><td>9月11日</td><td>クイニョンへ第1騎兵師団が上陸</td></tr>
<tr><td></td><td>11月14〜18日</td><td>イア・ドラン渓谷の戦い</td></tr>
<tr><td></td><td>12月末までの在ベトナムアメリカ軍は18万4300名</td><td></td></tr>
<tr><td>1966年</td><td>1月28日</td><td>アメリカ軍はサーチ・アンド・デストロイ戦術を取り入
れた作戦を開始</td></tr>
<tr><td></td><td>3月28日</td><td>アメリカ陸軍第25歩兵師団がクチに配備される</td></tr>
<tr><td></td><td>4月12日</td><td>B-52が北爆を実施</td></tr>
<tr><td></td><td>13日</td><td>解放戦線がサイゴンのタンソンニュット空港を襲撃</td></tr>
<tr><td></td><td>11月</td><td>在ベトナムアメリカ軍は35万名を超えて、年末まで
に48万5300名に達する</td></tr>
<tr><td></td><td>12月16日</td><td>アメリカ陸軍第9歩兵師団がベトナムに到着</td></tr>
<tr><td>1967年</td><td>1月8〜27日</td><td>「鉄の三角地帯」でアメリカ軍は"シーダーフォール
ズ作戦"を実施</td></tr>
<tr><td></td><td>2月22日</td><td>アメリカ陸軍と南ベトナム政府軍は、5個歩兵
師団など主力とする"ジャンクションシティ作戦"を
開始する</td></tr>
<tr><td></td><td>5月14日</td><td>ベトナム戦争最大の作戦となった"ジャンクションシ
ティ作戦"が終了。アメリカは解放戦線2700名
以上が戦死したと発表</td></tr>
<tr><td></td><td>10月21日</td><td>首都ワシントンで反戦集会が開催される</td></tr>
<tr><td></td><td>11月11日</td><td>アメリカ陸軍第101空挺師団がベトナムに到着</td></tr>
</table>

1968年	1月21日	アメリカ海兵隊のケサン基地に対して北ベトナム軍の攻撃が始まる
	30日	北ベトナム軍と解放戦線による"テト攻勢"が始まる サイゴン市内のアメリカ大使館などが一時占拠される
	31日	北ベトナム軍がフエ市街地へ攻撃を開始、"フエの戦い"が始まる
	3月16日	ソンミ村でアメリカ軍の村民虐殺事件が発生
	4月1日	第1騎兵師団がケサン基地に対する救援作戦を開始する
	14日	第1騎兵師団がケサンに到着。北ベトナム軍は撤退し"ケサンの戦い"が終了
	5月13日	パリにおいてアメリカと北ベトナムの第1回平和会談が開催されたが、条件が折り合わず破談
	6月27日	アメリカ軍はケサン基地の放棄を発表
	8月26日	シカゴで1万人規模の反戦デモ。警官隊と衝突し多数の負傷者と逮捕者を出す
		12月までに在ベトナムアメリカ軍は53万6100名に達する。戦死者も1万4546名と最大になった
1969年	1月20日	リチャード・ニクソンが大統領に就任
	30日	アメリカ、北ベトナム政府、南ベトナム政府、解放戦線代表を加えたパリ会談が開催される
	5月10日	アメリカ海兵第9連隊と陸軍第101空挺師団がアシャウ渓谷で"アパッチスノー作戦"を実施
	20日	第101空挺師団がハンバーガーヒルを占領
	6月8日	南ベトナム共和国臨時革命政府が樹立される
	7月8日	アメリカ軍最初の撤兵により第9歩兵師団の一部がアメリカに帰国
	25日	「ニクソン・ドクトリン」発表
	9月3日	ホー・チ・ミンが死去
	12月25日	ニクソン大統領はベトナム駐留アメリカ軍11万5000名の削減を発表
1970年	1月	解放戦線は南ベトナムの都市と基地に対して、砲撃や直接攻撃を開始する テト休戦を挟み3月以降、攻撃は多発する
	3月15日	元首のシアヌークが中国北京滞在中にカンボジアでクーデターが発生
	18日	アメリカ軍はカンボジア領内ホーチミンルートを爆撃
	4月26日	アメリカ地上部隊がカンボジア領内に進攻
	6月29日	アメリカ軍カンボジアより完全撤退
	8月20日	オーストラリア軍はベトナムからの撤兵を発表
	10月15日	アメリカ軍5万名がアメリカに帰国
	11月20日	アメリカ兵捕虜を救出するため特殊部隊がソンタイの収容所を奇襲する。捕虜は他の収容所に移動していたことから空振りに終わる
1971年	2月4日	南ベトナムとカンボジアの両政府軍が「釣り針」と「オウムのくちばし」地区で合同作戦
	8日	南ベトナム軍のラオス侵攻、"ラムソン719作戦"を開始 アメリカ軍は航空機支援のみを行った
	6月13日	ニューヨーク・タイムズがアメリカ国防省秘密文書（ペンタゴン・ペーパーズ）をスクープ。トンキン湾事件は軍事介入を目的としたアメリカの自作自演であったことを暴露する
	12月25日	"ローリング・サンダー作戦"以来の大規模な北爆を30日まで実施
1972年	2月21日	ニクソン大統領が訪中
	3月1日	MACVがアメリカ軍の兵力12万4100名と発表
	10日	第101空挺師団が撤退

	23日	韓国軍最後の部隊が撤退
	29日	アメリカ軍地上戦闘部隊の撤退が完了
	30日	北ベトナム軍が4個師団の兵力で、非武装地帯を突破して"イースター攻勢（グエン・フエ攻勢）"を開始する
	4月1日	解放戦線も北ベトナム軍の攻撃に呼応して南ベトナム全土で攻撃を行う。この攻勢でクアンチやアンロクなどで4月末まで攻防戦が続いた
	5月1日	クアンチとタムクアンが北ベトナム軍に占領される
	9日	"イースター攻勢"を阻止するため、アメリカ空・海軍は"ラインバッカー作戦"により北爆、地上部隊への支援攻撃及びハイフォン港を機雷封鎖で対抗
	7月7日	チュー大統領は南ベトナム軍のアンロクとクアンチの奪還を発表
		7月以降もクアンチ省、クァンナム省、ビンロン省では南北ベトナム軍の占領と奪還が続く
	10月23日	"ラインバッカー作戦"終了
	12月18日～30日	B-52爆撃機による北爆を再開"ラインバッカーII作戦"
1973年	1月7日	パリ平和会議再開
	15日	ニクソン大統領、北爆の全面停止を指示
	27日	パリ協定調印
	29日	ニクソン大統領がベトナム戦争終結を宣言 停戦協定に基づき、ベトナム国際管理監視委員会が発足。南ベトナム全土で停戦が始まるが、双方の戦闘は続く
	2月13日	北ベトナムとアメリカ兵捕虜の解放が始まる
	30日	アメリカ軍の地上部隊がベトナムより完全撤退
	6月16日	ベトナム全土で停戦が発効する ただし、南ベトナム領内での戦闘は断続的に発生した
	8月15日	在ベトナムアメリカ空軍が完全撤退
1974年	3月17日	北ベトナム軍がコンツム近郊の南ベトナム軍基地を攻撃。前年の停戦以来、最大の戦闘になる
	8月9日	「ウォーターゲート事件」に関連してニクソンが大統領を辞任。ジェラルド・R・フォードが大統領に就任する
	12月13日	北ベトナム軍はパリ条約を破棄。フォクロン省で大攻勢を開始する
	18日	ベトナム労働党政治局は1975年に攻勢を計画。翌年までに全土を解放する計画を決定
1975年	3月10日	北ベトナム軍がバンメトートを攻撃
	13日	バンメトート陥落
	15日	北ベトナム軍、南への全面攻撃を開始する
	26日	フエ陥落
	30日	ダナン陥落
	4月1日	クイニョン陥落
	9日	スアンロクで南ベトナム政府軍か北ベトナム軍を撃退
	21日	チュー大統領辞任。チャン・バン・フォン副大統領が就任
	25日	アメリカのマーチン大使がサイゴンからの退去を決定。"フリークエントウィンド作戦"を開始。民間人の脱出が始まる 27日フォン大統領の辞任にともない、ズウォン・バン・ミンが大統領に就任
	28日	北ベトナム軍は"ホーチミン作戦"を発動。
	30日	北ベトナム軍がサイゴン市内に突入。同日、ズオン・バン・ミン大統領がラジオを通じて無条件降伏を宣言 ベトナム戦争終結

ベトナムでの
地上戦

1 インドシナ戦争

インドシナ戦争最後の決戦場となったディエンビエンフーにフランス軍は10両のM24軽戦車を配備し、防衛戦を戦った。それらの車両は現地まで空輸されたが、そのまま搭載できる輸送機はまだ存在せず、約180の部品に分解し、ピストン輸送した。

■インドシナ戦争の始まり

1945年8月15日、日本のポツダム宣言受諾により、それまで日本軍の占領下に置かれていたインドシナ半島では、北部に中華民国軍、南部にはイギリス軍が進駐して現地の日本軍の武装解除を行うなど暫定的な戦後処理が開始された。

1941年から独立を目指して抗仏・抗日活動を続けてきたベトミン（ベトナム独立同盟）のホー・チ・ミンは、この機を逃さず、1945年9月2日、独立を宣言してベトナム人民共和国を建国、自らが国家主席兼首相となった。

一方の旧宗主国フランスはインドシナの再植民地化を進めて、1946年1月、イギリス軍に替わり、南部に軍隊を進駐させると、カンボジアとラオスに自治権を与えた。独立を宣言したベトナムに対しては、同年3月6日、仏越予備協定を締結して、北部（トンキン・アンナン）における自治を認め、南部（コーチシナ）については住民投票によりそれを問うこととなった。しかし、フランスはこの協定を守らず、1946年6月、ベトナム国を樹立させ、南部を完全な支配下に置いた。

この傀儡国家樹立により、ベトミン軍とフランス軍の対立は急速に悪化し、11月24日、ハイフォンのベトミン軍施設に対するフランス軍の攻撃をきっかけに、両者の関係は全面衝突へと発展。ここにベトナムの支配権を維持しようとするフランスと完全な独立を目指すベトミン軍との間に8年にわたるインドシナ戦争が開始されたのである。

■フランス軍の登場

日本の降伏後、フランス軍はパリ解放の英雄、フィリップ・ルクレール将軍を司令官とするフランス極東遠征軍

フランス軍では、1個戦車中隊(4個小隊編成、1個小隊につき戦車3両とハーフトラック2両を配備)とハーフトラック装備の1個機械化中隊で構成された機甲部隊2個が1951年に編成された。他に装甲車中隊、自走砲小隊、自動車化攻撃部隊などによる機動戦を用いてゲリラ戦術に対抗している。

を編成し、機甲1個師団と歩兵1個師団を1945年11月までにベトナムに送り込んだ。

11月のハイフォンでの衝突に続き、フランス軍は12月19日から本格的な作戦を開始する。この作戦は1947年2月まで続けられ、フランス軍はダナンやフエなどの都市を占領した。大打撃を受けたベトミン軍はその活動拠点を都市から農村や山間部に移し、ゲリラ戦へと移行していく。

この時期の地上戦力は、ボー・グエン・ザップ率いるベトミン軍は約5万人、フランス軍が約10万人であり、兵員

数だけでなく、装備する兵器においてもフランス軍がベトミン軍を圧倒していたのである。

■ベトミン軍の増強

インドシナ戦争の主戦場は北部地域で、フランス軍はハノイ、ハイフォンを中心に紅河デルタ地帯の都市部を支配し、ベトミン軍の掃討を行っていた。それに対してベトミン軍は中国との国境地帯に拠点を築いてゲリラ戦術で対抗した。

開戦から3年目まではフランス軍の優勢が続いたが、1949年以降、中国とソ連の援助が始まるとベトミン軍の戦力は増強されていく。そして、ベトミン軍の地の利を生かしたゲリラ戦によってフランス軍の損害は増加し、加えて本国の不安定な政情や新たな本国部隊派遣の中止が、軍の士気低下に大きな影響を及ぼしていった。

■アメリカの援助と戦闘の激化

1950年に入ると、フランス軍はベトミン軍のゲリラ戦に対応するため戦術

の転換を図り、各地に分散していた拠点を再整理して、ラオカイ、ドンケ、ランソンなどの都市に兵力を集中する。

兵力を増強したベトミン軍は1950年9～10月に、それらの拠点に対する大攻勢を開始する。その結果、攻撃を受けたフランス軍は12月、紅河デルタ地域に後退して戦線を再度立て直すこととなった。

インドシナのフランス軍に対してアメリカは1950年5月に援助を開始した。この援助を受けたフランス軍は、翌1951年10月にはベトミン軍に占領さ

水陸両用車両を装備したクラブ大隊(LVT-4 33両)2個、アリゲーター大隊(LVT-4 11両)3個、火力支援小隊(LVT(A)-4 6両)1個で編成された部隊は、車両の特性を生かして、紅河デルタ地域などの河川や湿地帯での戦闘に投入された。

有効な対戦車兵器を持たないベトミン軍に対して、フランス軍の機甲部隊は強力な戦力であった。ベトミン軍は鹵獲した地雷や手製の地雷などで対抗。やがてソ連、中国からの兵器供与が始まると反撃に出る。

《 フランス外人部隊 》

フランス陸軍の精鋭部隊で、海外からの志願兵で編成された。ドイツの元SS隊員も所属していた。

《 フランス・インドシナ軍 》

インドシナのフランス軍は、植民地軍が主力であったため、フランス人志願兵の他、現地ベトナムやアルジェリアなどのアフリカ植民地から派遣された部隊で編成されていた。

れていた一部の都市を奪回したが、それも一時的な勝利であり、翌年も一進一退の戦況が続いていく。

1953年4月、ベトミン軍がラオスに進攻したことで戦域は拡大する。そこでフランス軍は、ベトミン軍の殲滅と補給路を断つためにラオス国境に近いディエンビエンフーに拠点を築き、ベトミン軍を迎え撃つことにした。

■ディエンビエンフー攻防戦

1953年5月、インドシナの派遣軍司令官に就任したアンリ・ナバール将軍は、敵補給路の遮断、部隊の再編成、現地人部隊の増強、掃討作戦の強化などを主軸とする"ナバール計画"を発表した。そして悪化する状況を一挙に打開するための作戦を発動した。

フランス軍の作戦は、11月20日、ディエンビエンフーへの空挺降下から始まった。現地に飛行場が整備され、この滑走路を中心とする3km圏内に9

個の陣地を築き、1万6000名の兵員とM24戦車10両、砲68門が配置された。この間にベトミン軍は、ディエンビエンフーへの地上補給ルートを遮断し、フランス軍陣地を見下ろす周辺の山に128門の火砲と4万4000名の将兵を配置してフランス軍を包囲した。

ベトミン軍の総攻撃は1954年3月13日に開始された。フランス軍は空軍の航空支援を受けながら攻撃を防いでいたが、各陣地は次々と陥落。5月7日、ベトミン軍に包囲されたフランス軍は降伏。最後の陣地が陥落してディエンビエンフーの戦いは終わった。

そして7月21日、ジュネーブ協定が締結され、フランスはベトナムから撤退してインドシナ戦争は終結する。しかし、ベトナムは北緯17°線のDMZを境にベトナム人民共和国（北ベトナム）とベトナム国（南ベトナム）に分裂、その後、ベトナム戦争へと続くのであった。

《 ベトミン軍 》

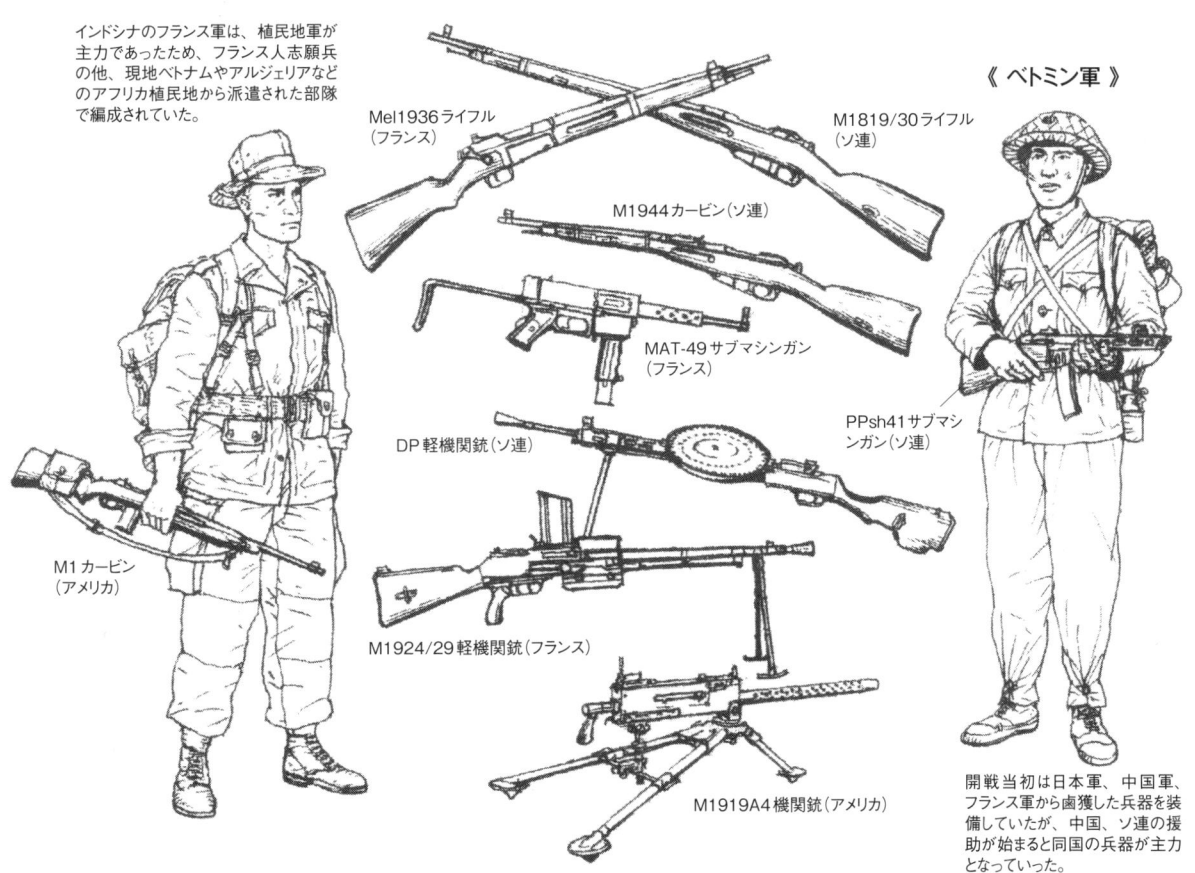

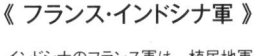

Mel1936ライフル（フランス）

M1819/30ライフル（ソ連）

M1944カービン（ソ連）

MAT-49サブマシンガン（フランス）

PPsh41サブマシンガン（ソ連）

DP軽機関銃（ソ連）

M1カービン（アメリカ）

M1924/29軽機関銃（フランス）

M1919A4機関銃（アメリカ）

開戦当初は日本軍、中国軍、フランス軍から鹵獲した兵器を装備していたが、中国、ソ連の援助が始まると同国の兵器が主力となっていった。

フランス軍の装備車両は、第二次大戦時アメリカから供与された車両を本国から持ち込んだ他、戦後ベトナムで供与された車両もあった。

《 戦車 》

九五式軽戦車

八九式中戦車

M5A1 スチュアート軽戦車

第二次大戦後、日本軍から接収した車両を一時的にフランス軍が使用した。

M4 105mm榴弾砲型

M4A1 シャーマン中戦車

M24 チャーフィー軽戦車
M5に替わり、現地フランス軍の主力戦車になる。

M31戦車回収車

M8自走砲

M36B2ジャクソン駆逐戦車
90mm主砲のマズルブレーキをダブルバッフル型に変更。

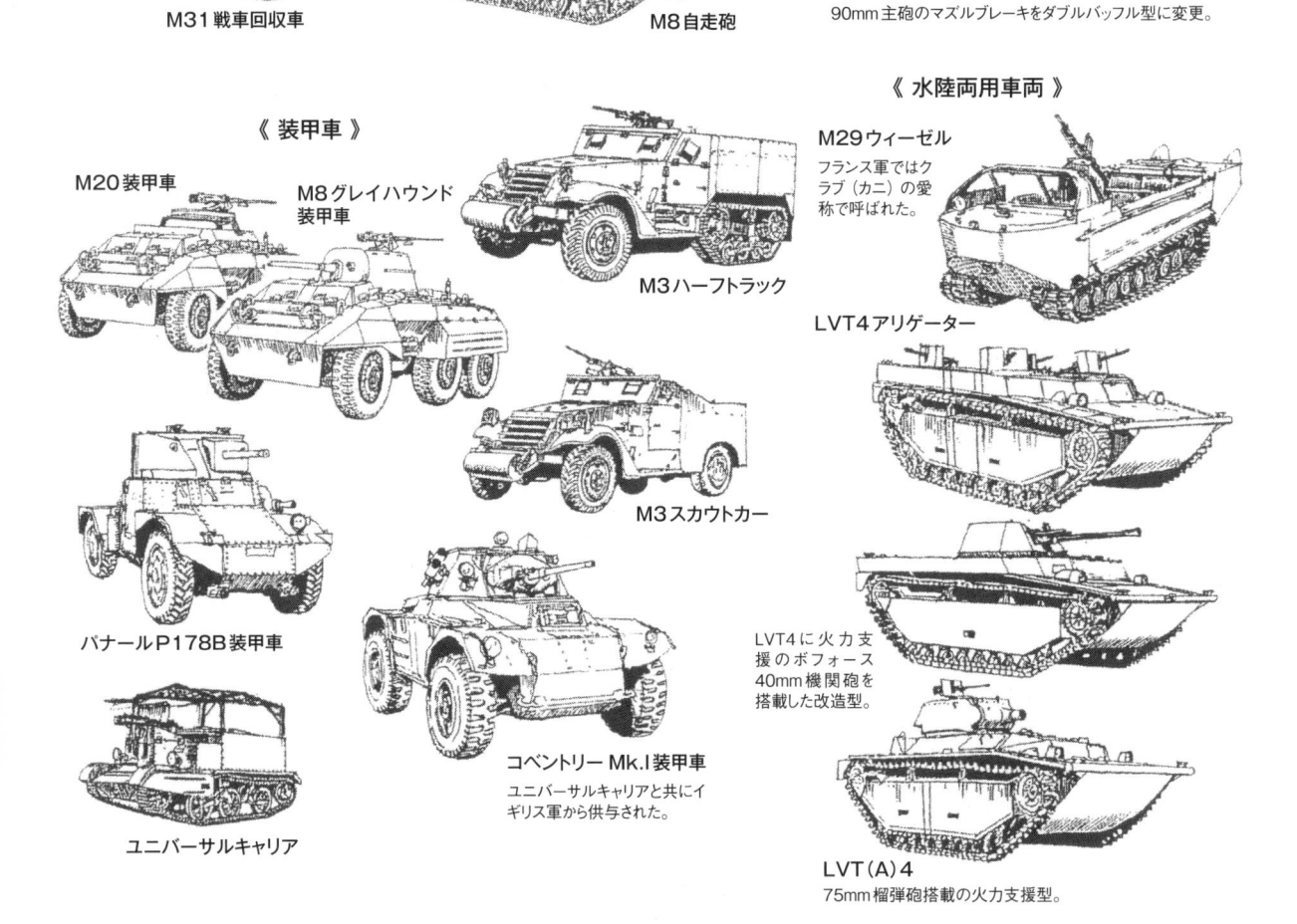

《 装甲車 》

《 水陸両用車両 》

M20装甲車

M8グレイハウンド装甲車

M3ハーフトラック

M29ウィーゼル
フランス軍ではクラブ（カニ）の愛称で呼ばれた。

LVT4アリゲーター

M3スカウトカー

パナールP178B装甲車

コベントリー Mk.I装甲車
ユニバーサルキャリアと共にイギリス軍から供与された。

ユニバーサルキャリア

LVT4に火力支援のボフォース40mm機関砲を搭載した改造型。

LVT（A）4
75mm榴弾砲搭載の火力支援型。

2 ベトナム戦争

M113装甲兵員輸送車は、防御力不足といわれたが、水田や湿地が多いベトナムの戦場では不可欠な車両だった。アメリカ軍のM113が受けた損害は、地雷40%、対戦車兵器（RPG-2やRPG-7）30%、その他30%であった。

■ベトナム戦争の背景

ジュネーブ協定後のベトナム国では、南部の共産化を恐れた反共主義者や民族主義者などのグループが、アメリカの協力を得て元首であったパオ・ダイを退位させ、1955年10月、国名を"ベトナム共和国"に改名。ゴ・ディン・ジエムが初代大統領となった。

ジエム大統領は、ジュネーブ条約で定められていた南北統一選挙を破棄するなど、北ベトナムと対立姿勢を取りつつ、仏教徒など国内の対立勢力を弾圧して独裁制を強めていく。それに対して、反政府ゲリラは活動を激化させ、1960年12月、南ベトナム解放民族戦線（以下、解放戦線）が結成された。翌年は解放戦線に対する北ベトナムの援助も始まり、祖国統一へ向けての本格的な武装闘争が始まった。

ジエム政権の独裁的な政策に加えて政府内に蔓延する汚職などから、国民だけではなく、軍の一部でも不満が高まり、1960年と1962年に2度のクーデターが発生した。いずれも短期間で鎮圧されたが、政情の混乱は変わらず、さらにアメリカ政府の信用も失って、1963年11月1日に発生したクーデターにおいてジエム大統領は殺害される。しかし、ベトナムの混迷はなおも続き、解放戦線との戦闘は激化していった。

■南ベトナム軍の機甲部隊

インドシナ戦争中の1952年、サイゴン近郊のツドクに機甲学校が創立され、軍事教育が開始される。翌年からアメリカ陸軍機甲学校へ将校の留学（アメリカでの教育はフォートノックス基地で1973年まで行われ、712名の南ベトナム軍人が派遣された）も始まり、最初の卒業生を基幹にして1955年4月、機甲司令部が開設された。機甲部隊の

《 南ベトナム解放戦線兵士 》

《 南ベトナム陸軍兵士 》

兵力は4個機甲連隊で編成され、第1から第4軍団戦術区域にそれぞれ1個機甲連隊が配属された。

南ベトナム軍の中でも強力な戦力を持つ機甲部隊はクーデターに関わることが多く、クーデターの帰結は機甲部隊がどちら側に付くかで決まるともいわれていた。

■アメリカ軍の本格的参戦

トンキン湾事件の翌年1965年3月8日、アメリカ海兵隊2個大隊（3500名）が地上戦闘部隊として南ベトナムのダナンに上陸した。その目的はダナンの空軍基地防衛であったが、航空基地周辺の解放戦線拠点を攻撃するため、翌月から行動を開始して直接戦闘が行われるようになった。海兵隊に続き、陸軍部隊の派兵も始まり、その数は年末までに18万名以上の規模に達した。

アメリカ軍の地上部隊投入によって、解放戦線の活動は一時的に鈍ったが、北ベトナムから2万人の増援を得て都市部への攻撃を繰り返し、その戦闘も連隊規模で展開されるなど、ゲリラ戦から本格的な戦いとなって激化・拡大していった。

《 M24チャーフィー軽戦車 》

1960年代初期の主力戦車。M41の配備後は、拠点防衛用に使用されている。

《 M41ウォーカーブルドッグ軽戦車 》

1965年、M24に替わり主力戦車となった。

■ベトナム戦争　略史1

1960年末		ゲリラ戦激化、南ベトナム民族解放戦線結成
1961年	1月	ソ連、中国による北ベトナムへの援助拡大
1962年	2月	アメリカが在ベトナム軍事援助司令部（MACV）を設立
	3月	解放戦線のテロ激化
		アメリカ軍のヘリコプターが作戦で威力を発揮
1963年	1月	アプ・バクにおいて南ベトナム軍、解放戦線に大敗
		南ベトナム政府と仏教徒の対立激化
	11月	ゴ・ディン・ジエム政権クーデターにより倒れる
1964年	6月	ウエストモーランド将軍、ベトナム派遣軍司令官に就任
	8月	トンキン湾事件
		アメリカ海軍、北ベトナム海軍と交戦
		北ベトナムへの北爆開始
		アメリカ議会トンキン湾決議を議決
1965年	1月	韓国軍ベトナムへ陸軍部隊派遣
	2月	アメリカ空軍の本格的北爆始まる
	3月	ダナンにアメリカ海兵隊上陸

ラオス
トンキン湾
タイ
ケサシ
ランベイ
クアンチ
フーバイ
ダナン
北緯17°線
第1軍団戦術区域
クアンガイ
南シナ海
第2軍団戦術区域
イア
プレーク
中部高原
カンボジア
イアドラン渓谷
ケイション
第3軍団戦術区域
メコン河
ビエンホア
スアンロク
サイゴン
メコンデルタ
第4軍団戦術区域

CH-47 チヌーク
大型輸送ヘリ
48機

UH-1B イロコイス汎用ヘリ
287機

OH-6 カイユース観測ヘリ
93機

第1騎兵師団のヘリコプター

アメリカ軍内ではベトナムでのゲリラ戦に戦車は不要との意見もあったが、海兵隊は戦車部隊も編成に加えてダナンに上陸した。

《 M48A3パットン戦車 》

《 LVTE-1地雷処理車型 》

車体上部に地雷原を爆破するための爆導索投射装置、車体前面には地雷掘削処理用のマインプラウを装着。

《 M50A1オントス 》

M40 106mm無反動砲6門を装備した自走無反動砲。

《 LVTH-6火力支援車 》

旋回砲塔に105mm榴弾砲を搭載。

《 LVTP-5アムトラック 》

水陸両用の装甲兵員・貨物輸送車。兵士たちから"沼ネズミ"の愛称で呼ばれた。

《 M53 155mm自走砲 》

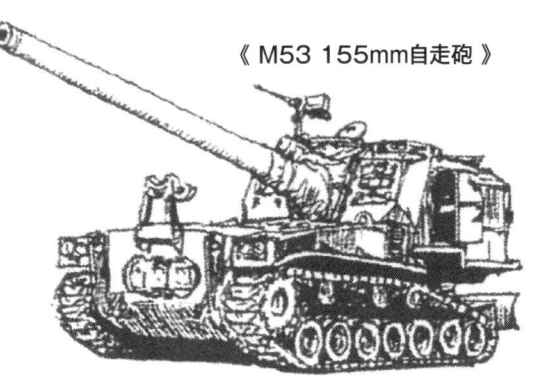

M48カノン砲を搭載した自走砲。

《 LVTR-1装甲回収車 》

クレーンとウインチを搭載したバリエーション。

《 M76オッター 》

水陸両用の輸送車。

M113装甲兵員輸送車

ベトナム戦争のAFVの中で、まずイメージされるのがM113装甲兵員輸送車だろう。1961年1月に採用されたM113は、水陸での走行と輸送機からの空中投下が可能で、当時最新のアルミ合金装甲を多用して造られている。南ベトナム軍にも配備され、アメリカ軍の地上部隊派遣前に実戦に投入された。戦闘の結果、弱点や欠点が指摘されたが、武装の強化や運用戦術を見直すなどしてその短所を補い、M113は機甲部隊の主力として機動作戦での運用が続けられた。

最初のM113は、ガソリンエンジンを搭載していたが、航続距離の増加と被弾した際の火災を減少させるため、ディーゼルエンジンに改良したM113A1が1964年から生産された。

車載銃には防盾がないため、車長の被害が続出した。

車体には銃眼はなく、車内からの攻撃はできない。

M113ファミリー

《 M125 81mm自走迫撃砲 》　《 XM741（M163）VADS 》　《 M113装甲騎兵襲撃車（ACAV） 》

車長を敵弾から守るためキューポラの周りを装甲板で覆い、上部ハッチの左右に防盾付きのM60機関銃を増設して支援火力を高めた。

20mmバルカン砲と目標追尾レーダーを装備した自走対空砲。

《 M548貨物輸送車 》

《 M106 107mm自走迫撃砲 》

《 M132自走火炎放射器 》

《 M113A1 軽偵察車（オーストラリア陸軍車両） 》

車長キューポラ部分にキャデラック・ゲージ社のT50ターレット（M1919機関銃2挺装備）を搭載。

《 M577移動戦闘指揮車 》

《 M806装甲回収車 》

車長キューポラ部分に火炎放射器と機関銃を装備した銃塔を搭載している。

《 M113装甲野戦救急車 》

サラディン装甲車の砲塔を搭載した火力支援車両。

《 M113FSV（オーストラリア陸軍車両） 》　《 M113装甲架橋車 》

M113装甲兵員輸送車の構造

〈データ〉
全長：4.86m
全幅：2.69m
全高：2.5m
重量：12.3t
最高速度：67km/h（路上）、5.8km/h（水上）
武装：M2重機関銃×1
乗員：2名＋11名（兵員）

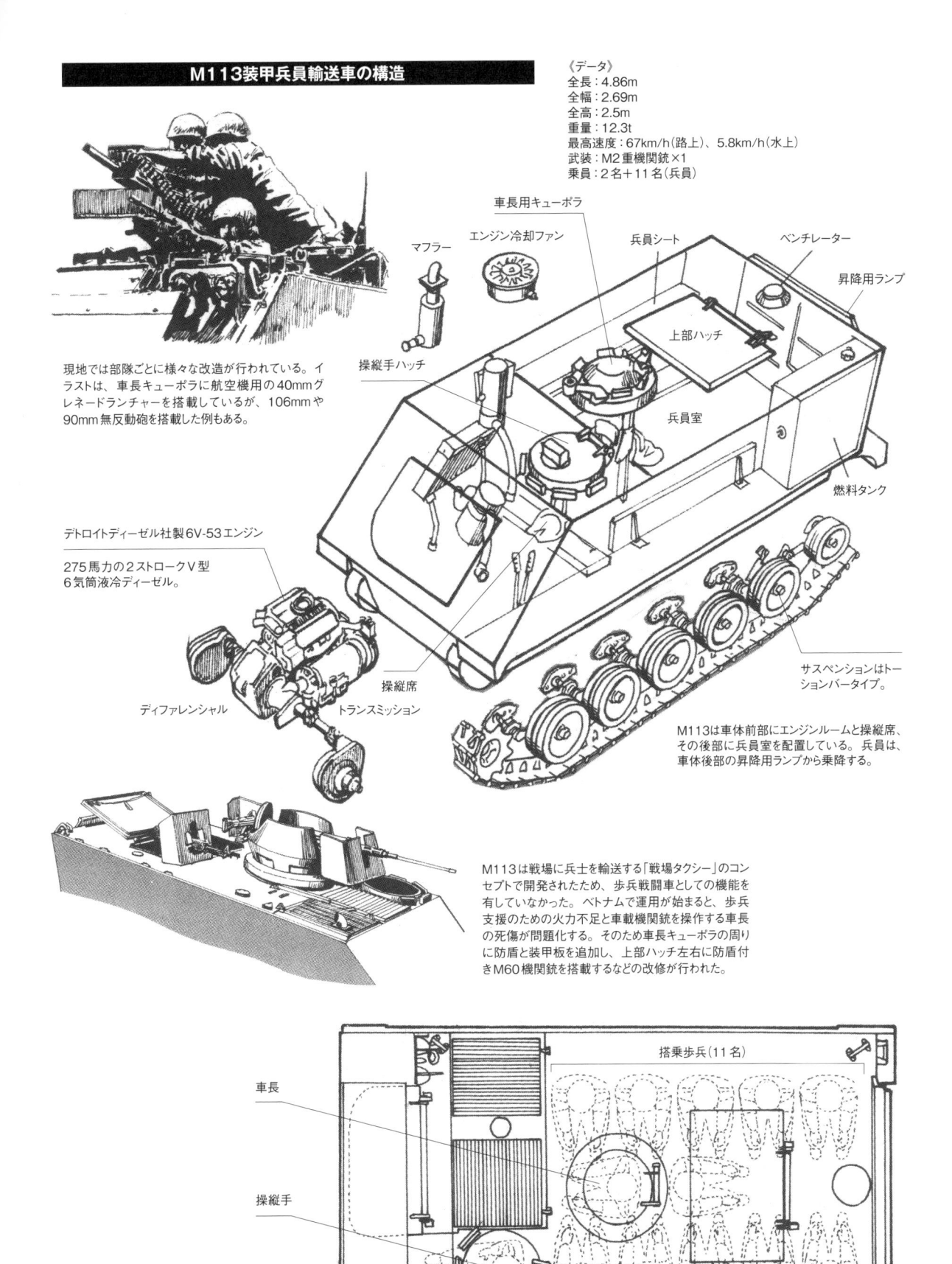

現地では部隊ごとに様々な改造が行われている。イラストは、車長キューポラに航空機用の40mmグレネードランチャーを搭載しているが、106mmや90mm無反動砲を搭載した例もある。

車長用キューポラ
エンジン冷却ファン
兵員シート
ベンチレーター
昇降用ランプ
マフラー
上部ハッチ
操縦手ハッチ
兵員室
燃料タンク

デトロイトディーゼル社製6V-53エンジン

275馬力の2ストロークV型6気筒液冷ディーゼル。

操縦席
トランスミッション
ディファレンシャル

サスペンションはトーションバータイプ。

M113は車体前部にエンジンルームと操縦席、その後部に兵員室を配置している。兵員は、車体後部の昇降用ランプから乗降する。

M113は戦場に兵士を輸送する「戦場タクシー」のコンセプトで開発されたため、歩兵戦闘車としての機能を有していなかった。ベトナムで運用が始まると、歩兵支援のための火力不足と車載機関銃を操作する車長の死傷が問題化する。そのため車長キューポラの周りに防盾と装甲板を追加し、上部ハッチ左右に防盾付きM60機関銃を搭載するなどの改修が行われた。

車長
操縦手

搭乗歩兵（11名）

兵員室には11名、歩兵1個分隊が搭乗できる。M113のアルミ合金装甲版は、地雷やRPG-2などの携帯対戦車兵器に脆弱であったことから、移動時に乗員は車内ではなく車上にいることが多かった。

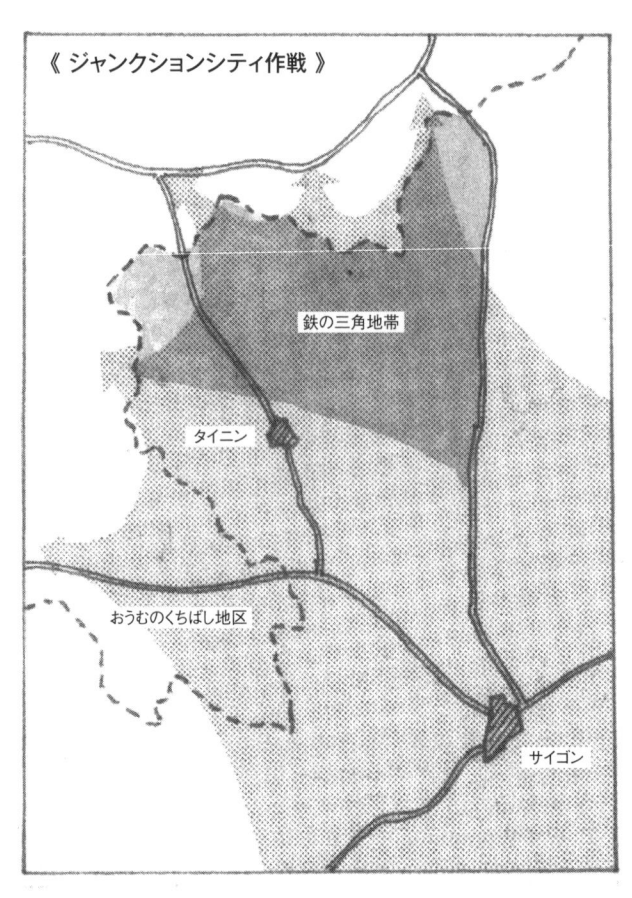

《 ジャンクションシティ作戦 》

鉄の三角地帯

タイニン

おうむのくちばし地区

サイゴン

南北に長いベトナムは、南ベトナム領内だけでもジャングルや湿地、起伏のある高原地帯など、その地方により地勢が違う。当初、アメリカ陸軍は、それらの地勢では機械化部隊の運用は不向きであると考えていた。しかし、機械化歩兵部隊に配備されたM113が有効であることが分かると、武装を強化した装甲騎兵戦闘車型も導入して機動戦を行った。

■ジャンクションシティ作戦

第1歩兵師団と第25歩兵師団を主力とするアメリカ軍約3万、南ベトナム軍1個歩兵師団と1個海兵旅団14000名などが、"鉄の三角地帯"とよばれる解放戦線支配地域で1967年2〜5月にかけて行った最大規模の作戦。解放戦線を殲滅するため、第173空挺旅団による空挺降下や第11装甲騎兵連隊の装甲車両による攻撃が実施された。この作戦により、アメリカ軍は282名の戦死者を出し、戦車・装甲車24両、ヘリコプター4機などを失っている。

■カンボジア侵攻作戦

カンボジア領内を通るホーチミンルートを遮断するため、1970年4月29日〜7月22日にアメリカ軍と南ベトナム軍が行った作戦。アメリカ軍と南ベトナム軍は約10万の兵力を動員して、"おうむのくちばし地区"から針金地区にかけてのエリアで国境を越えてカンボジアに進攻し、解放戦線の拠点を攻撃。作戦終了までに約2万点の兵器や17000t以上の食糧・軍需品を押収した。この作戦には、アメリカ軍の第11機甲騎兵連隊、南ベトナム軍の機甲騎兵1個連隊と4個中隊などの機甲部隊が投入されている。

《 車両が川や湿地、土手などで
スタックした際の牽引脱出方法 》

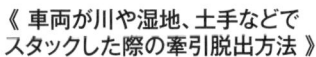

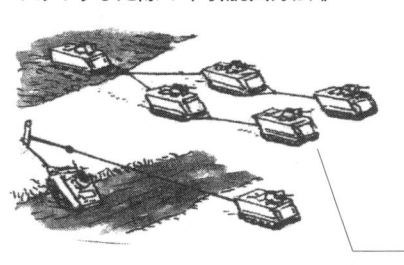

〔ブロック＆タックル（滑車）〕
急勾配の土手や川などから引き上げる際に、滑車と杭を利用して牽引する。

〔デイジーチェーン〕
泥などに深くスタックした際に行われる牽引方法。

《 M113の戦闘隊形 》

〔クローバーリーフ隊形〕
機械化歩兵中隊の前進隊形は、地形や状況などに合わせて複数のパターンがあるが、ベトナム戦争ではジャングルやブッシュを進む際にこの隊形が採られた。1個中隊は3個小隊で編成され、小隊ごとに円を描きながら索敵・前進する。

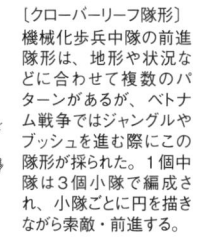

敵の支配地域で野営する場合は、円陣を組んで敵襲に備えた。

搭乗する歩兵が下車戦闘する際、車両は搭載火器で支援した。

7.62mm M134ミニガンを搭載したM113。歩兵の支援用に現地では部隊単位で様々な改造が行われている。

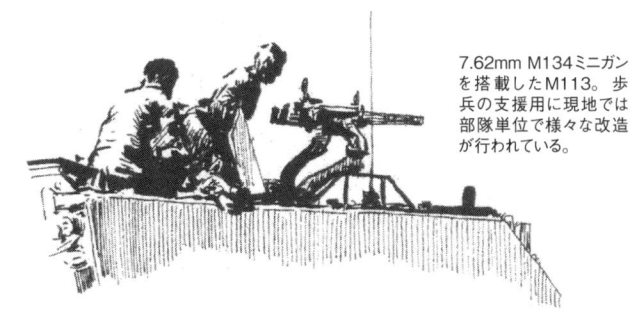

3 1968年ターニングポイント

海兵隊はケサン基地の防衛に、M48パットン戦車6両、M24ダスター自走機関砲2両、M50A1オントス自走無反動砲6両を配備していた。

■テト攻勢とケサン攻防戦

アメリカ軍の地上部隊投入により本格化した戦いは、1968年に最高潮に達し、ベトナム戦争のターニングポイントになった年である。

アメリカ政府と現地司令部は1967年末、それまでに行ってきた数々の作戦の結果を踏まえて、戦況は有利に展開していると発表した。しかし、その楽観論を吹き飛ばすべく、北ベトナムと解放戦線は大攻勢を計画していたのである。

ベトナムの"テト"と呼ばれる旧正月の期間、前年までは前後48時間の休戦が実施されてきた。この年も1月29日からの休戦が発表されていたが、30日未明、北ベトナム軍と解放戦線は突然、南ベトナム全土の主要都市と基地に対する大攻勢を開始したのである。後に"テト攻勢"と呼ばれるようになるこの奇襲攻撃により、首都サイゴンでは市街戦、解放戦線によるアメリカ大使館の一時的な占領、北ベトナム軍のフエ占領などが同時多発的に発生した。

戦闘は、サイゴン市内では2月14日まで続き、フエにいたっては、市の中心部において約1カ月間にわたる市街戦が行われた。北ベトナム軍と解放戦線が約8万人を動員した攻勢は、約4万の死傷者を出して、2月下旬までに終息する。

しかし、都市部以外では、DMZに近いアメリカ海兵隊のケサン基地が北ベトナム軍に包囲され、「第二のディエンビエンフーになるのでは」といわれた攻防戦が6カ月間にわたり続いた。

共産軍側に多大な損害を与えはした

が、楽観視していたアメリカの威信は失墜することになる。また、サイゴンでの戦いなどがTVを通じてアメリカ国内にダイレクトに近い形で報じられたことから、アメリカ国民に与えた衝撃は大きく、反戦活動が活発化するきっかけともなった。

■輸送トラック部隊の戦い

戦争において軍需品の補給は欠かせない。ベトナム戦争においても、その主力の輸送手段はそれまでの戦争と同様にトラックであった。

カムラン湾の軍港や航空基地に到着した物資は、兵站部隊に所属するトラック中隊によって、各地の基地に運ばれていた。この輸送部隊は、当然、解放戦線に狙われることになる。輸送隊には、憲兵隊の車両が護衛に就いていた。

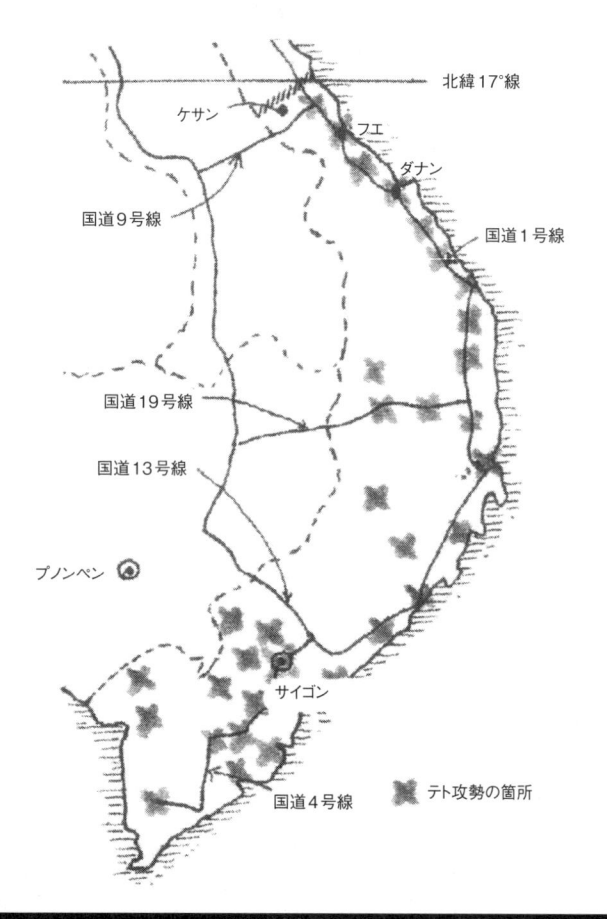

地図ラベル:
- 北緯17°線
- ケサン
- フエ
- ダナン
- 国道9号線
- 国道1号線
- 国道19号線
- 国道13号線
- プノンペン
- サイゴン
- 国道4号線
- テト攻勢の箇所

しかし、M151などの装甲を持たない軽武装の車両では、解放戦線の待ち伏せ攻撃を受けた際の防衛には不十分であり、より強力な護衛が求められた。その対策としてトラック中隊が現地で製作したのが、"ガントラック" と呼ばれる武装トラックである。M35やM54などのトラックの運転席と荷台を装甲板で簡易的に覆い、複数のM2機関銃やM60機関銃などを搭載したガントラックは、10両に1両が配置され車列を護衛した。また、憲兵隊はM151を改造した簡易装甲型やM706 (V-100) コマンド装甲車を配備して、敵の攻撃に対抗した。

アメリカ軍のトラックと護衛車両

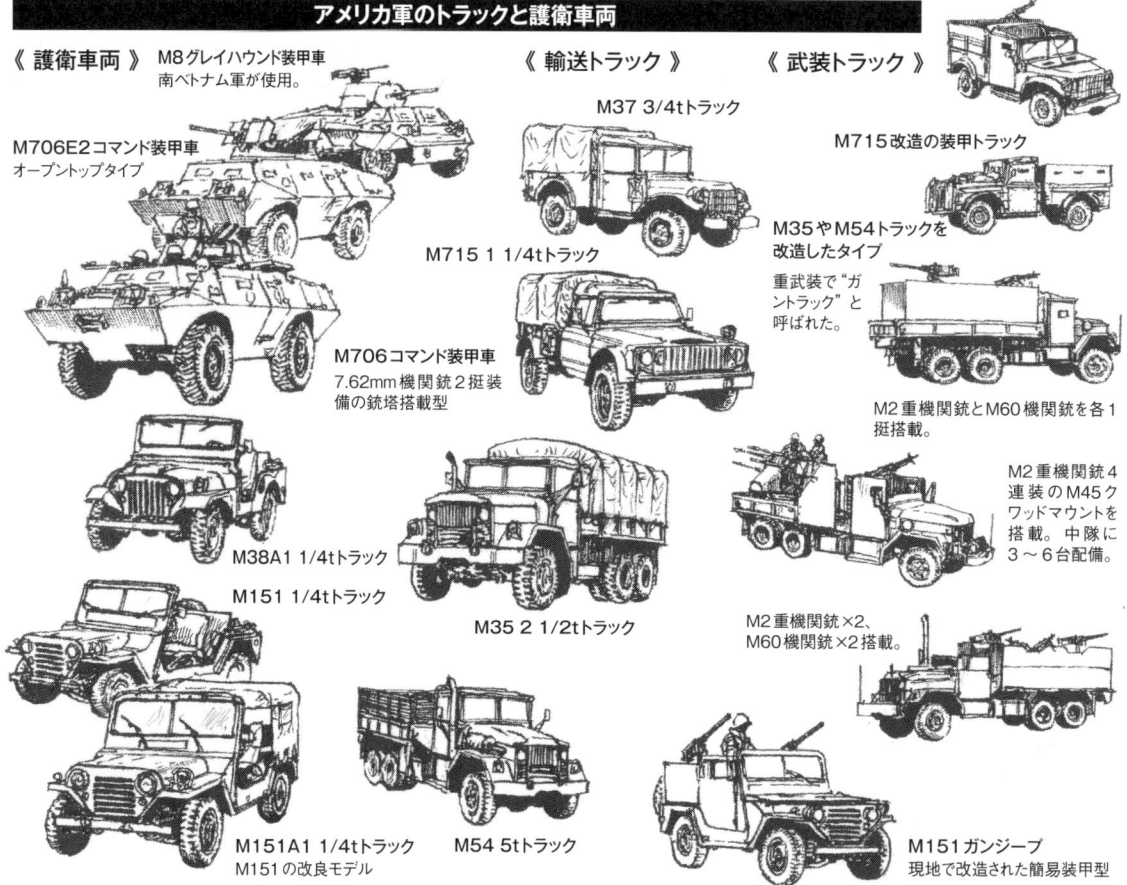

《 護衛車両 》

M8 グレイハウンド装甲車
南ベトナム軍が使用。

M706E2 コマンド装甲車
オープントップタイプ

M706 コマンド装甲車
7.62mm機関銃2挺装備の銃塔搭載型

M38A1 1/4tトラック

M151 1/4tトラック

M151A1 1/4tトラック
M151の改良モデル

《 輸送トラック 》

M37 3/4tトラック

M715 1 1/4tトラック

M35 2 1/2tトラック

M54 5tトラック

《 武装トラック 》

M37改造の装甲トラック

M715改造の装甲トラック

M35やM54トラックを改造したタイプ
重武装で "ガントラック" と呼ばれた。

M2重機関銃とM60機関銃を各1挺搭載。

M2重機関銃4連装のM45クワッドマウントを搭載。中隊に3～6台配備。

M2重機関銃×2、M60機関銃×2搭載。

M151 ガンジープ
現地で改造された簡易装甲型

4 アメリカ軍の撤退と終戦

1969年、大統領に就任したニクソンが、北ベトナムとの和平交渉や段階的撤退に伴い、南ベトナムが自国防衛を行う"ベトナム化"政策などを実施したことによりアメリカ政府のベトナム政策は転機を迎える。さらに1973年1月、パリ和平協定の締結によりニクソンの後任となったジョンソン大統領は戦争終結を宣言。アメリカ軍はベトナムから完全撤退することになった。

その後、南ベトナムは単独で北ベトナムと戦うことになったが、その士気は低く、逆に勢いに乗った北ベトナム軍は戦闘で勝利を収めて、各都市を解放していった。1975年4月14日、南ベトナムに対する最後の大攻勢が開始されると、南ベトナムの崩壊は加速し、同月30日にサイゴンが北ベトナム軍に占領されたことで戦争は終結した。

■ベトナム戦争　略史２

1968年	1月	テト攻勢
	5月	パリ和平会談予備会議
		アメリカ政府、段階的撤退を発表
		共産軍が第二次攻勢を行う
	10月	北爆全面停止
1969年	1月	第1回パリ和平会談が始まる
	5月	アメリカ軍の一部撤退が始まる
		ベトナム化政策発表
1970年	3月	北ベトナム軍、カンボジア進攻
	5月	アメリカ軍と南ベトナム軍、カンボジア進攻
1971年	1月	南ベトナム軍、ラオス進攻
1972年	3月	北ベトナム軍、南ベトナムに進攻（イースター攻勢）
	4月	北爆再開
1973年	1月	パリ和平会議合意
	3月	アメリカ軍の撤退完了
1974年	5月	共産軍の攻勢開始。アメリカ介入せず
1975年	1月	共産軍大攻勢開始
	4月末	サイゴン陥落、ベトナム戦争の終結

ベトナム戦争における戦車戦

■PT-76の初陣

1968年2月7日の夜間、ケサン南西部4kmにあるランベイの南ベトナム軍特殊部隊基地を北ベトナム軍が襲撃。攻撃には約10両のPT-76水陸両用戦車が加わった。これは南ベトナム内で北ベトナム軍が戦車を使用した最初の戦いであった。

■PT-76 vs. M48

北ベトナム軍とアメリカ軍の戦車戦は、1969年3月3日に発生した。北ベトナム軍はPT-76を伴い、ベンヘトの特殊部隊基地を襲撃した。基地を防衛するアメリカ軍は1個機甲大隊を配置しており、同部隊に所属するM48戦車の反撃により2両のPT-76が破壊された。この戦闘はベトナム戦争においてアメリカ軍のM48が行った唯一の対戦車戦闘となった。

■南ベトナム軍の戦車戦

南ベトナム軍がラオス領内の北ベトナム軍補給ルートを叩くため、1971年の2～3月にかけて実施した"ラムソン719作戦"では、進攻する南ベトナム軍に対して、北ベトナム軍は機甲連隊の戦車を投入し、反撃を行った。

この作戦期間中に北ベトナム軍は、17両のPT-76と6両のT-54戦車を損失した。一方、南ベトナム軍は、M41戦車3両とM113装甲兵員輸送車25両を失っている。

■ベトナム戦争最大の戦車戦

1973年3月30日、北ベトナム軍が南ベトナムに対して開始した"イースター攻勢"では、クアンチの戦いに北ベトナム軍は、合計200両に及ぶT-54とPT-76を投入した。数的にも劣勢な

南ベトナム軍はM41軽戦車とM48を各2両失いつつも、攻勢開始から1週間の戦闘で、T-54を6両、PT-76を16両破壊した。

また、この攻勢で北ベトナム軍は、ハイバン峠の戦いにおいてAT-3対戦車ミサイルを実戦投入し、対戦車戦闘を行っている。攻勢開始から1カ月後までに、南ベトナム軍は敵戦車と対戦車兵器の攻撃で30両のM41とM48を失っている。

■最後の戦闘

サイゴン占領を目的とした"ホーチミン作戦"に北ベトナム軍は600両の戦闘車両を投入した（それらの内、主力のT-54は250両）。それに対して南ベトナム軍は、M41とM48（各200両）で応戦をするが、その士気は低く、撃破されるか、あるいは降伏または逃亡して最後の戦闘は終わりを迎えた。

ベトナム戦争の終結後、北ベトナム軍は580両のM41とM48、1200両のM113を接収している。

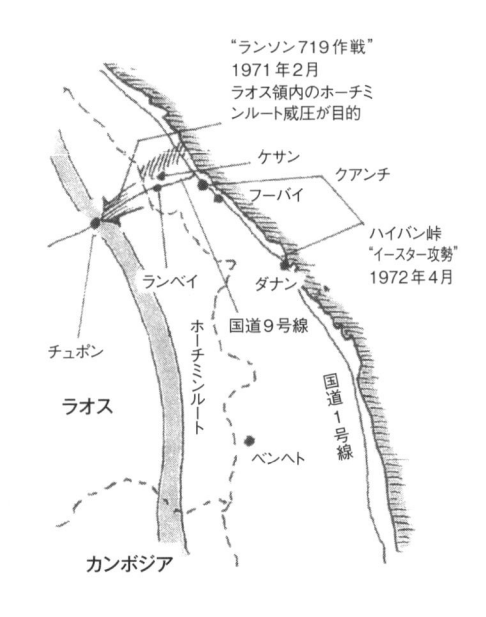

"ランソン719作戦"
1971年2月
ラオス領内のホーチミンルート威圧が目的

ケサン
フーバイ
クアンチ
ハイバン峠
"イースター攻勢"
1972年4月
ランベイ
ダナン
国道9号線
ホーチミンルート
国道1号線
チュポン
ラオス
ベンヘト
カンボジア

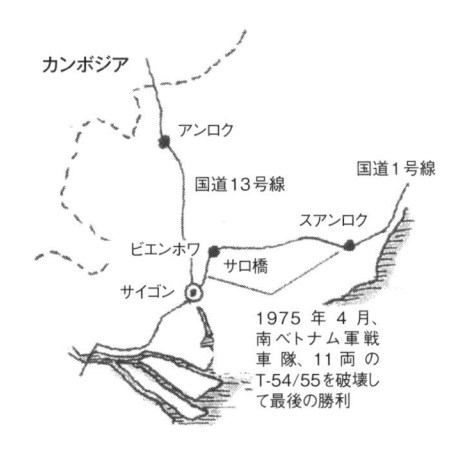

カンボジア
アンロク
国道13号線
国道1号線
スアンロク
ビエンホワ
サロ橋
サイゴン
1975年4月、南ベトナム軍戦車隊、11両のT-54/55を破壊して最後の勝利

《 M48A3パットン戦車 》

《 M113装甲騎兵襲撃車 》

《 M577移動戦闘指揮車 》

《 M48の銃塔の変化 》

A1とA2に搭載された銃塔。

A3から銃塔の下に視界を確保するための全周ペリスコープを追加。

対歩兵用に、銃塔の上にマウントを増設。

《 M60 AVLB 》

M60戦車の車体を流用して造られた架橋戦車。車体上部に折り畳んだ橋梁を搭載し、川や溝などに18mの橋梁を設置できる。

《 M88装甲回収車 》

《 M728（T118E1）戦闘工兵車 》

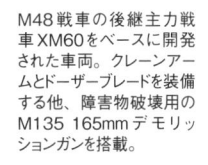

M48戦車の後継主力戦車XM60をベースに開発された車両。クレーンアームとドーザーブレードを装備する他、障害物破壊用のM135 165mmデモリッションガンを搭載。

《 M578軽装甲回収車 》

《 M48DB 》

ドーザーブレードを装着したM48。

地雷処理装置E202 ENSUREを装着したM48。

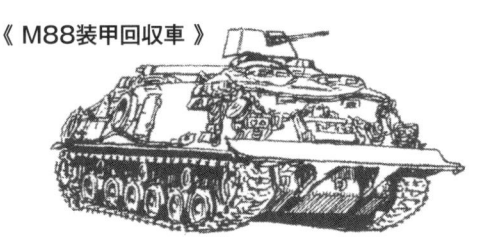

《 M67火炎放射戦車 》

兵士たちから"ジッポー"の愛称で呼ばれた。

《 M59（M2）155mmカノン砲 》

《 M102 105mm榴弾砲 》

空輸用に軽量化して設計された当時新型の榴弾砲。
最大射程：11500m
発射速度：6発/分

"ロングトム"の愛称で第二次大戦でも使用された重砲。
最大射程：23500m
発射速度：2発/分

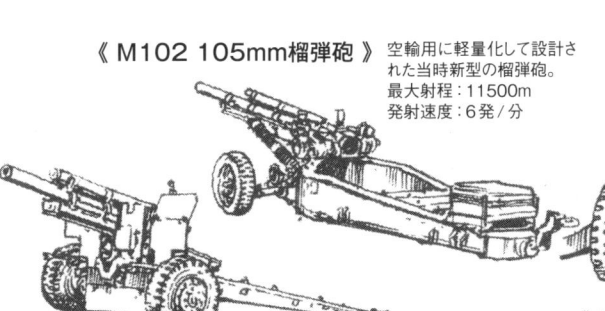

《 M114（M1）155mm榴弾砲 》

最大射程：14600m
発射速度：4発/分

《 M101（M2A1）105mm榴弾砲 》

最大射程：11000m
発射速度：3発/分

《 UH-1D/Hイロコイス 》

《 AH-1コブラ 》
対戦車攻撃
ヘリコプター。

《 CH-47チヌーク 》
タンデムローター型の大型輸送
ヘリコプター。

《 CH-4シーナイト 》

《 UH-1Bイロコイス 》
ガンシップと呼ばれる武装ヘリコプター。

海兵隊が使用した
輸送ヘリコプター。

《 CH-3モハービ 》
大型輸送ヘリコプター

《 CH-54
スカイクレーン 》
重量物運搬用大型
ヘリコプター

《 M114装甲偵察車 》
空中投下を可能にするため小型軽量で造られたが、ベトナムでの不整地走行性能が低いことが判明し、装備から外された。

《 HH-3Eジョリーグリーンジャイアント 》
空軍が救難捜索任務に使用した大型ヘリコプター。

《 M551シェリダン 》
水陸両用・空挺戦車として運用するため、装甲はアルミ合金を使用。主砲からシレイラ対戦車誘導ミサイルを発射できる戦車として開発された、当時の最新兵器。

《 M24ダスター 》
40mm機関砲を搭載する対空高射機関砲。ベトナムでは地上掃射に威力を発揮。

《 M56スコーピオン 》
90mm砲を搭載する空挺部隊用の対戦車自走砲。ベトナムでは第173旅団に配備された。

《 M548貨物輸送車 》
砲弾を運搬するため、自走砲に随伴した。

《 M109 155mm
自走榴弾砲 》

最大射程：24000m
発射速度：2発/分

《 M110 8インチ（203mm）
自走榴弾砲 》

最大射程：16800m
発射速度：2発/分

最大射程：12000m
発射速度：3発/分

最大射程：32700m
発射速度：2発/分

《 M107 175mm自走カノン砲 》

《 M108 105mm自走榴弾砲 》

南ベトナム軍の装甲車両

アメリカからの供与により、主力戦車は M24、M41、M48 と年代ごとに更新された。

《 M24チャーフィー軽戦車 》

《 M113装甲兵員輸送車 》

南ベトナム軍やアメリカ陸軍だけでなく、ベトナム戦争に陸軍を派遣した、フィリピンを除く各国が使用した。

《 M113装甲騎兵襲撃車 》　### 《 M41A3ウォーカーブルドッグ軽戦車 》

《 M48A3パットン戦車 》

オーストラリア陸軍の装甲車両

《 センチュリオンMk.V 》

54両を派遣するが、北ベトナム軍との戦車戦は発生しなかった。

《 M113FSV 》

《 M113A1 軽偵察車 》

《 フェレットMk.II偵察装甲車 》

アメリカ軍vs.北ベトナム軍 携帯型対戦車兵器

《 M72LAW 》

アメリカ軍、南ベトナム軍が使用した使い捨て対戦車兵器。

《 RPG-2 》

RPG-2は弾頭の再装填が可能。

《RPG-7 》

対戦車用の他に敵陣地や建物の破壊にも使用。

	M72	RPG-2	RPG-7
口径	66mm	40mm	40mm
弾頭直径	66mm	82mm	85mm
最大射程	150m	150m	500m
全備重量	2.37kg	4.67kg	9.25kg
装甲貫徹力	300mm	180mm	320mm

北ベトナム軍の装甲車両

機甲部隊は、ソ連及び中国から供与された装甲車両を装備して、4個機甲連隊が編成された。

《 PT-76水陸両用戦車 》

ソ連軍が、機械化歩兵部隊や偵察部隊の火力支援車両として開発した76mm砲搭載の軽戦車。ソ連から供与され、1968年頃より南ベトナムの作戦に投入された。

《 T-34-85 》

約200両がソ連から供与された。1972年頃より実戦投入されたといわれるが、南ベトナム軍と交戦したのかは不明。

《 63式水陸両用戦車 》

中国製の水陸両用戦車。PT-76より強力な85mm砲を搭載している。

《 T-54戦車 》

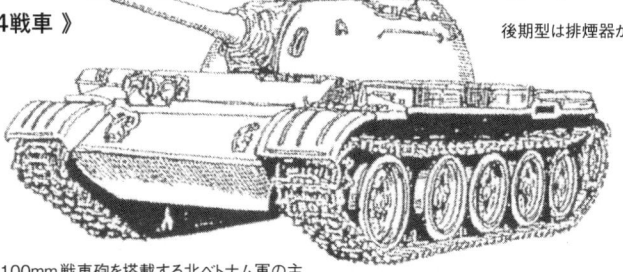

後期型は排煙器が付く。

100mm戦車砲を搭載する北ベトナム軍の主力戦車。ソ連だけでなく、同車をコピーした中国製の59式戦車も使用した。

《 BTR-50装甲兵員輸送車 》

PT-76ベースの兵員輸送タイプ。

《 63式装甲兵員輸送車 》

中国初の国産装軌式装甲車。12.7mm重機関銃を装備。

《 ZSU-57-2自走対空砲 》

T-54戦車の車体をベースとし、2門のS-60 57mm対空機関砲を搭載した対空自走戦車。

《 65式自走対空砲 》

中国で製作された自走対空砲。T-34戦車に65式37mm対空機関砲2門を搭載。

《 D350重トラクター 》

《 D74 122mmカノン砲 》

装軌式の重砲牽引車。

最大射程：23000m
発射速度：8～10発/分

《 BTR-40A自走対空車両 》

装輪式装甲兵員輸送車BTR-40にZPU-2 14.5mm機関銃を搭載したバリエーション。

アメリカ海兵隊

アメリカ海兵隊の戦い

今、思うにベトナムは、泥沼の戦いとなった最悪の戦場だった……。

アメリカの軍事介入から15年も続いた戦争で、海兵隊にとっても苦悩と汚点の歴史となったのが"ナム（ベトナムの略称）"だ。この話は曹長に担当してもらおう。

ベトナム民主共和国（北ベトナム）
トンキン湾
フエ
ダナン
チュライ
ラオス
フーバイ
カンボジア
ベトナム共和国（南ベトナム）
サイゴン
メコンデルタ

アメリカがベトナムに介入したのは、フランスがベトナムから手を引いてからで

最初は、少人数の軍事顧問団を送っていただけだった。

ところが、共産ゲリラが勢力を増すにつれ

「南ベトナム政府を援助しなければ、東南アジア全体が共産化してしまう……」と、供与する武器の質と量が拡大していった。

最初に戦場に送り込まれたのは、我々海兵隊だ。
アメリカ軍は世論も考え、まず、2個海兵大隊3500名を送り込むことに……。

1965年3月、ジョンソン大統領はついに「ベトナム政府から救援依頼を受けた」と大義名分を掲げ、地上軍の派遣に踏み切った。

1965年3月8日、午前9時3分
ベトナム共和国ダナン・レッドビーチ

さあ、ベトナムだ！ 野郎ども。
ベトコンが待っているぞ、やっつけろ!!

万歳！
万歳！

U.S. マリーン大歓迎。

ベトナムにようこそ！
アメリカ万歳!!

…………!?

なんだいこりゃ、
どうなっている
の？

ベトコンゲリラが反撃
してくるんじゃなかっ
たのか？

まあ、いいじゃないか、
俺はこっちの方が大歓
迎だぜ。

この日、アメリカ軍地上部隊の第1陣として、第9海兵連隊第3大隊が戦車を含む完全装備でダナンに上陸した。

また、同連隊の第1大隊は、沖縄から空輸された。当時この2個大隊は第9海兵旅団の指揮下にあった。

4月12日、海兵隊のM53自走砲が上陸。「原子砲」（核弾頭の砲弾を発射できる重砲）と騒がれるエピソードもあった。

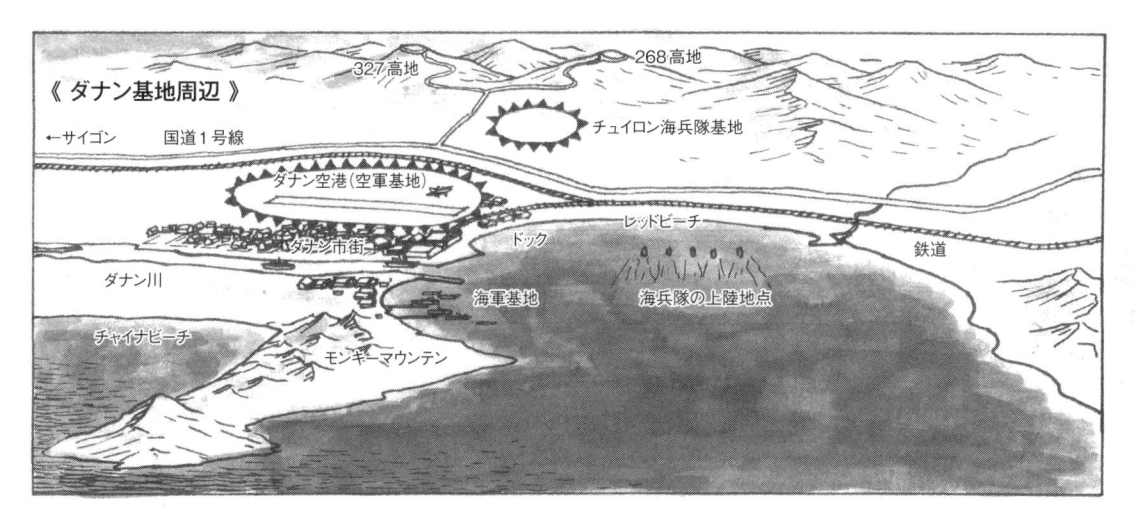

《 ダナン基地周辺 》

327高地　　　268高地

←サイゴン　国道1号線

チュイロン海兵隊基地

ダナン空港（空軍基地）

ダナン市街　　ドック　　レッドビーチ　　鉄道

ダナン川　　海軍基地　　海兵隊の上陸地点

チャイナビーチ　　モンキーマウンテン

4月になると、第3海兵連隊第2大隊もダナンに派遣され、また、中部ベトナムのフーバイ基地には第4海兵連隊第3大隊が配備された。

以後も海兵隊の増強は続き、5月までに第3海兵水陸両用軍の指揮下に、第1及び第3海兵師団を中心とする戦力がベトナムに展開した。

解放戦線第1連隊の約1500名がチュライの南2.5km、バンツォン地区に集結。

アメリカ軍前哨基地への本格的な攻撃を準備中だと判断された。

我々、海兵隊の初陣の日がやってきたゾ！

スターライト作戦　1965年8月18〜21日

よし、絶好の機会だ。ベトコンの撃滅を目指すスターライト作戦、始動。

我々は戦うために訓練を積んでいる。準備は万全です。

航空基地周辺のパトロールばっかりで、うんざりしていたところだ。奴らが仕掛けてくる前に、こっちからやってやろうぜ。

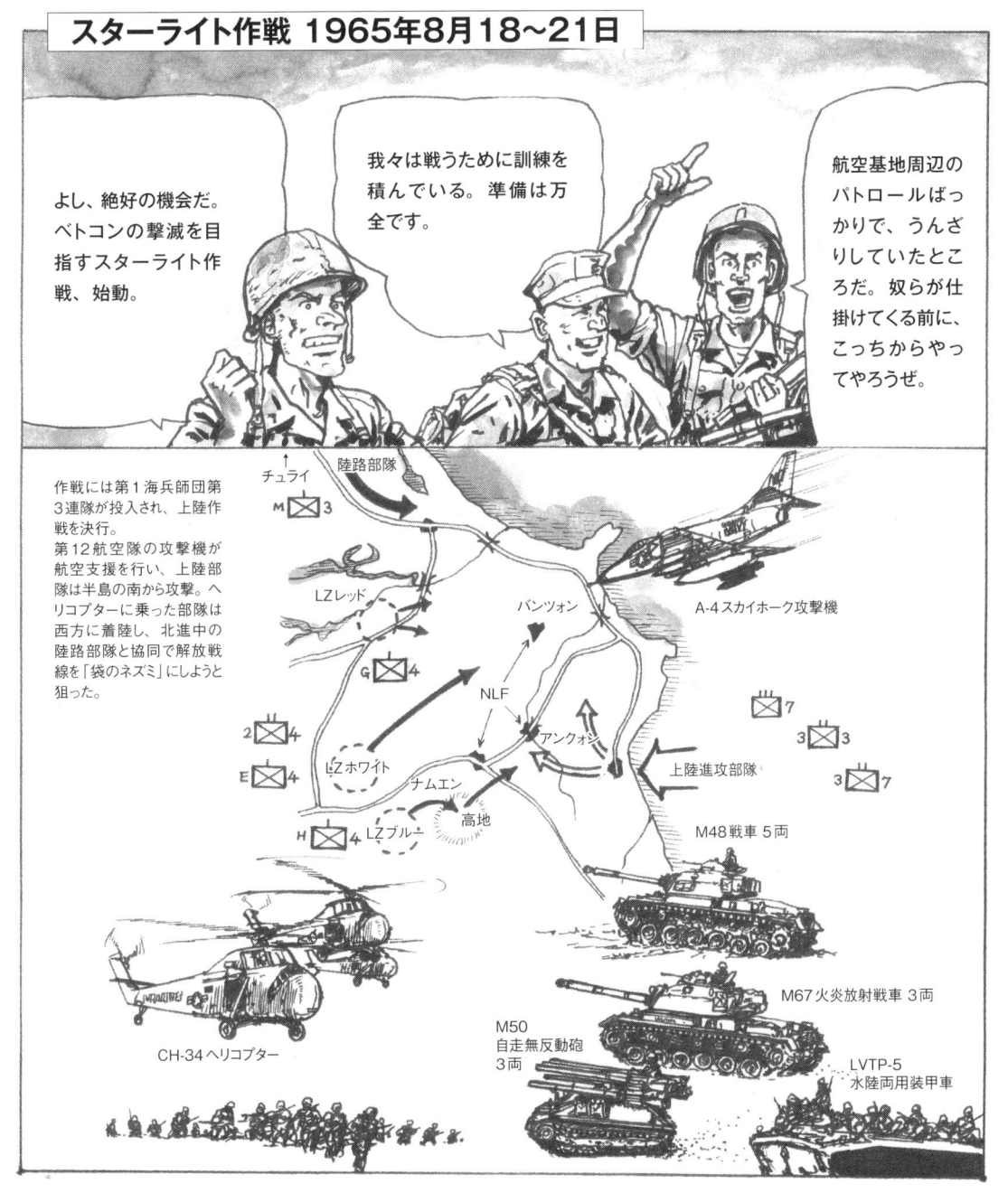

作戦には第1海兵師団第3連隊が投入され、上陸作戦を決行。
第12航空隊の攻撃機が航空支援を行い、上陸部隊は半島の南から攻撃。ヘリコプターに乗った部隊は西方に着陸し、北進中の陸路部隊と協同で解放戦線を「袋のネズミ」にしようと狙った。

チュライ　陸路部隊　M⊠3

LZレッド

バンツォン

A-4スカイホーク攻撃機

G⊠4

NLF

2⊠4

アンクォン

⊠7

3⊠3

E⊠4　LZホワイト　ナムエン

上陸進攻部隊

3⊠7

H⊠4　LZブルー　高地

M48戦車 5両

CH-34ヘリコプター

M50
自走無反動砲
3両

M67火炎放射戦車 3両

LVTP-5
水陸両用装甲車

8月18日の朝、海岸に上陸した海兵隊に解放戦線の砲弾が降ってきた。数時間の激戦の後、海兵隊はこの地区を確保した。

敵の抵抗が激しいぞ。艦砲射撃を要請しろ。

BABA BA BABA BAP

ヘリコプターのLZ(着陸地域)でも第4連隊H中隊が攻撃を受けて前進できず、3機のガンシップヘリコプターの活躍で敵を制圧。増援部隊を得て、敵陣地を占領した。

WHOOM

WHOOSH WHOOSH WHOOSH

WHAM

アンクォン周辺に進出した上陸部隊に対して、解放戦線はRPG-2でM48戦車を攻撃。待ち伏せ攻撃を受けた海兵隊は戦車で円陣を組んで応戦。最後は白兵戦になる大激戦で、解放戦線を撃退したが、双方に多大の死傷者を出した。

BUDDA BUDDA

WHOOSH!

翌日、包囲した解放戦線最後の陣地を占領して、掃討戦に入った。19日の夜には、さすがの解放戦線も後退を始めた。

スターライト作戦は戦死45名、負傷203名の犠牲を出したが、解放戦線には戦死約600名の損害を与え、勝利を得た。しかし、この戦いで海兵隊はゲリラ戦術の手強さを思い知らされた。

海兵隊は第二次大戦以来、陸軍と違う軍装も使用している。ダナン上陸時、ユニフォームは陸軍と同型のユーティリティーを採用していたが、ブーツはM1951という海兵隊独自のコンバットブーツを使用していた。

《 M1956ユーティリティー
ユニフォーム 》

海兵隊独自の戦闘・作業服。1962年に陸軍と同じOG107を採用したが、1965年当時、まだ切り替えが済んでおらず、使用が続けられていた。

《 OG107ユーティリティー
ユニフォーム 》

陸軍と同じものになるのは気が進まんな。

《 海兵隊戦闘装備 》

〔M61マガジンポーチ〕
M14ライフルのマガジン1本を収納。

《 M14ライフル 》

《 軽行軍装備 》

M1943エントレンチングツール（スコップ）とキャリングケースを装着。

海兵隊では、ジャングルファーストエイドキットを兵士に支給している。

《 M1951コンバットブーツ 》

《 M14ライフル 》

《 M14ライフル用の
M6バイヨネット 》

《 M1911A1
オートマチックピストル 》

《 M60汎用機関銃 》

M122トライポッドに搭載した重機関銃仕様のM60。

《 M79グレネードランチャー 》

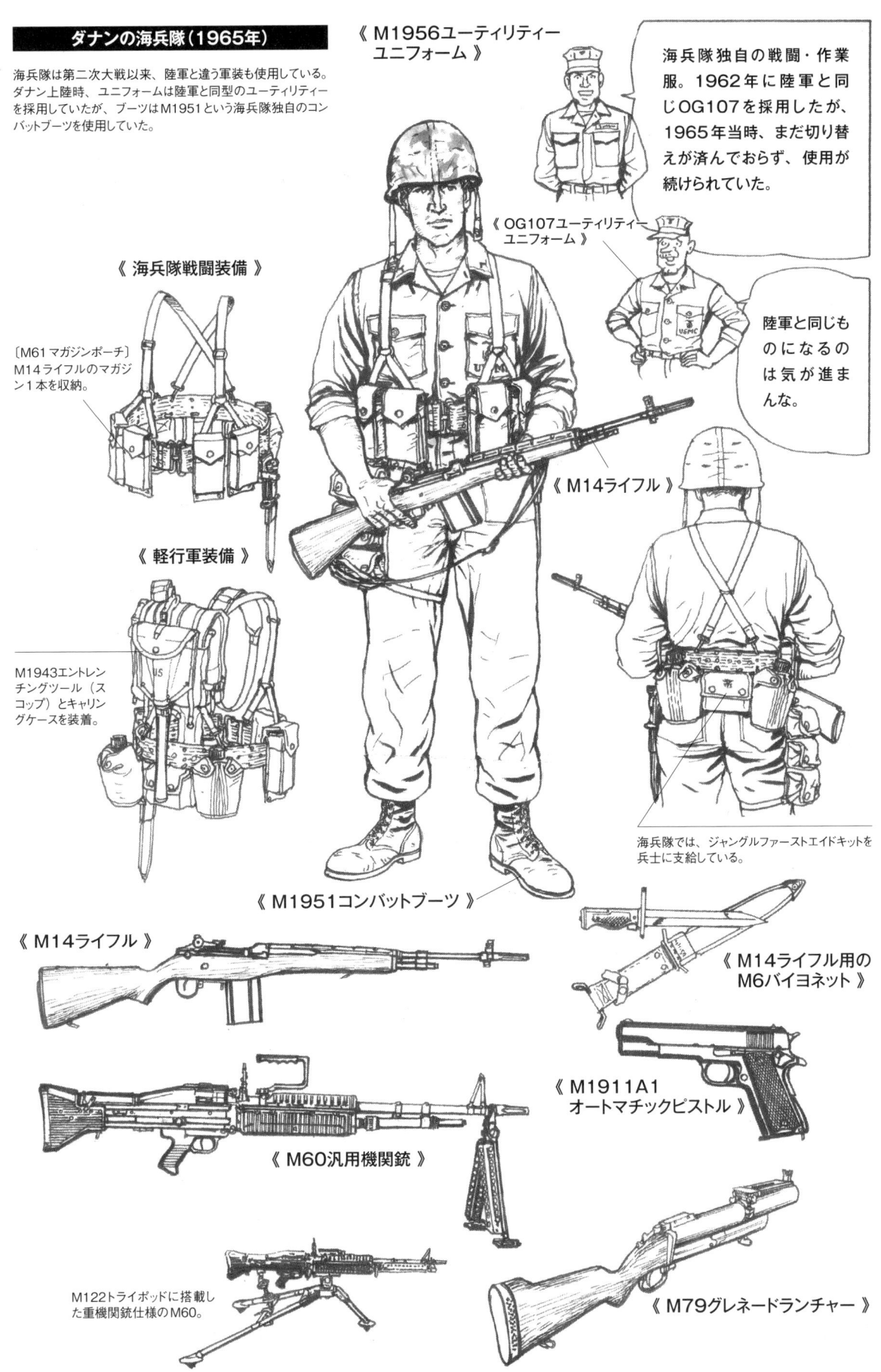

ベトナムコンサン(ベトナム共産党のベトナム語読み)を略して"ベトコン"と呼ばれた解放戦線は、農民を中心とした民間人で組織されたことから、農民服に戦闘装備のスタイルが一般的である。装備はソ連、中国からの供与品の他、南ベトナム軍などから鹵獲したものを使用した。

《 Mle1936ライフル 》

アメリカ軍の迷彩パラシュートを利用したスカーフ。

MAT-49サブマシンガン

弾帯

米袋

ポンチョ
（アメリカ軍用）

水筒
（アメリカ軍用）

彼らは裸足で、ジャングルの中から音を立てずに接近し、攻撃してくるんだ。

ホーチミンサンダル

《 M1/M2カービン 》

《 51式自動拳銃 》
トカレフM1933の中国製コピー。

《 Mle1936ライフル 》

《 53式カービン 》

《 MAT-49サブマシンガン 》

《 56式軽機関銃 》

《 PPSh-41サブマシンガン 》

《 K-50サブマシンガン 》

《 53式重機関銃 》

ベトナムの地勢では、戦車の運用が不適とした陸軍に対して、
海兵隊は最初から戦車部隊を派遣した。

《 M48A3パットン戦車 》

対戦車戦の他、ジャングルや市街戦で歩兵の支
援も行っている。

**《 LVTP5アムトラック
水陸両用装甲兵員輸送車 》**

上陸作戦のみならず、湿地や水田の多いベト
ナムでは内陸部でも装甲車として使用された。

《 M50A1オントス自走無反動砲 》

6門の106mm無反動を搭載する対戦車自走砲。
敵陣地の攻撃にも威力を発揮した。

《 M53 155mm自走カノン砲 》

車体にM48戦車と共通パーツを流用し、
M48 155mmカノン砲を搭載した自走砲。

《 M76オッター水陸両用トラック 》

ボディはアルミ製。駆動は装軌式だが、転輪はゴ
ムタイヤが使われている。湿地帯で活躍した。

4輪駆動の小型輸送車両で、
パラシュートによる空中投下
が可能。物資輸送の他に
106mm無反動砲を搭載した
自走砲型も使われた。

《 M247 1/2tトラック 》

搭乗員のユニフォームは、歩兵と同じタイプの他にカバーオールも使用された。

装甲車両の車内は暑く、戦闘以外、搭乗員は体をハッチから外に出しているので、ボディアーマーは欠かせないぞ。

《 CVヘルメット 》

戦闘車両搭乗員用のヘルメット。シェルはグラスファイバー製で、ブームマイクと車内・無線通話用レシーバーが内蔵されている。

《 M69ボディアーマー 》

狭い車内ではプレート式のM1955ボディアーマーより動きやすいため、陸軍のM69も一部で使用されている。

《 M7ショルダーホルスター 》

スチールヘルメットもM42ダスターなどの搭乗員が使用。

《 M48A3 》

M48A3は、被弾時の火災被害を低減するため改良されたモデル。ドーザーブレードを取り付けた車両は、敵陣地の破壊や埋め戻しに活用された。

《 LVTP-5 》

7.62mm機関銃を1挺装備しており、装甲車として使用された。しかし、その大きな車体が目立ち過ぎ、敵から格好の目標となる。装甲板は薄く、被害は大きかった。

俺たちゃ、戦車と一緒に前進するのは、あまり好かんぜ。敵のタマは戦車目がけて飛んでくるからな。

アメリカ海兵隊武装偵察隊員（1970年）

ベトナムへは、1965年9月の第1武装偵察中隊に続き、第3武装偵察中隊も派遣されている。

"フォースリーコン" と呼ばれる海兵隊の武装偵察隊は、斥候を任務とする部隊として1957年6月に編成された。部隊は中隊で編成され、斥候・偵察（短／長距離）・観測・戦闘などを行った。

Kバーコンバットナイフ

隊員はM1956装備を使用しており、戦闘服は1970年頃になるとERDL迷彩服の着用が多くなる。

長距離偵察を行うため、各種リュックサックが使われている。

ヘルメットカバーを流用したベレー。

M1967 2クォートキャンティーン（水筒）

ベトナムに展開したフォースリーコンは、水陸両用戦術や空挺隊員の資格などを有したエリート部隊だ。師団偵察隊とは別に、艦隊海兵軍（FMM）に所属して活躍しているぞ。

フォースリーコンでは、M16ライフルより威力のあるM14ライフルを使用する隊員もいた。

南ベトナム海兵隊（1970年）

南ベトナム海兵隊（ARVNMC）は、1954年に1個大隊を創設。その後、規模を拡大して1969年に師団となる。1975年の終戦時には2万名が所属していた。南ベトナム海兵隊は、1972年のイースター攻勢の際、共産軍の攻撃に対して勇戦している。

タイガーストライプ迷彩の戦闘服を着用。

我々、アメリカ海兵隊の軍事顧問は、南ベトナム海兵隊に派遣されて、将兵の教育・訓練や作戦指導にあたった。勤務時の軍曹は、南ベトナム海兵隊と同じだ。

《 アメリカ海兵隊軍事顧問 》

南ベトナム軍のベレー帽はフランス軍と同じ左に傾けて着用する。

《 迷彩ユーティリティーキャップ 》

デザインは、アメリカ海兵隊と同じ。

《 ARVNMC胸章 》

《 ARVNMC師団章 》

M1952A ボディアーマー

韓国海兵隊（ROKMC）

韓国は陸軍部隊の他に1個海兵旅団を派遣した。

1949年4月に創設された韓国海兵隊は、朝鮮戦争での対ゲリラ戦の経験を生かし、ベトナムで戦った精鋭部隊だ。

《 ROMC胸章 》

《 ROCMC第2旅団章 》
（青龍旅団）

M2カービン

迷彩服はダックハンターパターンを使用。

韓国第2海兵旅団は、1965年10月に第1軍団戦術区のクァンガイに配置され、担当地区での警備に当たった。

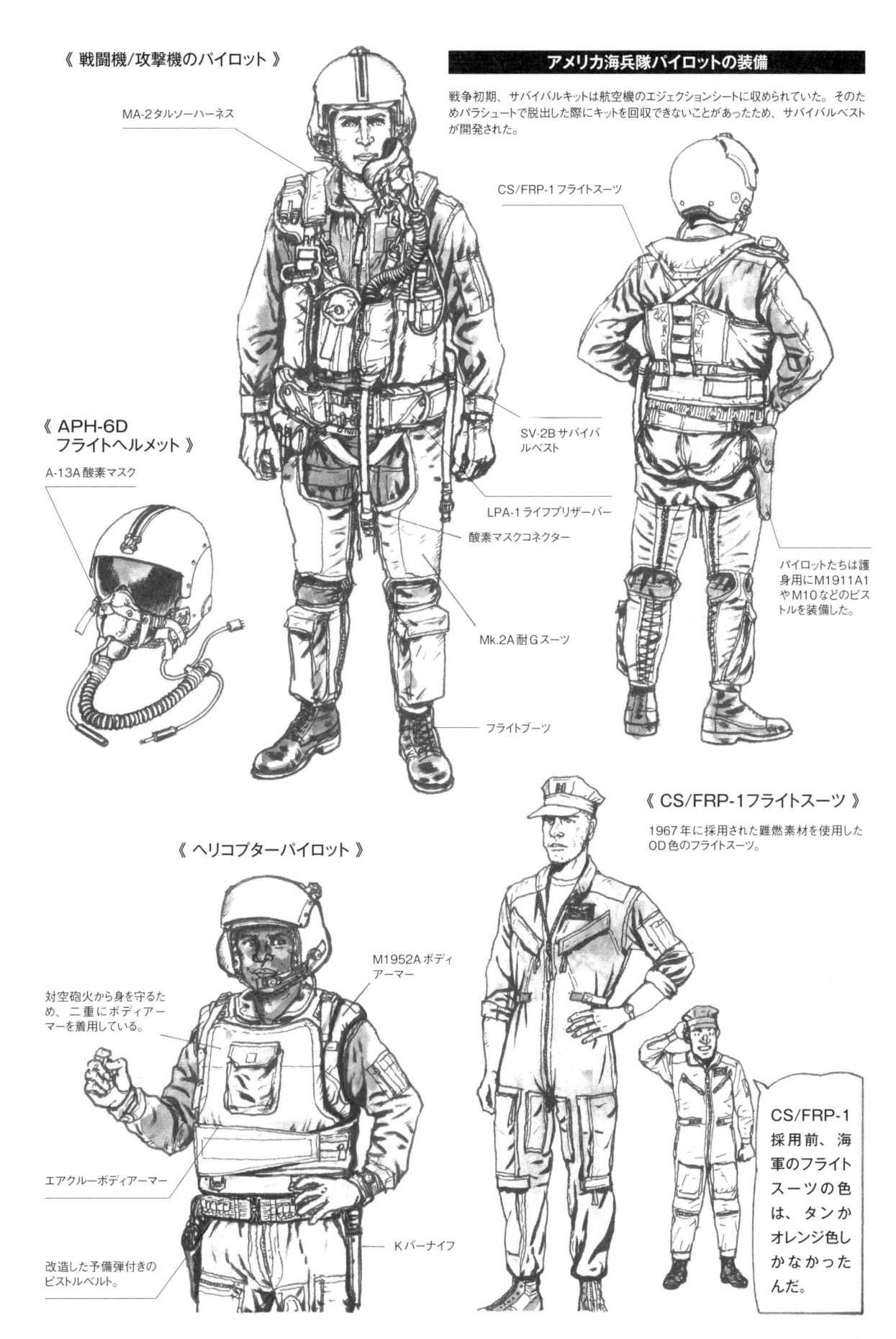

《 戦闘機/攻撃機のパイロット 》

MA-2タルソーハーネス

戦争初期、サバイバルキットは航空機のエジェクションシートに収められていた。そのためパラシュートで脱出した際にキットを回収できないことがあったため、サバイバルベストが開発された。

CS/FRP-1 フライトスーツ

《 APH-6D
フライトヘルメット 》

A-13A酸素マスク

SV-2B サバイバルベスト

LPA-1 ライフプリザーバー

酸素マスクコネクター

Mk.2A耐Gスーツ

フライトブーツ

パイロットたちは護身用にM1911A1やM10などのピストルを装備した。

《 ヘリコプターパイロット 》

M1952A ボディアーマー

対空砲火から身を守るため、二重にボディアーマーを着用している。

エアクルーボディアーマー

改造した予備弾付きのピストルベルト。

Kバーナイフ

《 CS/FRP-1フライトスーツ 》

1967年に採用された難燃素材を使用したOD色のフライトスーツ。

CS/FRP-1採用前、海軍のフライトスーツの色は、タンかオレンジ色しかなかったんだ。

39

海兵隊の航空隊は1965年に派遣され、ダナン、チュライの航空基地を拠点に北爆や地上部隊への航空支援を行った。
VMF＝海兵戦闘飛行隊、VMA＝海兵攻撃飛行隊、VMFA＝海兵戦闘攻撃飛行隊、VMCJ＝海兵混成偵察飛行隊、
VMO＝海兵観測飛行隊、HMH＝海兵重ヘリコプター飛行隊、HMM＝海兵中型ヘリコプター飛行隊、HML＝海
兵軽ヘリコプター飛行隊、HMA＝海兵ヘリコプター攻撃飛行隊、H&MS＝司令部・整備飛行隊、VMO＝海兵観
測飛行隊、VMGR＝空中給油輸送飛行隊、()内はテイルコードを示す。

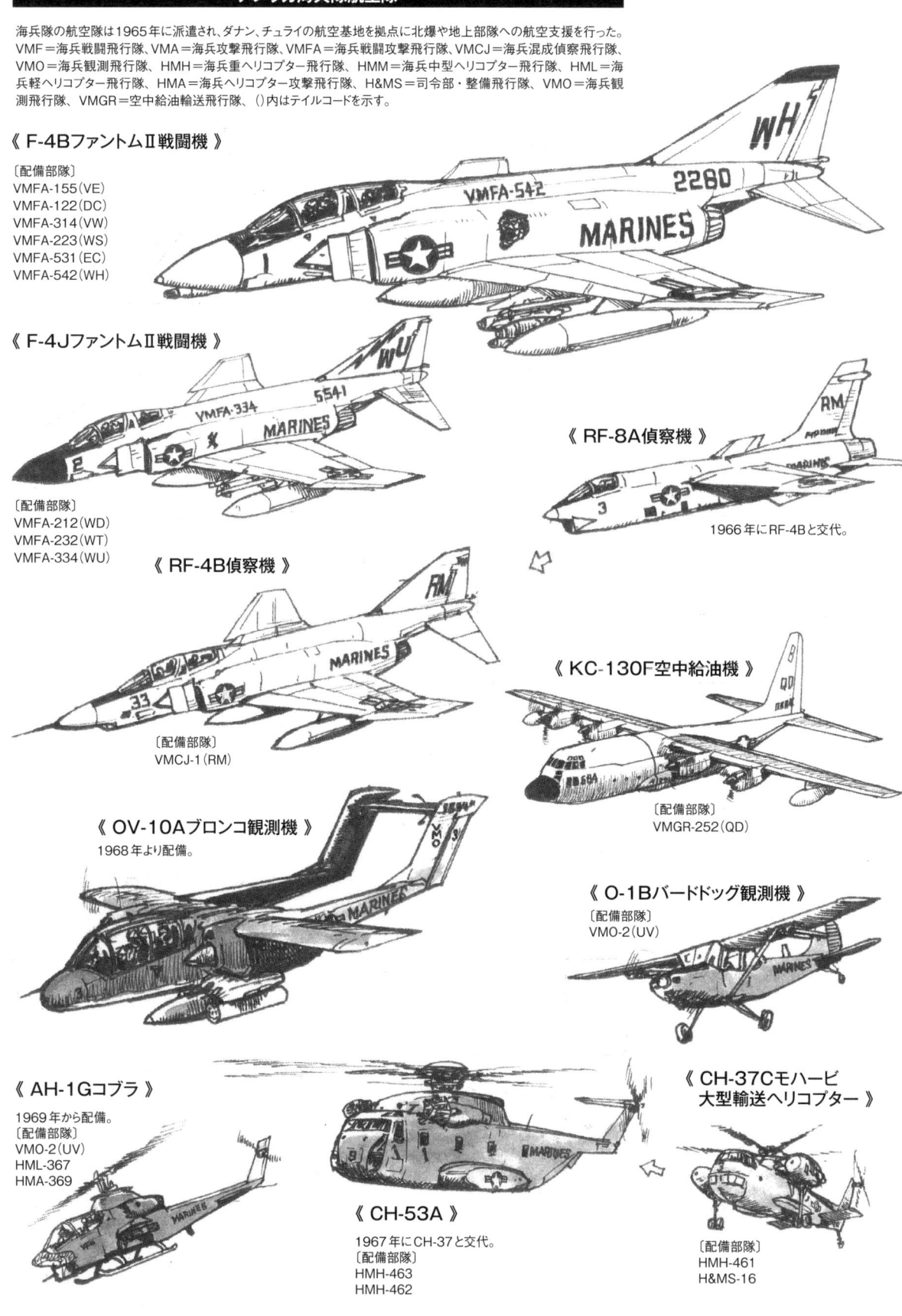

《 F-4BファントムⅡ戦闘機 》

〔配備部隊〕
VMFA-155（VE）
VMFA-122（DC）
VMFA-314（VW）
VMFA-223（WS）
VMFA-531（EC）
VMFA-542（WH）

《 F-4JファントムⅡ戦闘機 》

〔配備部隊〕
VMFA-212（WD）
VMFA-232（WT）
VMFA-334（WU）

《 RF-8A偵察機 》

1966年にRF-4Bと交代。

《 RF-4B偵察機 》

〔配備部隊〕
VMCJ-1（RM）

《 KC-130F空中給油機 》

〔配備部隊〕
VMGR-252（QD）

《 OV-10Aブロンコ観測機 》

1968年より配備。

《 O-1Bバードドッグ観測機 》

〔配備部隊〕
VMO-2（UV）

《 AH-1Gコブラ 》

1969年から配備。
〔配備部隊〕
VMO-2（UV）
HML-367
HMA-369

《 CH-53A 》

1967年にCH-37と交代。
〔配備部隊〕
HMH-463
HMH-462

《 CH-37Cモハービ
大型輸送ヘリコプター 》

〔配備部隊〕
HMH-461
H&MS-16

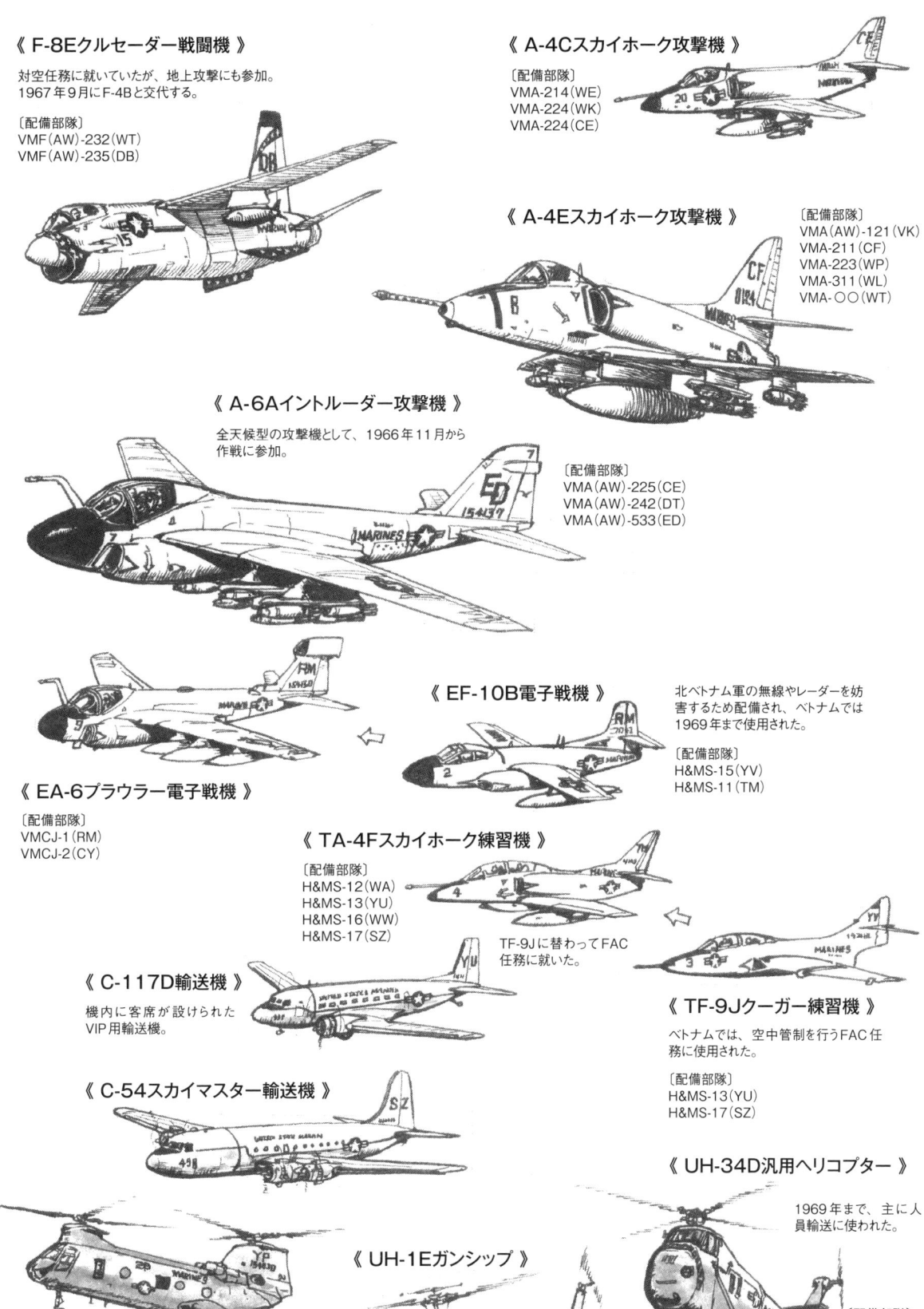

《 F-8Eクルセーダー戦闘機 》

対空任務に就いていたが、地上攻撃にも参加。
1967年9月にF-4Bと交代する。

〔配備部隊〕
VMF(AW)-232(WT)
VMF(AW)-235(DB)

《 A-4Cスカイホーク攻撃機 》

〔配備部隊〕
VMA-214(WE)
VMA-224(WK)
VMA-224(CE)

《 A-4Eスカイホーク攻撃機 》

〔配備部隊〕
VMA(AW)-121(VK)
VMA-211(CF)
VMA-223(WP)
VMA-311(WL)
VMA-○○(WT)

《 A-6Aイントルーダー攻撃機 》

全天候型の攻撃機として、1966年11月から
作戦に参加。

〔配備部隊〕
VMA(AW)-225(CE)
VMA(AW)-242(DT)
VMA(AW)-533(ED)

《 EF-10B電子戦機 》

北ベトナム軍の無線やレーダーを妨
害するため配備され、ベトナムでは
1969年まで使用された。

〔配備部隊〕
H&MS-15(YV)
H&MS-11(TM)

《 EA-6Aプラウラー電子戦機 》

〔配備部隊〕
VMCJ-1(RM)
VMCJ-2(CY)

《 TA-4Fスカイホーク練習機 》

〔配備部隊〕
H&MS-12(WA)
H&MS-13(YU)
H&MS-16(WW)
H&MS-17(SZ)

TF-9Jに替わってFAC
任務に就いた。

《 C-117D輸送機 》

機内に客席が設けられた
VIP用輸送機。

《 TF-9Jクーガー練習機 》

ベトナムでは、空中管制を行うFAC任
務に使用された。

〔配備部隊〕
H&MS-13(YU)
H&MS-17(SZ)

《 C-54スカイマスター輸送機 》

《 UH-34D汎用ヘリコプター 》

1969年まで、主に人
員輸送に使われた。

《 UH-1Eガンシップ 》

〔配備部隊〕
VMO-2(WB)
VMO-6
HML-167
HML-267
HML-367

《 CH-46輸送ヘリコプター 》

兵員/物資輸送用に1966年か
ら配備された。

〔配備部隊〕
HMM-164
HMM-165
HMM-262
HMM-265
HMM-364

〔配備部隊〕
HMM-363
HMM-163
HMM-162
HMM-261
HMM-361
HMM-364
HMM-365

ブービートラップ

ベトナム戦争では、解放戦線のゲリラ戦の他に戦場に仕掛けられたワナが
効果を発揮した。アメリカ軍はこの戦術に最後まで悩まされたのである。

よしっ！いいか、右の兵士のようにならないために、これからお前たちクソッタレどもに、ベトコンのブービートラップの仕掛けを教えてやる。しっかり頭に叩き込んでおけよ。

1965年のベトナム上陸後の2ケ月間に海兵隊は約200名の死傷者を出しているが、その65％はブービートラップと地雷が原因だった。

ブービートラップの種類

《 パンジスティック 》

アッ

竹を削ったスパイクをジャングルの小道に植え込む。足払いのワイヤーと組み合わせて使用されることも多かった。

《 バンブートラップ 》

グエッ

竹の弾力を利用したトラップ。ワイヤーを引っかけると、竹竿がはねてスパイクが刺さる。

パンジ対策にアメリカ軍は靴底に薄い鉄板を入れるようになったことは周知のとおり。

ギャオー

前の板を踏むと、シーソー式にスパイクが付いた板が胸部や腹部を突き刺す。

《 スパイクボード 》

弓の仕掛けで、ワイヤーに引っ掛かると毒矢が飛んでくる。

《 矢のトラップ 》

上面に釘を打ち付けた板を2枚組み合わせたもの。
これを踏むと、板が両方から足を挟み、釘が刺さる。慌てて足を抜こうとすれば、釘がさらに食い込む構造になっている。

竹筒とゴムひもを利用した発射式トラップ。

《 クマのワナ 》

地中に仕掛けられた弓矢。

矢に手榴弾や爆薬を付けたものもある。

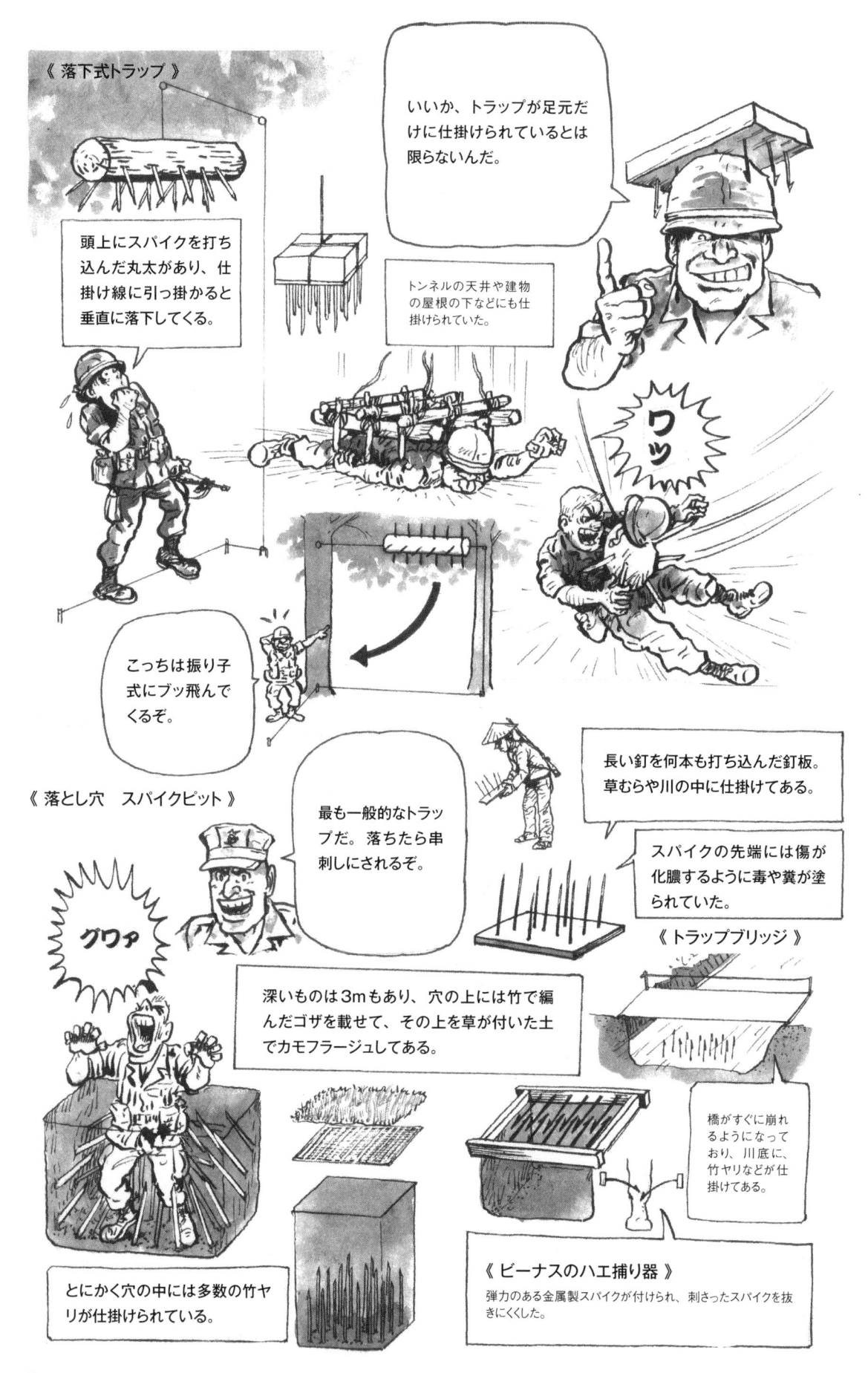

《 落下式トラップ 》

頭上にスパイクを打ち込んだ丸太があり、仕掛け線に引っ掛かると垂直に落下してくる。

いいか、トラップが足元だけに仕掛けられているとは限らないんだ。

トンネルの天井や建物の屋根の下などにも仕掛けられていた。

ワッ

こっちは振り子式にブッ飛んでくるぞ。

《 落とし穴　スパイクピット 》

最も一般的なトラップだ。落ちたら串刺しにされるぞ。

グワァ

長い釘を何本も打ち込んだ釘板。草むらや川の中に仕掛けてある。

スパイクの先端には傷が化膿するように毒や糞が塗られていた。

《 トラップブリッジ 》

深いものは3mもあり、穴の上には竹で編んだゴザを載せて、その上を草が付いた土でカモフラージュしてある。

橋がすぐに崩れるようになっており、川底に、竹ヤリなどが仕掛けてある。

《 ビーナスのハエ捕り器 》
弾力のある金属製スパイクが付けられ、刺さったスパイクを抜きにくくした。

とにかく穴の中には多数の竹ヤリが仕掛けられている。

ギャッ

《 実包地雷 》

とにかくやつらは、ありとあらゆる手段を使って、ブービートラップを仕掛けてくるぞ！ここでは、手榴弾や地雷を利用したタイプを紹介しよう。

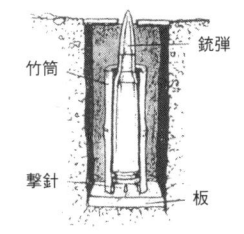

銃弾
竹筒
撃針
板

これを踏むと実弾が足を打ち抜く。

《 砲弾/手榴弾を利用したトラップ 》

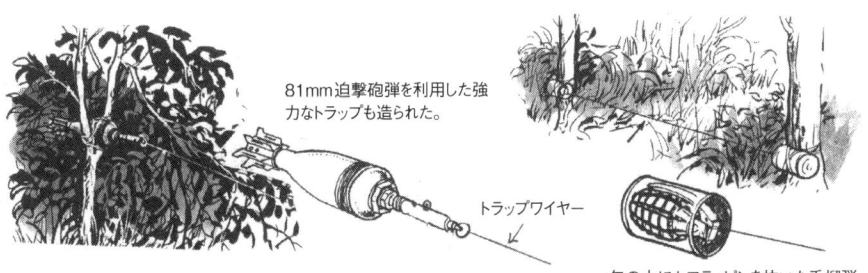

81mm迫撃砲弾を利用した強力なトラップも造られた。

トラップワイヤー

缶の中にセフティピンを抜いた手榴弾。

《 トラップを仕掛ける恰好の場所 》

ジャングルの小道

小川や水路

もう、危なっかしくて、見ちゃいられないよ。

《 泥団子地雷 》

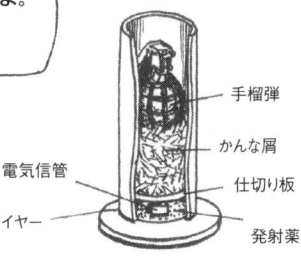

セフティピンを抜いた手榴弾を泥で包み、乾かして固めたもの。これを踏んだら泥が割れて手榴弾が爆発する。

手榴弾
かんな屑
電気信管
仕切り板
ワイヤー
発射薬

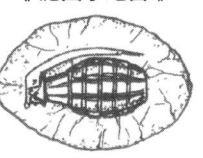

ベトナムの農村で一般的な地中貯蔵の壺の中に食料と一緒に手榴弾を入れておく。

《 放射地雷 》

Sマイン（WWⅡドイツ製対人地雷）のように飛び上がってから爆発するタイプだ。

板の上にセフティピンを抜いた手榴弾を並べて釘で固定する。下の火薬に点火すると手榴弾が飛び出して爆発する。

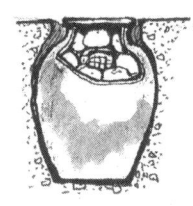

放射薬

《 ベトナムで使用された地雷 》

初期には手製だったが、やがて中国やソ連製の対人地雷を使用した。

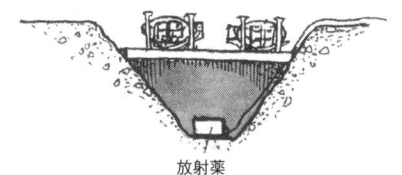

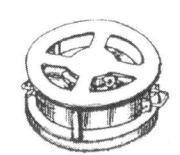
4式多目的地雷（中国）

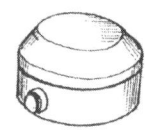
PMK-40対人地雷（ソ連）

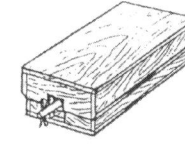
PMD-6木製対人地雷（ソ連）

POMZ-2対人地雷（ソ連）

M14対人地雷

M16対人地雷

M15対戦車地雷

MINE
PERSONNEL

歯獲したアメリカ製

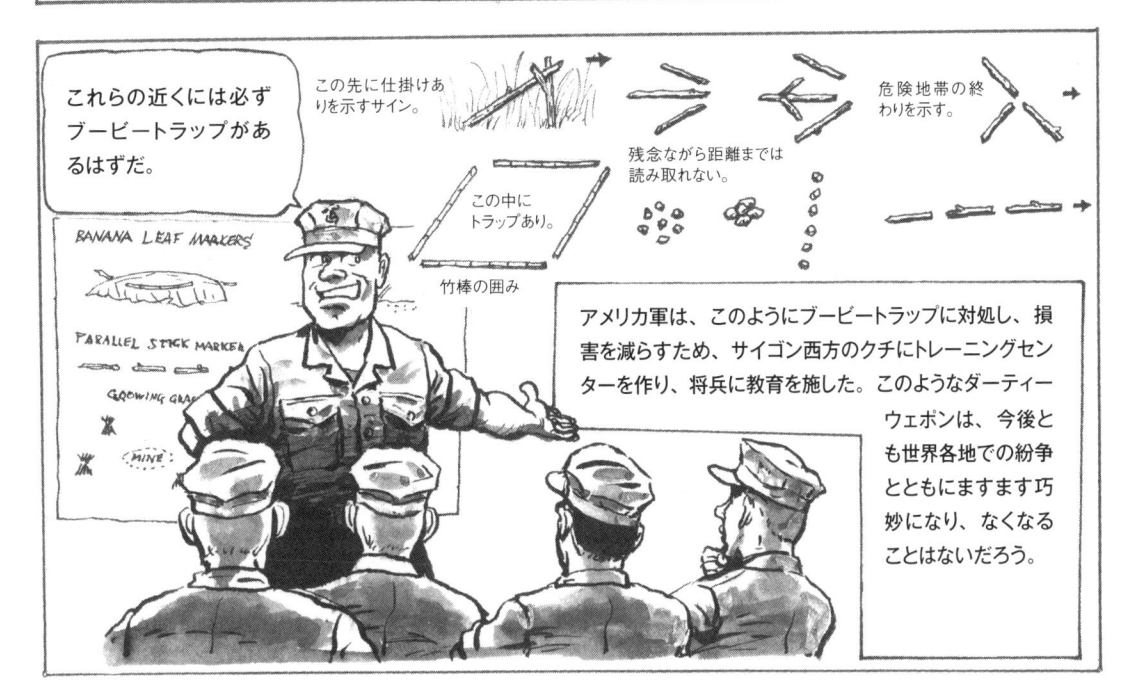

ケサン攻防戦

ダナンに上陸後、北緯17°線の南側に海兵隊を配置し、共産軍に対戦示威をしたが、戦況に変化はなかった。

アメリカが海兵隊をベトナムに投入したのは、最強の軍隊で戦況を一気に逆転させ、主導権を握ることにあったからだ。

ダナン基地防衛の名目で派遣された海兵隊は、敵ロケット砲の射程内にいては防衛は無理であると判断し、敵の拠点がある60km地点まで前進して戦った。

やがて海兵隊は国道9号線に沿ってラオス国境付近まで進み、ケサンに基地を建設した。

ケサンは、ラオス国境の東側10km、DMZ（非武装地帯）の南25kmにあり、基地には1200mの滑走路1本、大きさは東西1.8km、南北0.8kmで、北ベトナムに一番近い前線基地となった。

ケサン基地は、北ベトナムから南ベトナムへの浸透・兵站補給線（ホーチミンルート）に対し、砲兵火力と遊撃戦で直接脅威を及ぼすため、共産軍にとっては大きな障害となった。

ベトナム戦争史上、激戦の一つとなった"ケサン基地攻防戦"は、1968年1月に始まり、戦闘は77日間も続いたのである。

この戦いは、海兵隊始まって以来の激戦だが、実質的には敗北といえる。それは、戦闘後、ケサン基地を放棄したからだ。

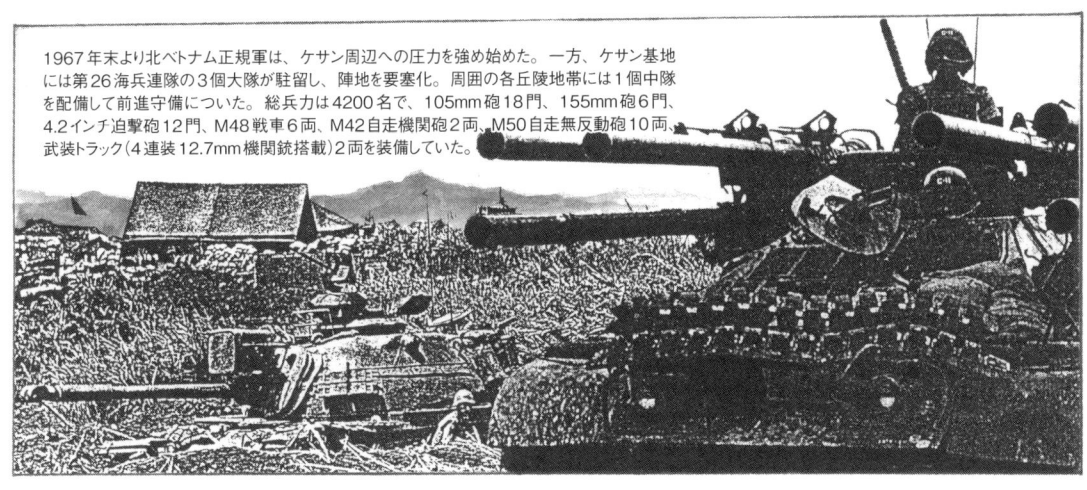

1967年末より北ベトナム正規軍は、ケサン周辺への圧力を強め始めた。一方、ケサン基地には第26海兵連隊の3個大隊が駐留し、陣地を要塞化。周囲の各丘陵地帯には1個中隊を配備して前進守備についた。総兵力は4200名で、105mm砲18門、155mm砲6門、4.2インチ迫撃砲12門、M48戦車6両、M42自走機関砲2両、M50自走無反動砲10門、武装トラック(4連装12.7mm機関銃搭載)2両を装備していた。

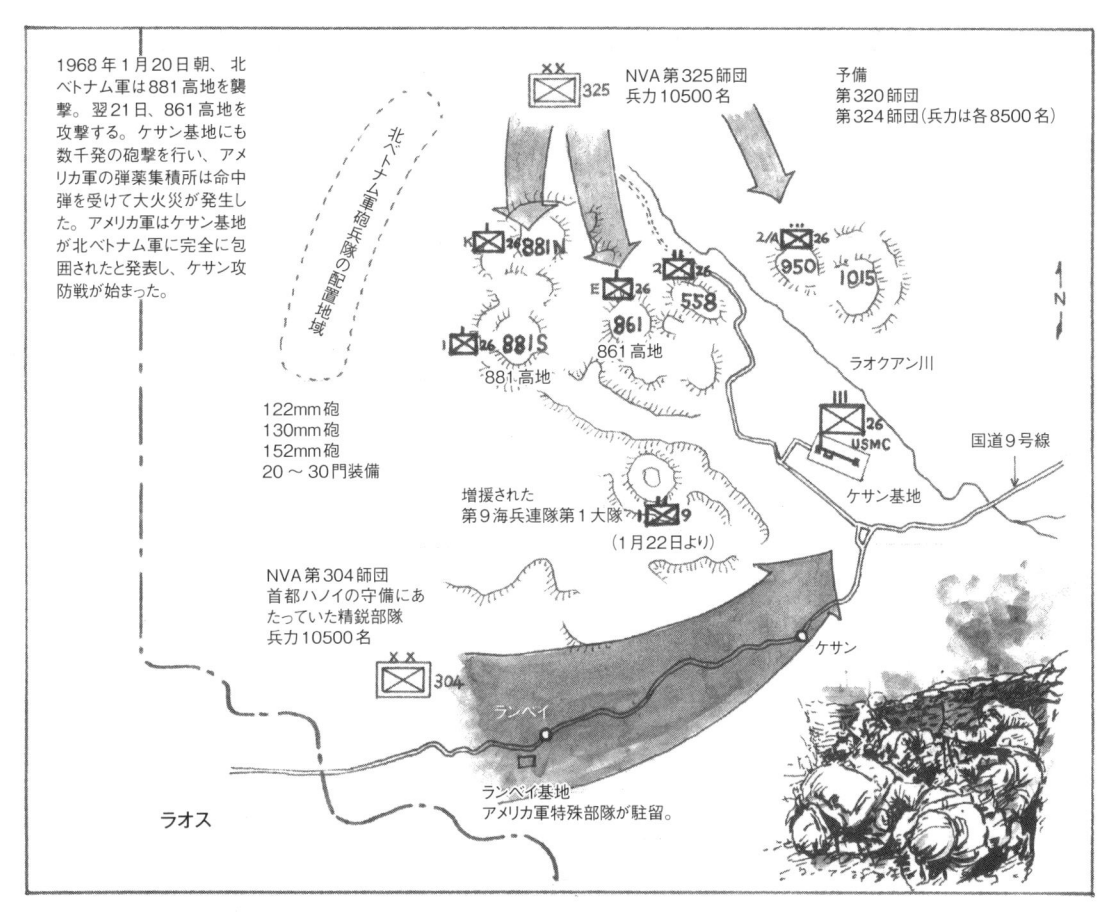

1968年1月20日朝、北ベトナム軍は881高地を襲撃。翌21日、861高地を攻撃する。ケサン基地にも数千発の砲撃を行い、アメリカ軍の弾薬集積所は命中弾を受けて大火災が発生した。アメリカ軍はケサン基地が北ベトナム軍に完全に包囲されたと発表し、ケサン攻防戦が始まった。

北ベトナム軍砲兵隊の配置地域

NVA第325師団
兵力10500名

予備
第320師団
第324師団(兵力は各8500名)

122mm砲
130mm砲
152mm砲
20〜30門装備

881高地

861高地

ラオクアン川

USMC

国道9号線

ケサン基地

増援された
第9海兵連隊第1大隊
(1月22日より)

NVA第304師団
首都ハノイの守備にあたっていた精鋭部隊
兵力10500名

ランベイ

ケサン

ランベイ基地
アメリカ軍特殊部隊が駐留。

ラオス

1月22日、第9海兵連隊第1大隊（兵力1400名）がケサンに来援。この日、ウエストモーランド司令官はケサン防衛の切り札として、"ナイアガラ作戦II"を発動。これはB-52戦略爆撃機を主力に航空兵力を投入して、爆弾を滝のように落とす大爆撃作戦だ。

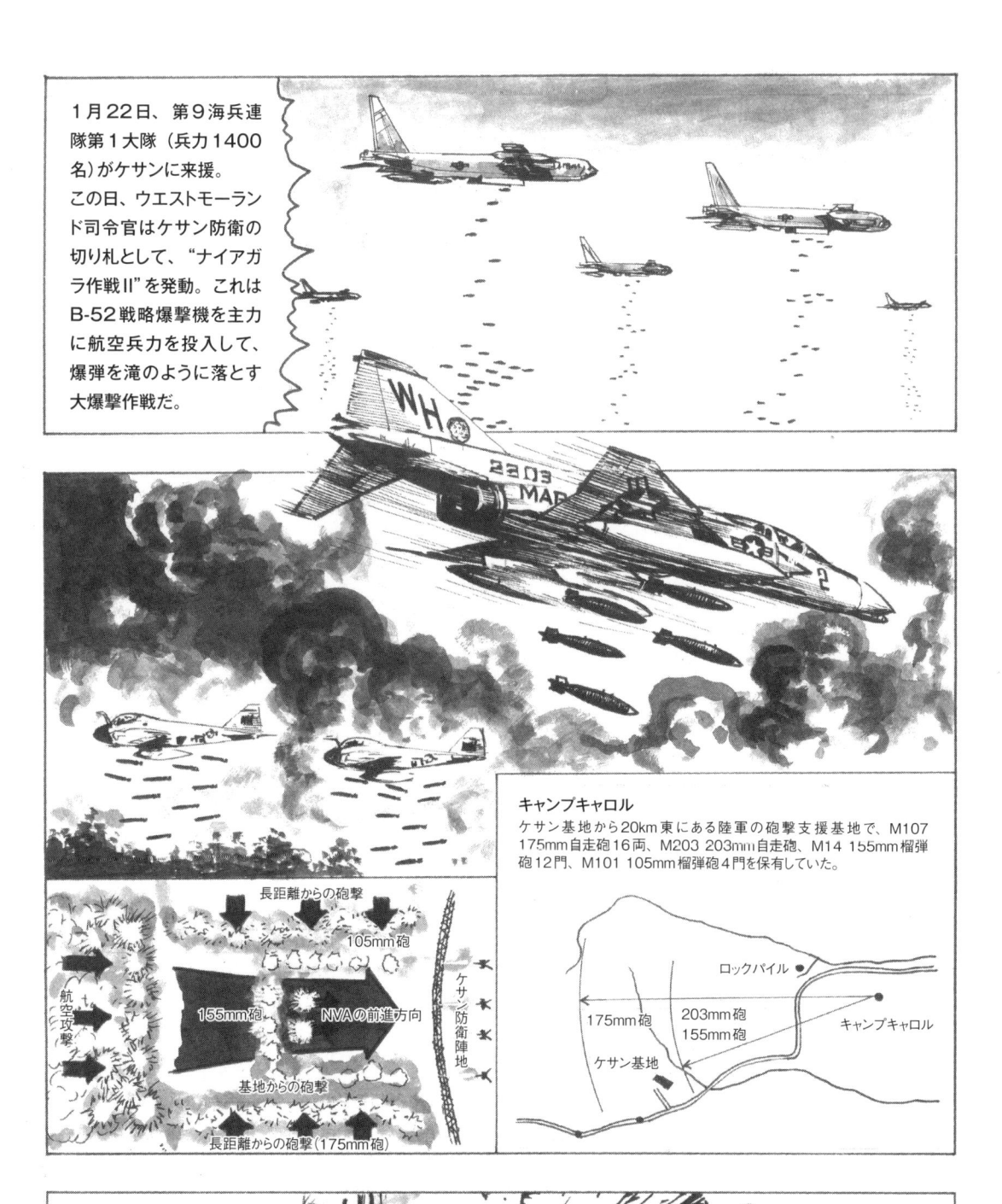

キャンプキャロル

ケサン基地から20km東にある陸軍の砲撃支援基地で、M107 175mm自走砲16両、M203 203mm自走砲、M14 155mm榴弾砲12門、M101 105mm榴弾砲4門を保有していた。

長距離からの砲撃
105mm砲
航空攻撃
155mm砲　NVAの前進方向
ケサン防衛陣地
基地からの砲撃
長距離からの砲撃（175mm砲）

ロックパイル
175mm砲　203mm砲　155mm砲
キャンプキャロル
ケサン基地

北ベトナム軍は猛爆撃に耐えながら塹壕を掘り進み、1月末までには海兵隊陣地から300mの距離まで迫ってきた。

一方、アメリカ海兵隊側は北ベトナム軍による1日150発〜最大1307発の激しい砲撃で、穴倉の惨めな生活に追い込まれていた。

ケサンのアメリカ海兵隊員（1968年）

《 ホットウェザーユニフォーム
（ジャングルファティーグ）》

《 ヘルメットカバー 》

ゴムのヘルメットバンドには、ガンオイルなど、様々なものをはさんだ。

〔ミッチェルパターン迷彩〕

〔ダックハンターパターン迷彩〕
旧型の迷彩カバーも一部使用された。

ベトナムでは、ボディアーマーを着用したこの姿が、海兵隊をイメージするスタイルだった。

《 M1955ボディアーマー 》

《 アメリカ海兵隊員が使用した小火器 》

M16A1ライフル

レミントンM1910ショットガン
本来は警備用だが、パトロール任務の際に装備されることもあった。

M72ロケットランチャー

《 ホットウェザートロピカルブーツ
（ジャングルブーツ）》

M2 60mm迫撃砲
小隊支援用に使用する。

M2重機関銃

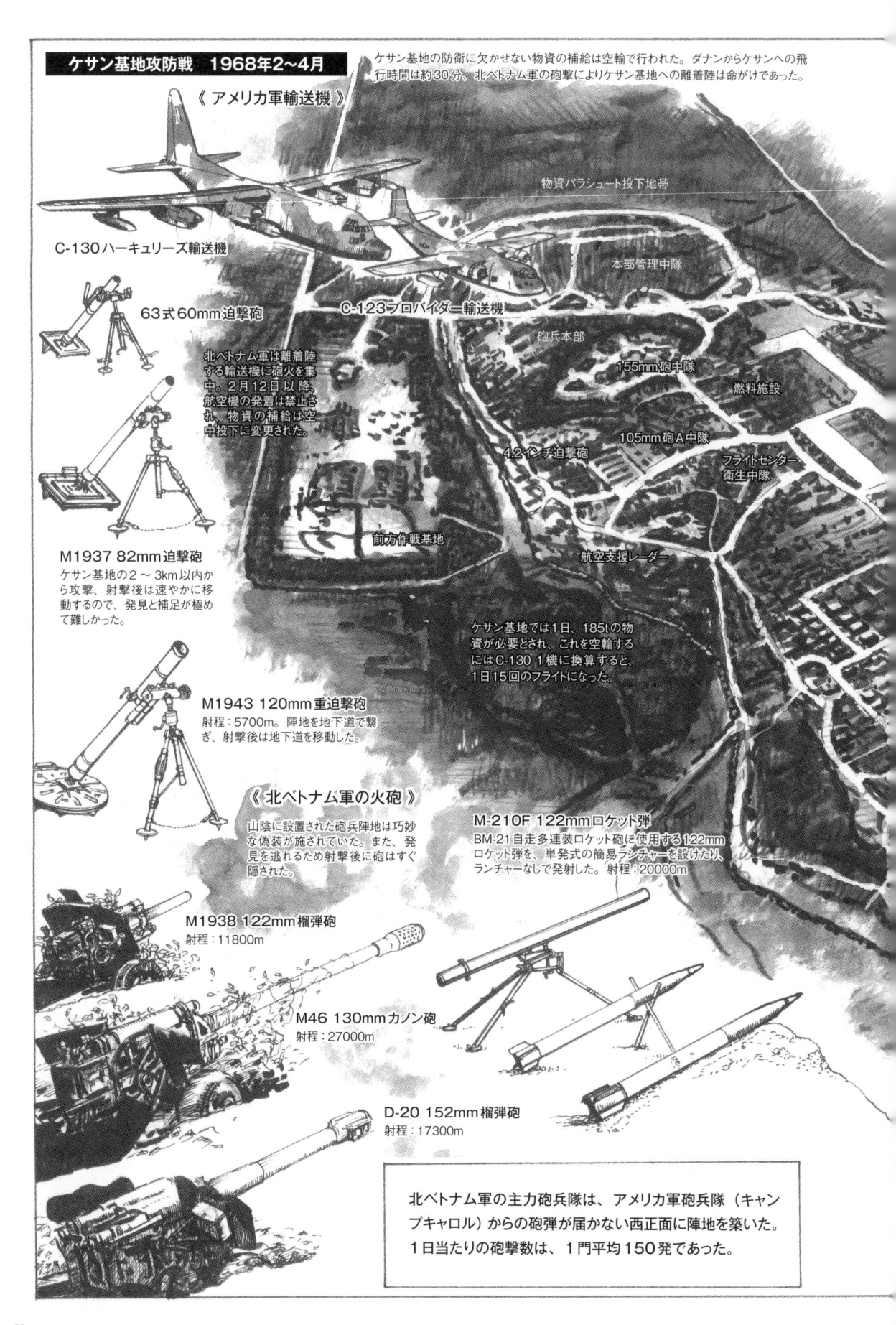

ケサン基地攻防戦　1968年2〜4月

ケサン基地の防衛に欠かせない物資の補給は空輸で行われた。ダナンからケサンへの飛行時間は約30分、北ベトナム軍の砲撃によりケサン基地への離着陸は命がけであった。

《 アメリカ軍輸送機 》

物資パラシュート投下地帯

C-130ハーキュリーズ輸送機

63式60mm迫撃砲

C-123プロバイダー輸送機

本部管理中隊

砲兵本部

155mm砲中隊

燃料施設

北ベトナム軍は離着陸する輸送機に砲火を集中。2月12日以降、航空機の発着は禁止され、物資の補給は空中投下に変更された。

105mm砲A中隊

4.2インチ迫撃砲

フライトセンター
衛生中隊

M1937 82mm迫撃砲

ケサン基地の2〜3km以内から攻撃、射撃後は速やかに移動するので、発見と補足が極めて難しかった。

前方作戦基地

航空支援レーダー

ケサン基地では1日、185tの物資が必要とされ、これを空輸するにはC-130 1機に換算すると、1日15回のフライトになった。

M1943 120mm重迫撃砲
射程：5700m。陣地を地下道で繋ぎ、射撃後は地下道を移動した。

《 北ベトナム軍の火砲 》

山陰に設置された砲兵陣地は巧妙な偽装が施されていた。また、発見を逃れるため射撃後に砲はすぐ隠された。

M-210F 122mmロケット弾
BM-21自走多連装ロケット砲に使用する122mmロケット弾を、単発式の簡易ランチャーを設けたり、ランチャーなしで発射した。射程：20000m

M1938 122mm榴弾砲
射程：11800m

M46 130mmカノン砲
射程：27000m

D-20 152mm榴弾砲
射程：17300m

北ベトナム軍の主力砲兵隊は、アメリカ軍砲兵隊（キャンプキャロル）からの砲弾が届かない西正面に陣地を築いた。1日当たりの砲撃数は、1門平均150発であった。

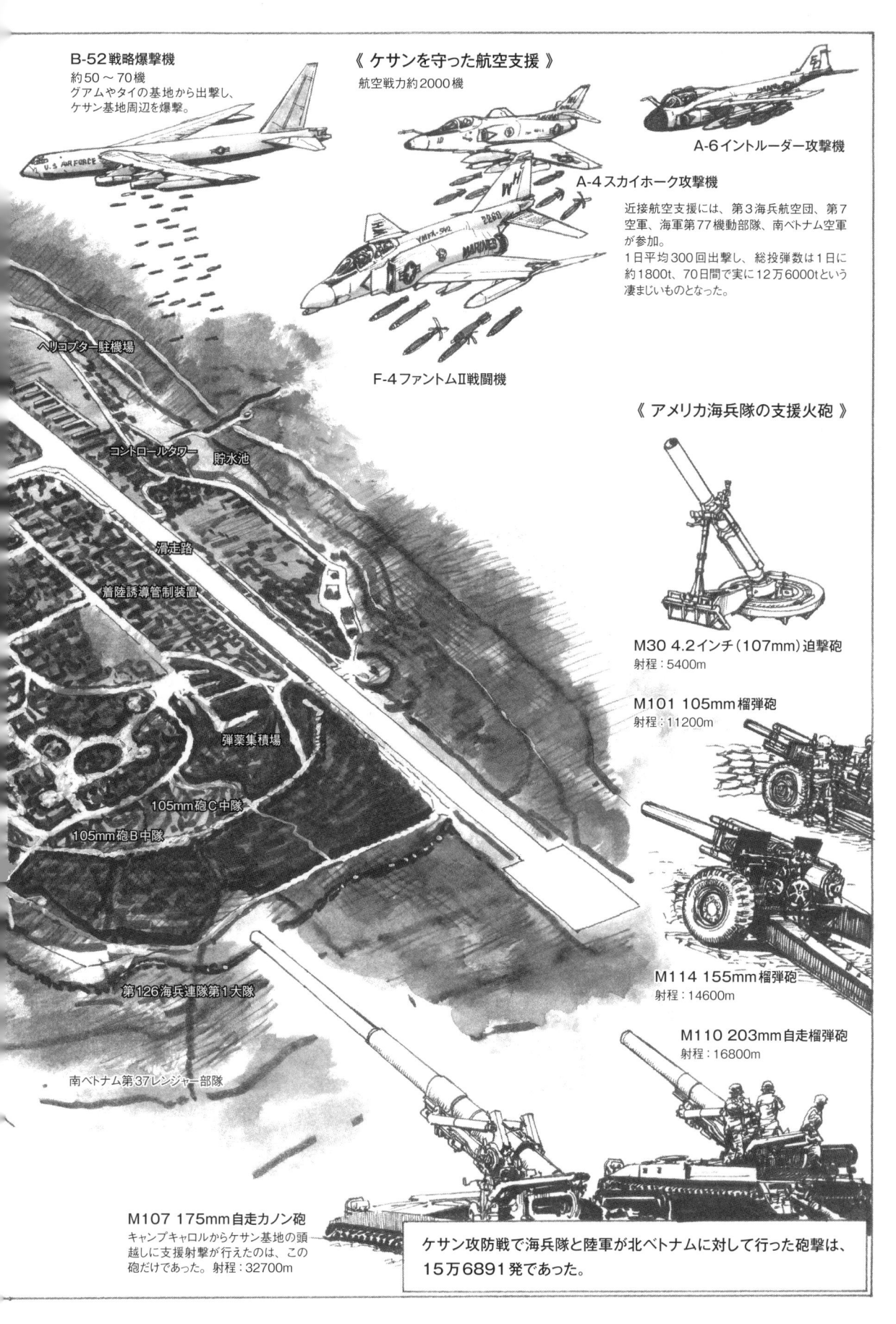

B-52 戦略爆撃機
約50～70機
グアムやタイの基地から出撃し、ケサン基地周辺を爆撃。

《 ケサンを守った航空支援 》
航空戦力約2000機

A-6 イントルーダー攻撃機

A-4 スカイホーク攻撃機

近接航空支援には、第3海兵航空団、第7空軍、海軍第77機動部隊、南ベトナム空軍が参加。
1日平均300回出撃し、総投弾数は1日に約1800t、70日間で実に12万6000tという凄まじいものとなった。

F-4 ファントムⅡ戦闘機

ヘリコプター駐機場

コントロールタワー　貯水池

滑走路

着陸誘導管制装置

弾薬集積場

105mm砲C中隊

105mm砲B中隊

第126海兵連隊第1大隊

南ベトナム第37レンジャー部隊

《 アメリカ海兵隊の支援火砲 》

M30 4.2インチ（107mm）迫撃砲
射程：5400m

M101 105mm 榴弾砲
射程：11200m

M114 155mm 榴弾砲
射程：14600m

M110 203mm 自走榴弾砲
射程：16800m

M107 175mm 自走カノン砲
キャンプキャロルからケサン基地の頭越しに支援射撃が行えたのは、この砲だけであった。射程：32700m

ケサン攻防戦で海兵隊と陸軍が北ベトナムに対して行った砲撃は、15万6891発であった。

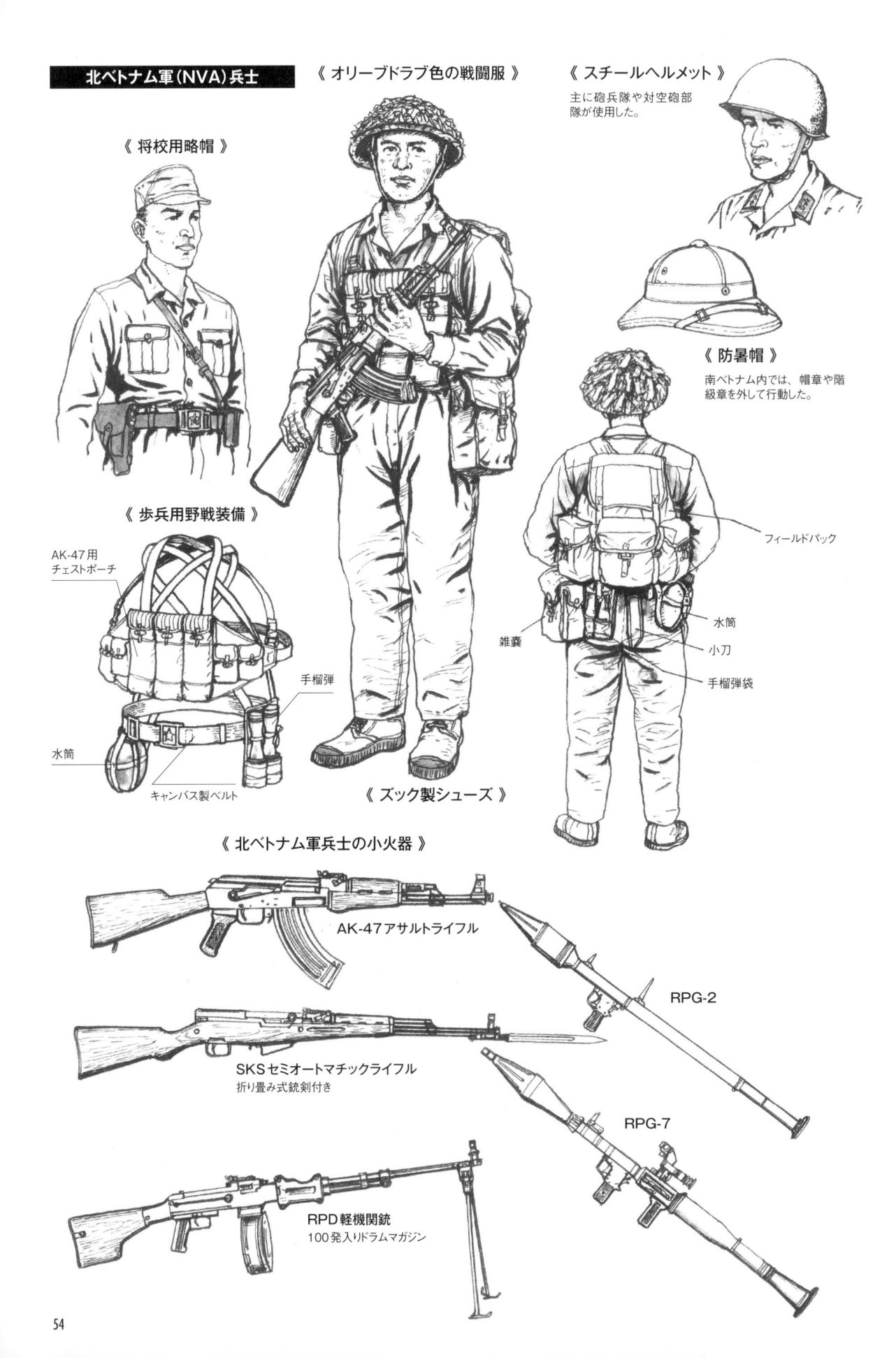

北ベトナム軍（NVA）兵士

《 将校用略帽 》

《 オリーブドラブ色の戦闘服 》

《 スチールヘルメット 》

主に砲兵隊や対空砲部隊が使用した。

《 防暑帽 》

南ベトナム内では、帽章や階級章を外して行動した。

フィールドパック

《 歩兵用野戦装備 》

AK-47用
チェストポーチ

手榴弾

水筒

キャンバス製ベルト

水筒

小刀

手榴弾袋

雑嚢

《 ズック製シューズ 》

《 北ベトナム軍兵士の小火器 》

AK-47アサルトライフル

RPG-2

SKSセミオートマチックライフル
折り畳み式銃剣付き

RPG-7

RPD軽機関銃
100発入りドラムマガジン

2月1日、ワシントンはケサン防衛に戦術核兵器の使用を許可する極秘電をウエストモーランド司令官に打電。

2月5日、北ベトナム軍の夜襲で861高地の一部が奪取された。

北ベトナム軍の塹壕線はついに基地まで90mと迫った。完全包囲の攻防戦で、戦況が似ていることから"第二のディエンビエンフー"と囁かれ、全世界から注目される戦いになった。

2月7日夜半、ランベイの特殊部隊前線基地が11両のPT-76軽戦車を先頭にした北ベトナム軍の攻撃で陥落。

ベトナムで負けられないアメリカは、戦術核の使用をちらつかせ、北ベトナムと水面下で交渉。アメリカが核兵器を使用しない代わりに、北ベトナムは包囲を解くことで合意したといわれている。

3月初め、北ベトナム軍はアメリカ軍に気付かれぬよう包囲を解いて撤退を始めた。4月1日、第1騎兵師団がケサン救援のため陸路から"ペガサス作戦"を開始。ほとんど抵抗を受けずケサンまで進出し、14日にはケサンの包囲が解かれた。

4月18日、77日間健闘した第27海兵連隊はドンハとキャンプキャロルへ帰還し、将兵たちは熱いシャワーを浴び、新しい服に着替えてステーキの夕食にありついた。

この戦いにおける海兵隊の損害は、戦死205名、戦傷1664名で、北ベトナム軍側には10000～15000名の人的被害を与えたと見積もられている。戦いの後、アメリカ軍はケサン基地の放棄を決定し、6月に海兵隊は施設を破壊して撤退した。

テト攻勢、古都フエの激闘

フエは、映画『フルメタルジャケット』の舞台となった戦場ですね。

1968年のテト攻勢においてケサンとともに激戦地となったフエの戦闘にも海兵隊が参加しており、猛烈な市街戦となったフエの戦闘は"血まみれ通りの戦い"と呼ばれた。

1968年のテト（1月29～31日）では、共産軍が停戦協定を破り、南ベトナム全土で一斉攻撃を始めた。

テトというのは、旧正月のことだ。ベトナムでは重要な年始行事である。それまで毎年、連合軍（MFV、アメリカ軍、南ベトナム軍）と共産軍（北ベトナム軍、南ベトナム解放戦線）とも一時停戦をしておったんだ。

《 テト攻勢 》
1968年1月30日夜、南ベトナムのほとんどの省都と基地が標的となった。

ケサン
DMZ
クアントリ
フエ
第1軍団戦術区
アシャウ渓谷
ダナン
クアイダウ
ダクト
クアンガン
コンツム
ブレイク
クイニヨン
第2軍団戦術区
バンメトート
ナトラン
ダクト
カムラン
ミイト
ビエンホア
チャウドク
サイゴン
第3軍団戦術区
ビンロン
ベントレ
第4軍団戦術区
カマウ

✕ 主要な戦闘のあった地域

NVA師団

解放戦線師団

解放戦線連隊

←--- ホーチミンルート

ケサンの攻撃もテト攻勢の一環だった。

このテト攻勢の規模の大きさ、大胆不敵さは世界中を驚かせた。

1月31日午前3時40分、共産軍によるフエへの攻勢が始まった。
フエの旧市街地は城壁に囲まれ、グエン朝の王宮など歴史的文化遺産があった。

国道1号線

ARVN司令部

滑走路

旧市街

王宮

802 6
NVA第6連隊

800 6

806

在ベトナム援助軍司令部

大学

大学

新新街

フォン河

804 4

K4B 4
NVA第4連隊

K4C 4

北ベトナム軍（NVA）第6連隊は、ロケット砲の援護を受けながらフエ王宮西側より旧市街地へ突入。ここには南ベトナム政府軍（ARVN）の精鋭"ブラックパンサー"中隊が駐屯していたが、奇襲攻撃に合い退却。2月1日未明、王宮に解放戦線旗（青と赤で中央に金色の星が入る）が翻った。

NVAはその後、フエの北と南に展開し、封鎖態勢に入った。

フエ攻撃の主力はNVAだったが、南ベトナム解放という大義名分のため解放戦線旗を掲揚したのだ。

新市街地にあったMACVのアメリカ軍兵士はここを守って、援軍を待つことになる。一番近いのはフバイの海兵隊だ。

第1海兵連隊第1大隊A中隊が出動。包囲されていたMACVと連絡しようとするが、NVAの待ち伏せ攻撃に合って前進できなくなった。

共産軍の戦力を過小評価したことを悟った海兵隊は、戦車（M48戦車4両、M42対空自走砲2両）と工兵を配属した第5海兵連隊第2大隊G中隊を増援に出し、NVAの前衛部隊を突破。午後3時にMACV司令部に到達した。

旧市街地のARVN司令部は、24時間以内に増援が来なければ持ち堪えられないと言っているぞ。

しかし、フォン河に掛かる鉄道橋を破壊されて、旧市街地への進出には失敗した。

翌2月1日、旧市街への連合軍の猛反撃が始まった。

さあ野郎ども、ケツを上げろ！ベトコンを追い出すんだ！

テトの時期、中部ベトナムの気温は平均気温が20°を下回ることもある。このためフエに出動した海兵隊員は通常の軍装の他に、雨と寒さを防ぐためレインパーカーを着用した。

レインパーカーは必ずボディアーマーの下に着用した。

ヘルメットには銃のクリーニングに使用する歯ブラシやオイルのボトルを挟んでいる。

M60用のリンク付き7.62mmNATO弾を収めたバンダリア。

機関銃の弾薬は射手や弾薬手が、袈裟懸けにして携行。

弾薬携帯用に、ポケットを増設したジャケットを着用するグレネードランチャーの射手。この種類の装備は、ローカルメイドといわれる現地での改造または製造品。

M17ガスマスク

機関銃の射手は護身用にピストルも携帯する。

Kバーナイフ

携帯時の装着スペースを確保するため、ナイフをホルスターとベルトの間に装着する兵士もいた。

ライフル兵はマガジンポーチで弾薬を携帯する他に2～3本のバンダリア（1本140発の予備弾薬）を携帯した。

《 M1956装備 》

M1956サスペンダー

ジャングルファーストエイドキット

M7バイヨネット

装備を装着してからボディアーマーを着用するため、マガジンポーチ類がボディアーマーの裾から出るように、サスペンダーは長めに調整して使用する。M1956サスペンダーの他に従来のM1941サスペンダーを使用する隊員もいた。

フエでの戦いでは、歴史的に貴重な建物を破壊するとして

当初、重火器の使用や爆撃は許可されなかった。そこで海兵隊は、10～12名チームを編成して建物を掃討していった。

フエの戦い（1968年2月1～25日）

ARVN第7空挺大隊

国道1号線
←クアンチ

第1騎兵師団第3旅団

ARVN第2空挺大隊

旧市街

2月4日
ヘリボーンにより増援

出入り口をカバーしろ。

アメリカ第101
空挺師団1個大隊

BOOM!

BABABA

DAN!

突入！

アメリカ第101
空挺師団1個大隊とARVN部隊

M24ダスター対空自走砲

よし、次の家だ。狙撃兵に気を付けろ。

建物に潜む敵を追い出す目的で、海兵隊はCS（催涙）ガスを使用。

M7A3
RIOT
CS

共産軍は市街地の至るところに拠点を作り、連合軍を迎え撃った。

フエに投入された海兵隊員は徴募兵であり、本来はジャングルで敵と戦う予定であった。

それがいきなり、市街戦に巻き込まれてしまった。

アメリカ第5海兵連隊第1大隊

ARVN第9空挺大隊

MACV

2月11日夜、海兵第2大隊が渡河

新市街地では2月7日より支援砲撃が認められた。

アメリカ第1海兵連隊

国道1号線

新市街は2月9日までに海兵隊が奪回。

フバイ、ダナン

戦意旺盛な敵が立てこもる通りや家の一つ一つを奪回していく戦いを強いられた。

M48A3パットン戦車

市街戦では、小型のオントスが狭い路地で活躍した。

M50A1オントス
自走無反動砲

火力チームの行動は制限され、若い海兵隊員は、市街戦のテクニックを実戦で学んでいった。

南ベトナム政府軍（ARVN）

戦闘開始当時、フエでは南ベトナム政府軍第1師団の精鋭「ハク・ボー（ブラックパンサー）」レンジャー中隊が、旧市街を守備していた。

戦闘になったら頼りにならないといわれていた政府軍は、テト攻勢では各地で善戦し、解放戦線の計画を狂わせた。

〔ARVNリュック〕
容量が多く、使いやすい。アメリカ軍でも使用された。

《 標準的な南ベトナム政府軍兵士 》

ブラックパンサーの部隊マーク

ヘルメットに迷彩を直接ペイント。正面にはブラックパンサーを描き入れている。

M59リーフ迷彩服

M16A1 ライフル

共産軍（北ベトナム軍&南ベトナム解放戦線）

鹵獲したアメリカ製兵器も有効に利用した。

《 完全装備の解放戦線兵士 》

主力部隊は十分に訓練を受けており、アメリカ軍に劣らない火力を持っていた。テト攻勢では、北ベトナム軍と同じ野戦服を着用した解放戦線兵士もいた。

主力は北ベトナム軍であったが、政治的配慮から約2000人の解放戦線兵士が配属されていた。

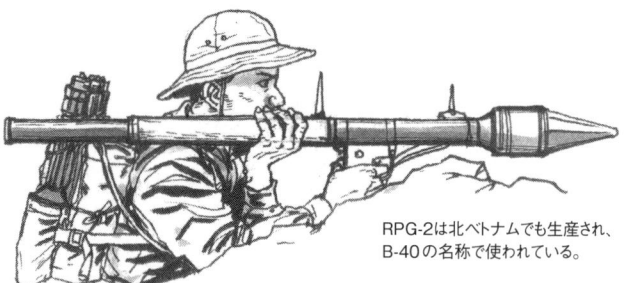

RPG-2は北ベトナムでも生産され、B-40の名称で使われている。

2月12日、南ベトナム政府はこの時点でフエでの砲爆撃を許可した。

当初、アメリカ軍は共産軍の戦力を過小評価し、1週間で掃討可能としていたが、王宮の上にはまだ、解放戦線の旗があった。

陸軍の砲撃、沖合からの艦砲射撃、近接航空支援など連合軍の総力をあげた砲爆撃が開始された。海兵隊も南側の壁に対する攻撃を再開。援護射撃のもと、徐々に前進を続けた。

ARVN第1師団第2連隊第2大隊の兵士が、ようやく解放戦線旗を降ろし、南ベトナム共和国旗を掲揚したのは、2月24日のことだった。

その2日前の2月22日、ARVNと第5海兵連隊第1大隊は、王宮へ突入した。

2月25日の夜、フエの戦いは終了した。連合軍は戦死600名、負傷者3194名の犠牲者（内、海兵隊の戦死者142名、負傷者857名）を出した。$\frac{1}{7}$方、共産軍は戦死者推定5000名、捕虜89名であった。

26日間にわたる戦いで美しかった古都フエの40％が破壊され王宮は瓦礫と化した。市街戦となったフエ市民の犠牲は、死亡・行方不明約5800名。その中には共産軍に殺害された公務員などの民間人も含まれる。

DMZ南方の戦い〜そしてベトナム撤兵へ

北ベトナム
DMZ
ベンハイ河
ケサン
ドンハ市
ランベイ　キャンプキャロル
クアベト河
クアンチ
クアダイ河
クアンチ省
フォン河
フエ
フーバイ

アシャウ渓谷

ティアティエン省
国道1号線

国道9号線

南ベトナム
ダナン湾
ダナン
マーブル山
（ヘリコプター専用基地）
ホイアン

● は、海兵隊の基地を示す。

クアンナム省
チュライ市

ベトナムにおいて海兵隊の主戦場は、南ベトナム北部のクアンチ省だった。

ここは、DMZのすぐ南であり、最も危険な場所だった。

そして海兵隊の敵は重武装のNVAで、当時アジア最強の相手の一つだ。

地域的に見れば、フエより北ではNVA、南ではNLFを相手に戦っていたな。

在ベトナム・アメリカ海兵隊を統括したのは、ダナンにあった第III水陸両用軍（III MAF）で、ここから戦争中、何回も水陸両用作戦を行っている。

ベトナムでは、地域の占領・確保よりも敵の殲滅が重視され、敵部隊を発見した場所に敵前上陸してこれを掃討する作戦だった。

この上陸作戦は、ベンハイ河からダナン間の海岸で150回以上行われ、ダナンよりクアンガイ間では約50回行われている。

それら上陸作戦の内、最大級の規模となったのが、"ボールド・マリナー"と平地での殲滅作戦"ミードリバー"だった。

ボールド・マリナー作戦 1969年1月12〜14日

1月10日、ダナン南方70kmのバタンガン半島において、2個連隊（約2500名）のNLF部隊を発見した。

海兵隊が半島に上陸、半島の付け根に位置するクアンガイ市に駐屯するARVNが布陣すれば、NLFを一網打尽にできますね。

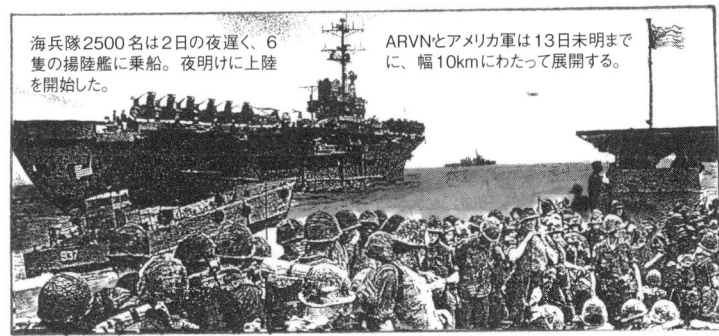

海兵隊2500名は2日の夜遅く、6隻の揚陸艦に乗船。夜明けに上陸を開始した。

ARVNとアメリカ軍は13日未明までに、幅10kmにわたって展開する。

ホイアンにあるアメリカ陸軍1個連隊もこの作戦に協力してくれるそうです。

フエ
ダナン
ホイアン
クアンガイ
バタンガン半島

13日夜明け、バタンガン半島沖合からの艦砲射撃が始まる。

600名の強襲上陸班が、海岸から500mまでの海岸堡（ビーチヘッド）を確保。

続いて、16両のM48A3戦車と48両のアムトラックも上陸。内陸に向かって進撃を開始した。

戦艦ニュージャージーからの支援砲撃、さらにダナンから飛来した海兵隊航空隊の対地上攻撃も始まった。

追撃だ、逃がすな！

奇襲を受けたNLFは驚いて内陸部に逃げ込み、包囲される危険を察知すると西への脱出を図った。

NLFの狙撃手は部隊の撤退を援護、戦死するまでその場で戦い続けた。

小隊長がやられた。救急ヘリを呼べ！

密林に入ってから、アメリカ兵の追撃を遅らせる目的で敵は野戦指揮官を狙撃する（部隊の活動を遅滞・混乱させる目的で、指揮官が狙撃された）。

この部隊は、地雷でアムトラック2両の損害を出しながら、敵の一部を補足、撃滅できた。

逃がすものか。海岸沿いにアムトラックで先回りだ！

う～ん、奇襲に成功して、6倍の兵力があったにもかかわらず、完全勝利を得られないとは、NLFもあなどれない敵に成長したぞ。

2日間の戦闘で、NLFの死者は239名、海兵隊は79名を失う。ARVNは100名以上の損害を出した。

この作戦は、完全に成功するかのように見えたが、ARVNが半島基部に展開するのが遅れ、必死のNLFは阻止ラインを突破し、主力部隊は密林内に脱出してしまった。

ミードリバー作戦　1969年11月20日〜12月9日

この戦いは、第1海兵師団の6個大隊が、DMZ南方のクアベト、クアダイ河の中間地点でNVAの1個師団と交戦した。

敵は、国道9号線のキャンプキャロルかドンハを攻撃する直前とみえ、ジャングルから離れた平地での戦闘となった。

"ジャングル・キャノピー"（密林が天然の掩蓋となり、砲爆撃の効果を削減するためこう呼ばれた）から出てきたら、こっちのもんだ!

海兵隊は空軍の支援爆撃と水上艦艇を含む支援砲撃を受けて、1.6倍のNVAを撃破。
平地での戦場でNVAの各部隊は、戦車（12両のPT-76軽戦車とT-54戦車を出動）を先頭に攻撃に出たが、これは海兵隊の攻撃ヘリによりあっさりと撃破されてしまった。

見たかNVAめ、調子に乗りやがって。平地で戦ったらマリンコにかなうもんか。

20日間の戦闘で、NVAの死者は840名（不確実2500名）。海兵隊の死傷者数は109名という、海兵隊の圧勝だった。これ以後、NVAは一時的にクアンチへの大規模な攻撃を控えることになる。

アメリカ海兵隊狙撃兵

《 アメリカ海兵隊狙撃兵の標準的なスタイル 》

スナイパーはヘルメットを装着せず、行動しやすいように軽装だ。

ベトナム戦争では、狙撃兵の重要性がクローズアップされた。海兵隊は、より専門的な訓練を受けた多数の狙撃兵を運用し、共産軍の狙撃兵に対抗した。

《 M20観測用スコープ 》

スコープの倍率は、20倍。

スカウトスナイパー

海兵隊スナイパーチームは2名で構成される。両名ともエキスパート（特級射撃手）の資格を持ち、通常リーダーが観測、スカウトスナイパーが射撃を担当した。

リーダー
観測手は護衛役も兼ねており、M16または、M14ライフルを装備している。

サウスポーのスナイパーも多かった。

ベトコンは、アメリカ軍のM16ライフルの有効射程を知っており、最前線を安心して歩いていたが、狙撃兵はそれを1発で倒した。

ユナーテル社8倍率スコープ

《 ウインチェスターM70 》

狙撃兵は1発の弾丸で敵部隊を混乱に陥れさせることができる。ジャングルに潜むベトコンの狙撃兵にアメリカ軍は大いに悩まされた。

海兵隊は、長距離射撃にはM14ライフル（有効射程距離は約550m）は不向きとして、M70をターゲットライフルとして導入した。訓練では1ヤード（914m）の射撃を行う。

共産軍の狙撃兵が使用したモシンナガンM1891/30狙撃銃は、PUスコープ（3.5倍率）などを装着していた。

アメリカ海兵隊、M16を採用

海兵隊と陸軍はM14を基幹ライフルとしてベトナム戦争に参加しましたが、1966年からはM16A1へと制式ライフルを変更しています。

アメリカ空軍の採用後、陸軍も採用したことから、海兵隊も制式ライフルとして採用したわけだ。

長くて、重く扱いにくいM14に比べ、M16は小型でジャングルでは扱いやすく、また、小口径弾を使用しているので、兵士の携帯弾数も多くなった。

その一方で、小口径の5.56mm弾は、M14の7.62mm弾より威力も有効射程も劣るし、おもちゃみたいな銃で、白兵戦にも不向きだと、海兵隊の中では反対意見もありました。

M16を最初に支給された海兵隊部隊は、1967年春、ケサン基地周辺に投入された部隊だった。

この戦いでの戦死者の多くは、M16の作動不良が原因だとの声が上がり、M16は欠陥ライフルだとアメリカ国内で大問題となった。

M16は、その外見から未来型ライフルと噂され、兵士たちはメンテナスフリーと誤解していたのだ。

確かにM16は野戦においてM14ほど堅実ではなく、クリーニングキットの不足と不慣れなメンテナンスが原因でジャミングがよく起こった。

しかし、この問題は一部の改良や発射薬の変更、クリーニングキットの配布と兵士への教育により解決されていき、以後、M16A1は主力小銃として使用が続くことになった。

M16とM16A1の外見上の違いは、このとおり。

《 M16 》

ボルトを強制的に前進させるボルトフォアードアシストが追加された。

フラッシュハイダーに枝や草が挟まるため、バードケージ型に改良。

《 M16A1 》

不用意にマガジンキャッチが押されないようにリブを追加。

伸縮式ストック

《 XM177E2 》

コマンドと呼ばれるショートモデルで、フォースリーコンなどで使用された。

共産軍のシンボルAK-47

共産軍が使用したAK-47は、第二次大戦後、ソ連で開発された突撃銃である。

M16より重いが、丈夫で故障が少ないゲリラ向きの小銃で、近接戦の射撃では30連マガジンは有利だった。

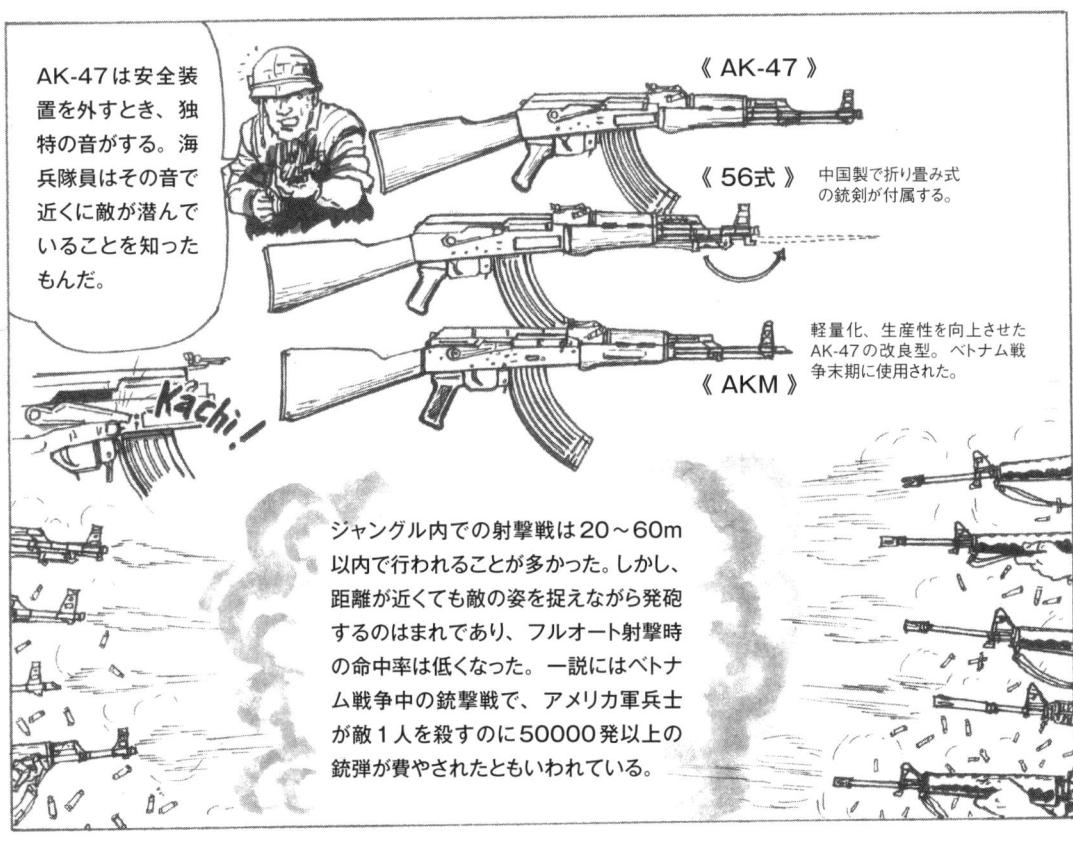

AK-47は安全装置を外すとき、独特の音がする。海兵隊員はその音で近くに敵が潜んでいることを知ったもんだ。

《 AK-47 》

《 56式 》 中国製で折り畳み式の銃剣が付属する。

《 AKM 》 軽量化、生産性を向上させたAK-47の改良型。ベトナム戦争末期に使用された。

Kachi!

ジャングル内での射撃戦は20〜60m以内で行われることが多かった。しかし、距離が近くても敵の姿を捉えながら発砲するのはまれであり、フルオート射撃時の命中率は低くなった。一説にはベトナム戦争中の銃撃戦で、アメリカ軍兵士が敵1人を殺すのに50000発以上の銃弾が費やされたともいわれている。

このベトナム戦争以来、M16とAK-47は世界各地の紛争や内戦の戦場で対決するようになったのだ。

ちなみにM16A1の後継となったM16A2からはフルオート機能を廃止して、3点バースト機能が採用されていますが……。

それは、M16A1を使っていた若い兵士たちは指示を無視し、フルオートで撃ちまくり、瞬時に弾薬を使い切ってしまうからだ。

ベトナムからの撤退

1968年、アメリカ国内での戦争批判が高まる中で、テト攻勢やケサン攻防戦を経験して、さすがのアメリカ政府も勝利の望みがないことを悟った。同年5月15日、パリで北ベトナムとの和平交渉が開かれ、新大統領ニクソンはアメリカ軍の撤兵方針を発表。"名誉ある撤退"が始まった。

この戦争における海兵隊の撤退前の最後の任務は、撤退の拠点となったダナンの防衛だった。

アメリカ軍の撤退は、7月より地上部隊から始まり、1972年3月24日までに完了した。

最盛期（1968年）は8万5755名の兵力を送り込んだアメリカ海兵隊も、1973年3月の撤退時には残務整理要員の500名のみとなっていた。

海兵隊がいなくなったダナン、フバイを始め、クアンチ省は1972年春にNVAの手に落ち、1975年、南ベトナム政府は消滅した。
この戦争における海兵隊の損害は、戦死12953名、負傷51389名であった。

海兵隊最後の任務は、サイゴンのアメリカ大使館警備だった。警備に当たった分遣隊は、1975年4月30日、"フリークエント・ウインド作戦"で最後のヘリコプターに搭乗し脱出した。

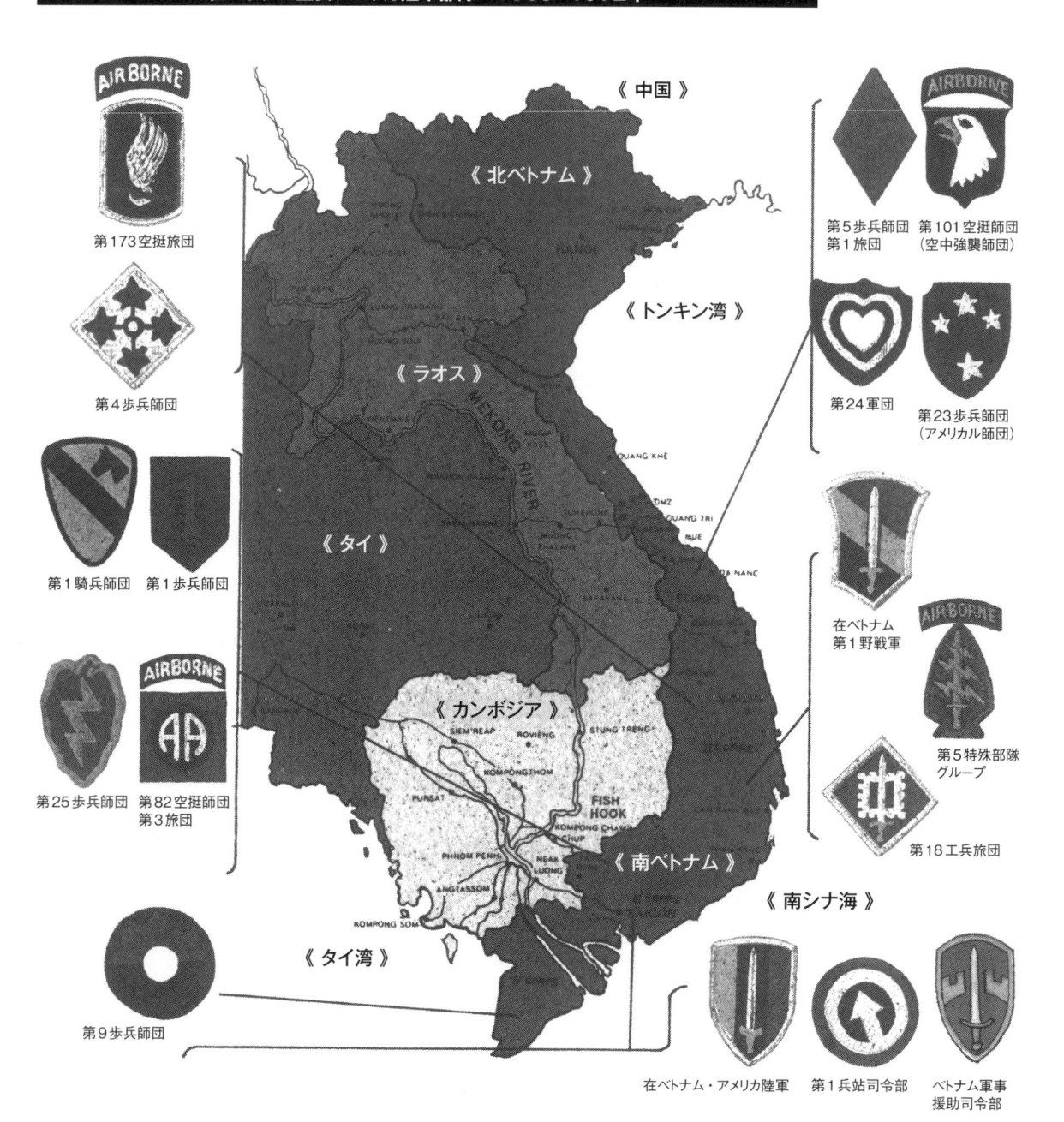

在ベトナム主要アメリカ陸軍部隊　1965〜1972年

第173空挺旅団

第4歩兵師団

第1騎兵師団　第1歩兵師団

第25歩兵師団　第82空挺師団
第3旅団

第9歩兵師団

《 中国 》

《 北ベトナム 》

《 トンキン湾 》

《 ラオス 》

《 タイ 》

《 カンボジア 》

《 南ベトナム 》

《 南シナ海 》

《 タイ湾 》

第5歩兵師団　第101空挺師団
第1旅団　　（空中強襲師団）

第24軍団　　第23歩兵師団
　　　　　　（アメリカル師団）

在ベトナム
第1野戦軍

第5特殊部隊
グループ

第18工兵旅団

在ベトナム・アメリカ陸軍　第1兵站司令部　ベトナム軍事
　　　　　　　　　　　　　　　　　　　　　援助司令部

第20工兵旅団

第11
機甲騎兵連隊

第199
軽歩兵旅団

第18憲兵旅団

第1通信旅団

在ベトナム第Ⅱ
野戦軍

第1航空旅団

第44衛生旅団

アメリカ軍の兵器と軍装

[アメリカ軍の小火器]ピストル

ベトナム戦争では、第一次大戦以前のモデルから1960年代の最新モデルまで幅広い年代の小火器が戦場に投入された。
また、アメリカ製小火器は、南ベトナム軍にも供与されている。ピストルは、M1911A1が第二次世界大戦と朝鮮戦争に続き、
ベトナム戦争でもアメリカ軍の主力ピストルとして使用された。

コルトM1911A1

口径：45口径(11.43mm)
弾薬：.45ACP弾(11.43×23mm)
装弾数：ボックスマガジン7発
作動形式：オートマチック
全長：216mm
銃身長：127mm
重量：1.13kg

《 M1911A1の構造 》

バレル　スライド　エキストラクター　ファイアリングピン
バレルブッシング
リコイルスプリング
リコイルスプリングガイド
レシーバー
スライドストップピン
リンクピン
トリガー
マガジンキャッチ
マガジンスプリング
マガジン
ハンマー
グリップセフティ
シア
トリガースプリング
シアスプリング
ハンマーストラップ
メインスプリング

1925年5月17日の採用以来、性能と信頼性の高さからアメリカ軍主力制式ピストルとして使用。特に45口径の持つストッピングパワーが高く評価された。

アメリカ軍が使用したその他のピストル

《 スタームルガーMk.Ⅱ 》

口径：22口径(5.7mm)
弾薬：.22ロングライフル弾
装弾数：ボックスマガジン10発
作動形式：オートマチック
全長：287mm
銃身長：177mm
重量：1270g

第二次大戦時、OSS(戦略事務局、CIAの前身)が工作員に支給していたハイスタンダードH-Dに替わって、戦後にCIAが採用したサイレンサー付き特殊ピストル。

《 S&W M10 ミリタリーポリス 》

口径：38口径(9mm)
弾薬：.38スペシャル弾（9×29.5mmR)
装弾数：6発
作動形式：ダブルアクション/シングルアクション
全長：235mm
銃身長：102mm
重量：864g

リボルバーモデルは、空軍のPS(憲兵隊)や航空機搭乗員などに支給されている。

《 S&W Mk.22 Mod.0 ハッシュパピー 》

口径：9mm
弾薬：9mmパラベラム弾(9×19mm)
装弾数：ボックスマガジン13発
作動形式：オートマチック
全長：216mm(324mmサイレンサー含む)
銃身長：127mm
重量：737g

アメリカ海軍特殊部隊シールズの要請により、S&W社が同社のM39をベースに開発したサイレンサー付きモデル。消音効果を高めるため、スライド・ロックが付属し、使用する9mmパラベラム弾も初速を低くした特殊弾が用意された。

《 S&W ミリタリーポリス・エアウェイト 》

口径：38口径(9mm)
弾薬：.38スペシャル弾(9×29.5mmR)
装弾数：6発
作動形式：ダブルアクション/シングルアクション
全長：175mm
銃身長：50mm
重量：510g

M10ミリタリーポリスをベースとした2インチバレル・モデル。材質は軽量のジュラルミン合金を使用。1953年に採用され、空軍パイロットの自衛用として使われた。

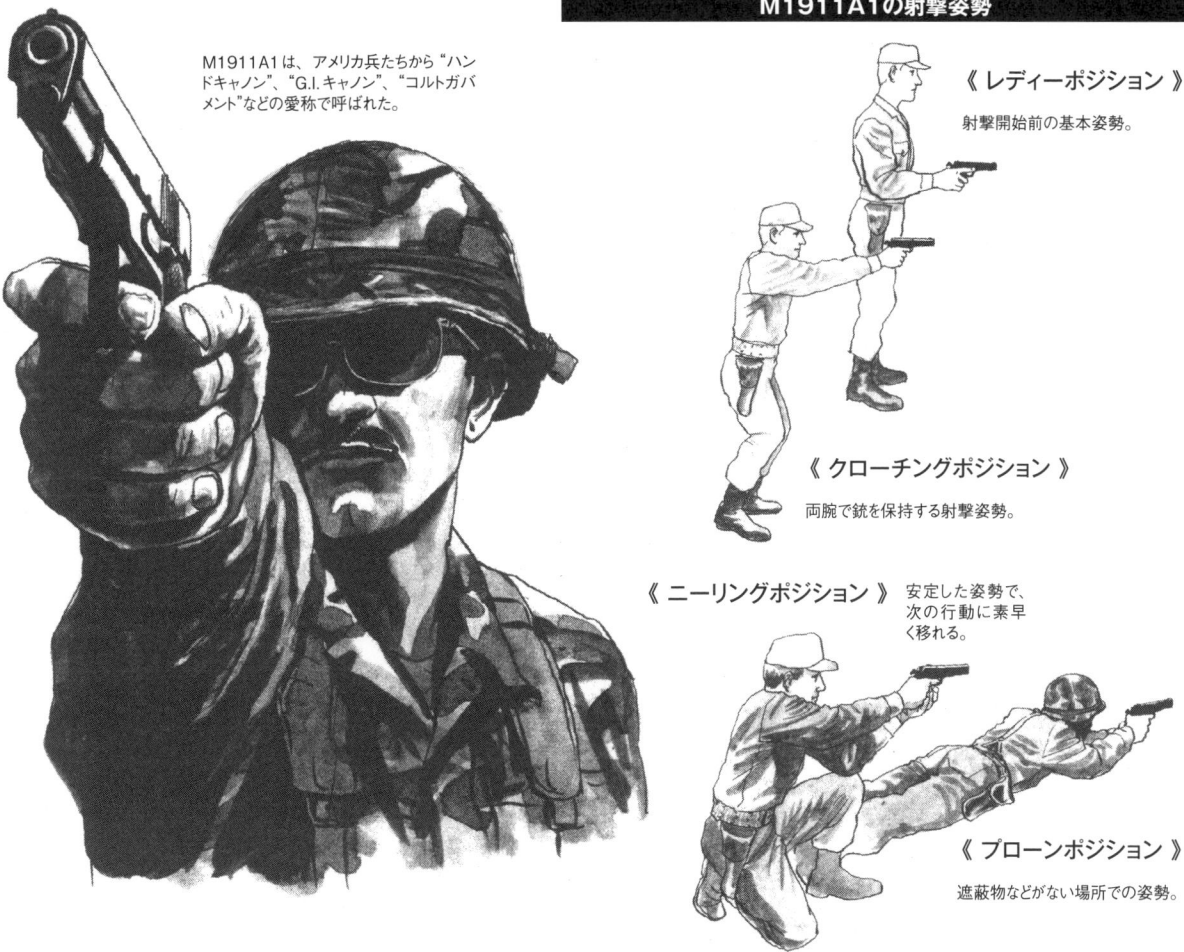

M1911A1は、アメリカ兵たちから"ハンドキャノン"、"G.I.キャノン"、"コルトガバメント"などの愛称で呼ばれた。

M1911A1の射撃姿勢

《 レディーポジション 》

射撃開始前の基本姿勢。

《 クローチングポジション 》

両腕で銃を保持する射撃姿勢。

《 ニーリングポジション 》 安定した姿勢で、次の行動に素早く移れる。

《 プローンポジション 》

遮蔽物などがない場所での姿勢。

ピストルの各種ホルスター

《 M1916ホルスター 》

第二次大戦時と同型のM1911A1用だが、1960年代までにアメリカ軍の革装備の色は茶色から黒色に変更された。

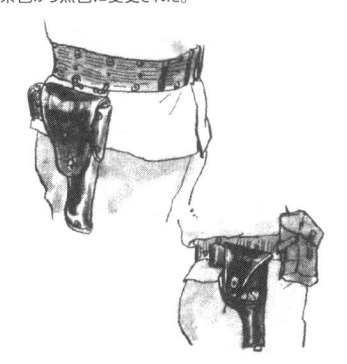

《 リボルバー用ヒップホルスター 》

M10用のホルスターで空軍のSPの他、ヘリコプター搭乗員などが使用した。

《 M7ホルスター 》

M1911A1用ショルダータイプのホルスターは、戦車兵などが使用している。

《 サイバイバルベスト付属のホルスター 》

ヘリコプター搭乗員はサバイバルベストに付属するホルスターでピストルを装備した。

《 私物のショルダーホルスター 》

ベトナムの戦場では、一部の将兵が私物のピストルを所持する場合もあり、銃に合わせて市販されているホルスターが使われている。

ライフル

アメリカは、朝鮮戦争以降に余剰となっていた大量の小火器を軍事援助のため南ベトナムへ供与、南ベトナム政府軍では
それらが主力兵器となった。一方、アメリカ軍はM14、M16を制式採用し、戦場に投入した。

M1/M2カービン

《 M2カービン 》

アメリカ軍は、軍事顧問団の隊員が使用した
他、空軍がM16の採用前にM2カービンを基
地警備用に装備していた。南ベトナム軍では、
指揮官や無線手などが使用している。

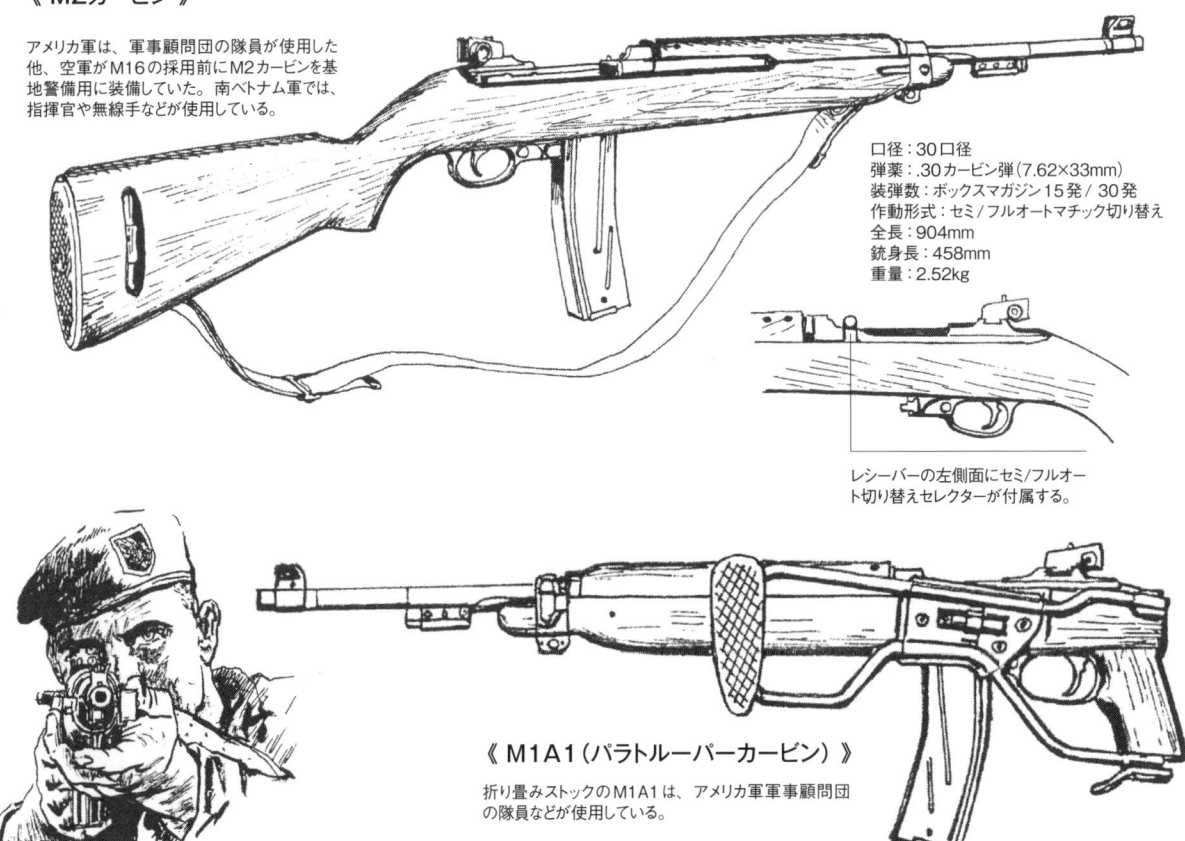

口径：30口径
弾薬：.30カービン弾（7.62×33mm）
装弾数：ボックスマガジン15発／30発
作動形式：セミ／フルオートマチック切り替え
全長：904mm
銃身長：458mm
重量：2.52kg

レシーバーの左側面にセミ/フルオー
ト切り替えセレクターが付属する。

《 M1A1（パラトルーパーカービン）》

折り畳みストックのM1A1は、アメリカ軍軍事顧問団
の隊員などが使用している。

M1ライフル

1966年頃まで南ベトナム政府軍の主力ライフル
として使用された。その他に解放戦線側も政府軍
からの鹵獲品を使用している。

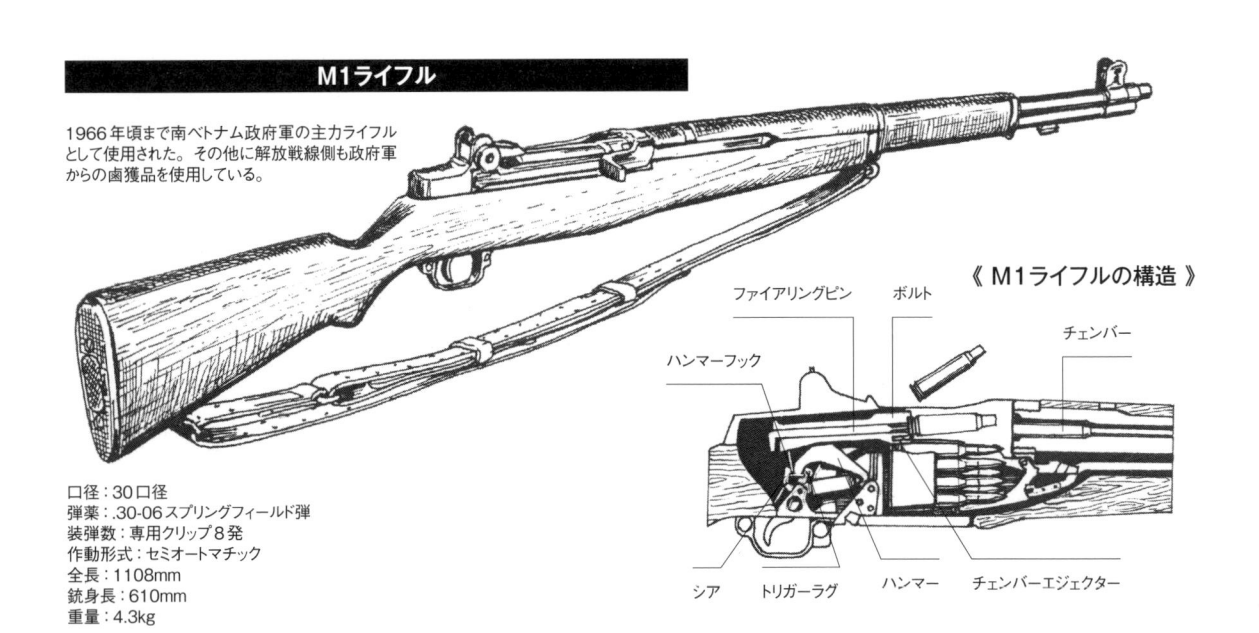

《 M1ライフルの構造 》

ファイアリングピン　　ボルト

チェンバー

ハンマーフック

シア　　トリガーラグ　　ハンマー　　チェンバーエジェクター

口径：30口径
弾薬：.30-06スプリングフィールド弾
装弾数：専用クリップ8発
作動形式：セミオートマチック
全長：1108mm
銃身長：610mm
重量：4.3kg

M14ライフル

M14ライフルは、M1ライフルを発展させる形で開発・試作が行われ、1957年5月に制式採用された。7.62mmNATO弾を使用し、ボックスマガジンの採用とフルオート機構を搭載したことで、M1ライフルより高い性能を持っていた。しかし、重量の増加、射撃時の反動の大きさなどの欠点により、ベトナム駐留アメリカ軍では1966年以降、順次M16ライフルへと交換されていった。

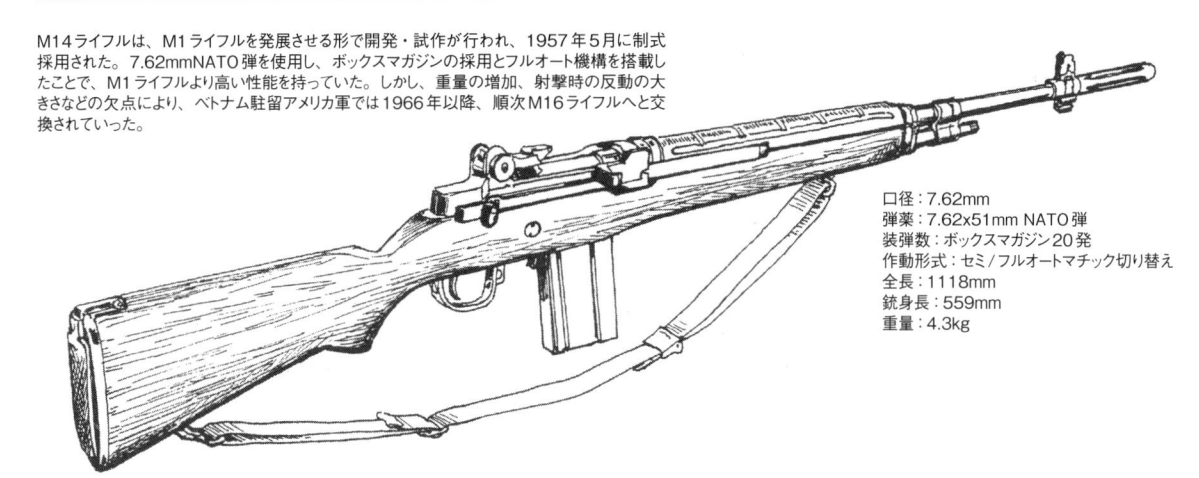

口径：7.62mm
弾薬：7.62x51mm NATO弾
装弾数：ボックスマガジン20発
作動形式：セミ／フルオートマチック切り替え
全長：1118mm
銃身長：559mm
重量：4.3kg

M14の変遷

《 セミオートモデル 》

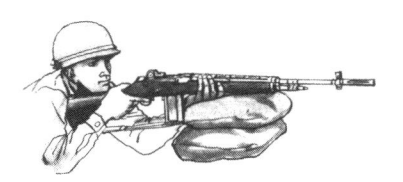

7.62mmNATO弾を使用するM14の威力は高かったが、その反面、フルオート射撃時のコントロールが難しいことが欠点であった。後にフルオート機構を廃止したセミオート・オンリーのモデルも作られた。

《 改良モデル 》

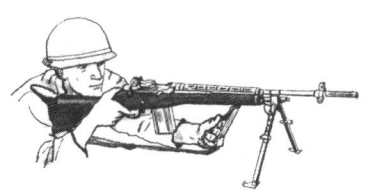

バットプレートにショルダーレストを追加し、バイポットも装備している。

《 M14A1（M14E2）》

フルオート射撃時の安定性を向上させるため、バレル先端にスタビライザーを装備し、ストックを直銃床型に改良した。

M14のバリエーション

M14ライフルは、M1ライフルをベースに開発が行われ、また様々な用途に合わせたモデルも試作されたことから、そのバリエーションは多い。

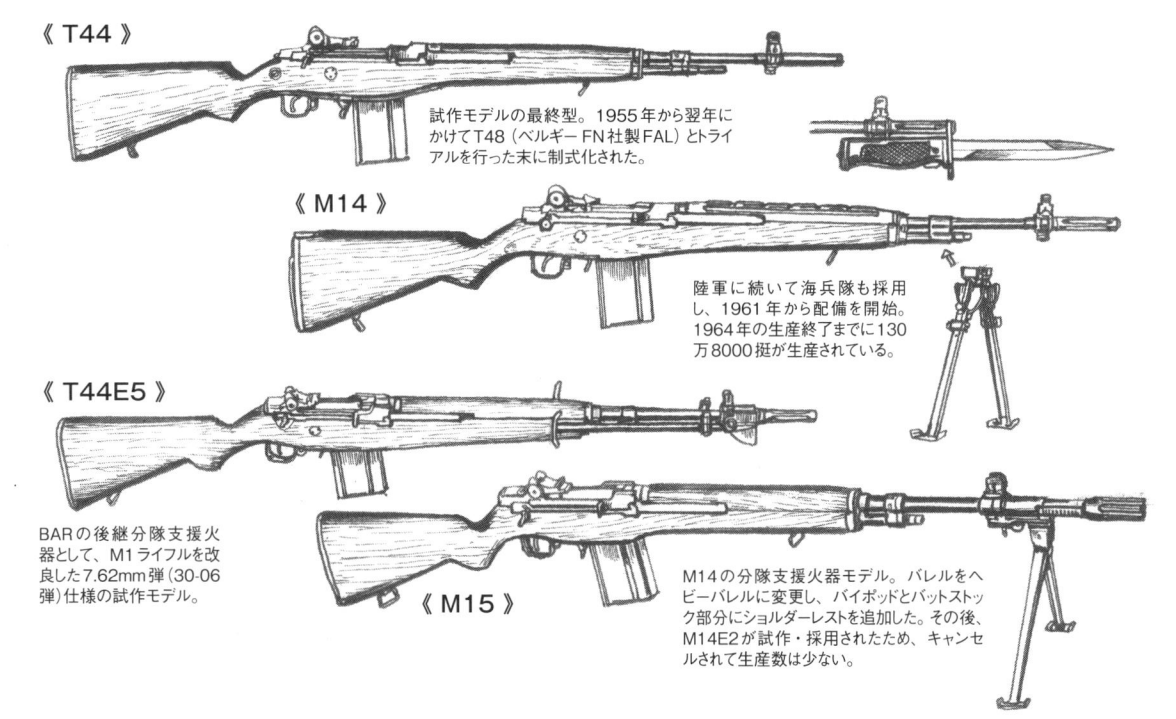

《 T44 》

試作モデルの最終型。1955年から翌年にかけてT48（ベルギーFN社製FAL）とトライアルを行った末に制式化された。

《 M14 》

陸軍に続いて海兵隊も採用し、1961年から配備を開始。1964年の生産終了までに130万8000挺が生産されている。

《 T44E5 》

BARの後継分隊支援火器として、M1ライフルを改良した7.62mm弾（30-06弾）仕様の試作モデル。

《 M15 》

M14の分隊支援火器モデル。バレルをヘビーバレルに変更し、バイポッドとバットストック部分にショルダーレストを追加した。その後、M14E2が試作・採用されたため、キャンセルされて生産数は少ない。

《 M14A1（M14E2）》

射撃時に銃のコントロールを容易にするため、グリップ部分をピストルグリップとし、ストック前部には折り畳み式のフォアグリップが追加されている。試作型は1963年にM14E2と命名され、1966年にはM14A1として採用された。直銃床にはいくつかのバリエーションが存在する。

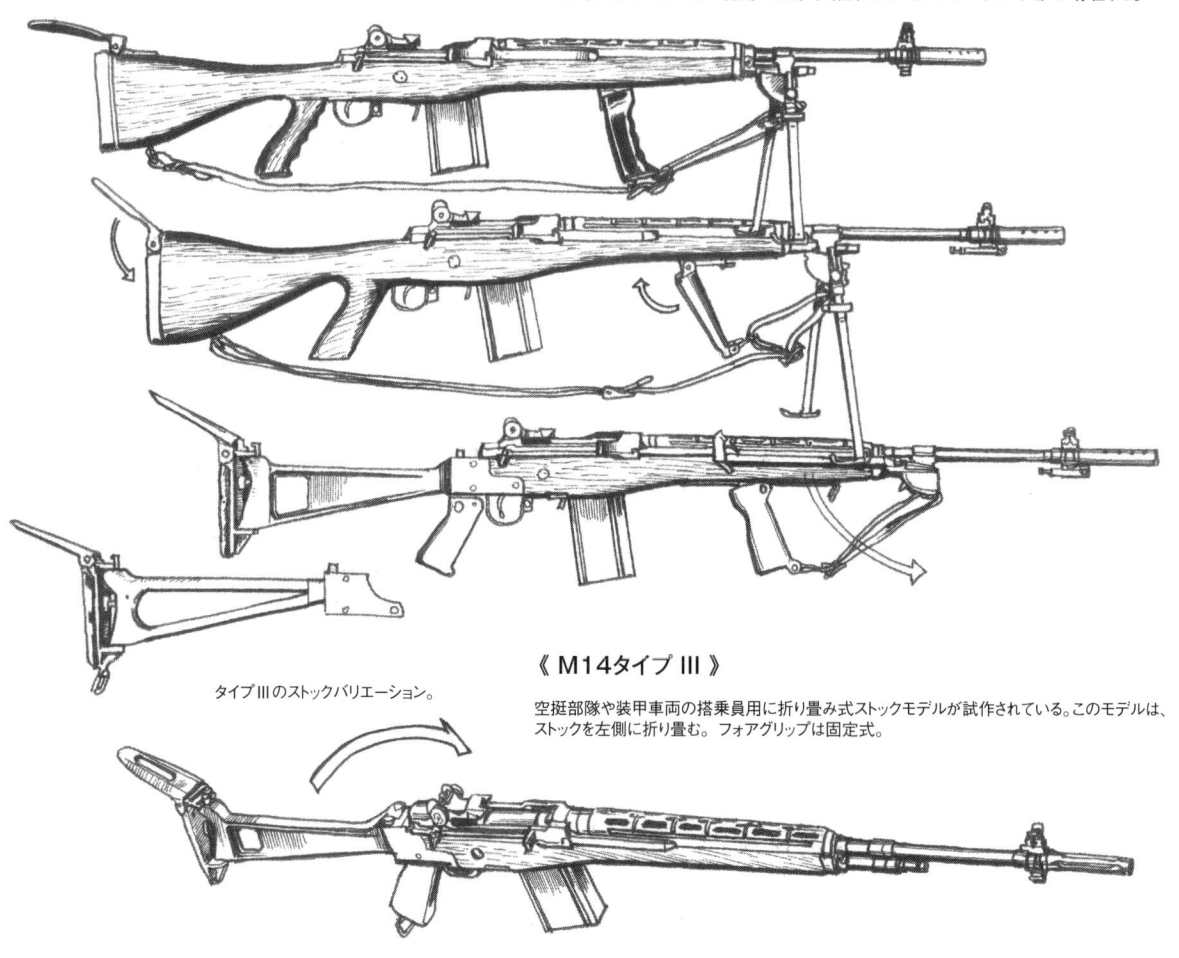

タイプIIIのストックバリエーション。

《 M14タイプ III 》

空挺部隊や装甲車両の搭乗員用に折り畳み式ストックモデルが試作されている。このモデルは、ストックを左側に折り畳む。フォアグリップは固定式。

《 M14タイプ V 》

ストックは前方に折り畳む。ストック前部に折り畳み式のフォアグリップが付属する。

《 M2バイポッド 》

着脱が可能で、高さも数段階の調整が可能。

《 M6バイヨネット 》

M14専用の銃剣。

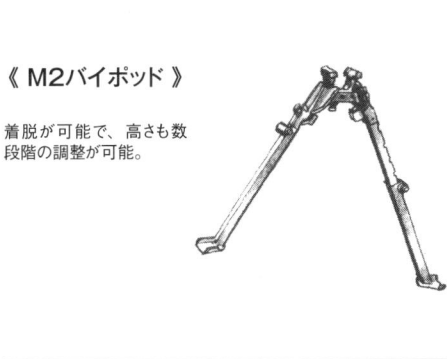
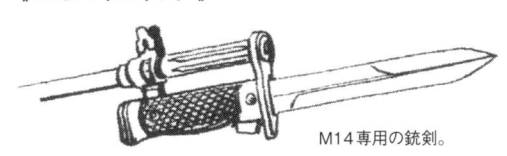

M14の射撃姿勢

《 ニーリングポジション 》

ニーリングポジションの際、より安定した姿勢が保てるように、地形などの状況に合わせて右足の足首は最もバランスの良い姿勢をとる（イラストは3パターン）。

〔体軸線〕
眼をリアサイトの高さに合わせる

30°

《 プローンポジション 》

〔銃軸線〕
両肩の線と直角になるように銃を構える。

《 スタンディングポジション 》

《 突撃射撃姿勢 》

イラストの兵士はM14A1を使用。M14A1はストックの前後にグリップが付いたことから、フルオート射撃の反動を軽減できた。

《 塹壕からの射撃姿勢 》

土嚢があれば、腕を土嚢に固定して銃を保持する

《 バイポットを使用した射撃姿勢 》

銃口の跳ね上がりを抑えるためスリングを握り、射撃を行う。

ベトナムに派兵されたアメリカ軍は、戦場で解放戦線や北ベトナム軍のスナイパーに悩まされることになる。当時、海兵隊は選抜訓練を受けたスナイパーチームを偵察、支援、防御任務に充てていたのに対し、陸軍は簡単な訓練と歩兵分隊での運用にとどまり、その戦術は未熟なままであった。スナイパー戦術を重視した陸軍は、より高度な訓練を開始してスナイパーを育成し、同時に新型スナイパーライフルの導入を決定した。

口径：7.62mm
弾薬：7.62x51mm NATO 弾
装弾数：ボックスマガジン20発
作動形式：セミオートマチック
銃身長：559mm
全長：1118mm
重量：5.27kg

《 XM21スナイパーライフル 》

陸軍は射撃競技用のM14ナショナルマッチモデル1435挺を再整備して、1969年にXM21の名称でベトナムに配備した。その後、XM21はM21として1975年に制式採用される。

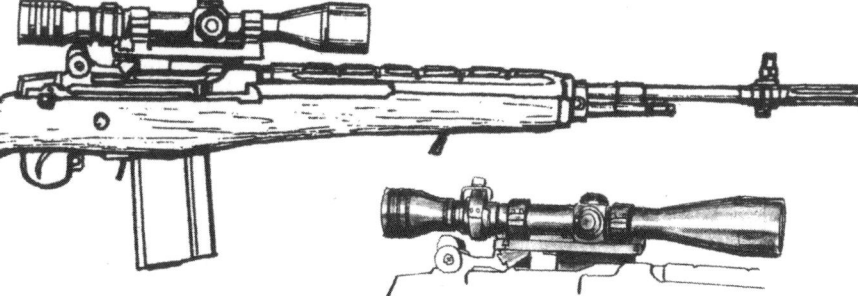

〔ARTスコープ〕
XM21用に開発・採用された3～9倍率の可変機能を持つスコープ。初期型のART I、レティクルやスコープマウントなどを改良した後期型のART IIがある。ARTは、Adjustable Ranging Telescope の略。

《 ウインチェスターM70 》

海兵隊がベトナムで使用したスナイパーライフル。

口径：7.62mm
弾薬：7.62x51mm NATO 弾
装弾数：5発
作動形式：ボルトアクション
全長：1050mm
銃身長：660mm
重量：4.35kg

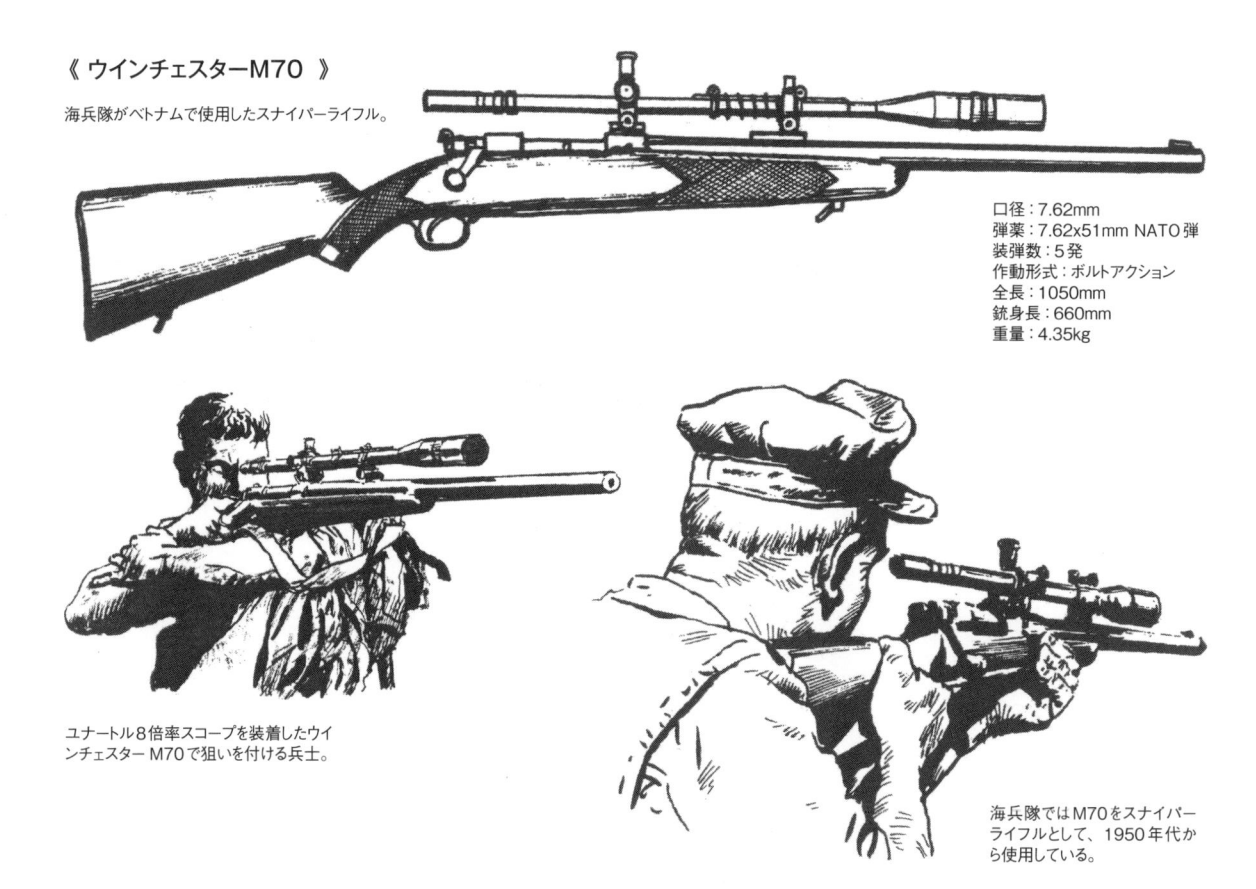

ユナートル8倍率スコープを装着したウインチェスター M70で狙いを付ける兵士。

海兵隊ではM70をスナイパーライフルとして、1950年代から使用している。

スナイパーの重要性を認識した陸軍は、1968年1月、フォートベニング基地にスナイパースクールを設立してスナイパーの養成を開始した。教育を終えた最初のスナイパーは、同年6月にベトナムに派遣されている。

陸軍はこれまで使用してきたM1Dスナイパーライフルに替わり、XM21を仮採用して使用した。同ライフルは後に制式化されて、M21スナイパーウェポンシステムになる。

ユナートル8倍率スコープを搭載したM70を構える海兵隊員。海兵隊は長距離狙撃を重視したことから、ボルトアクションライフルを使用した。

海兵隊は1967年から長距離狙撃だけでなく、偵察や観測などを兼務するスカウトスナイパーの養成を開始して、実戦に投入した。

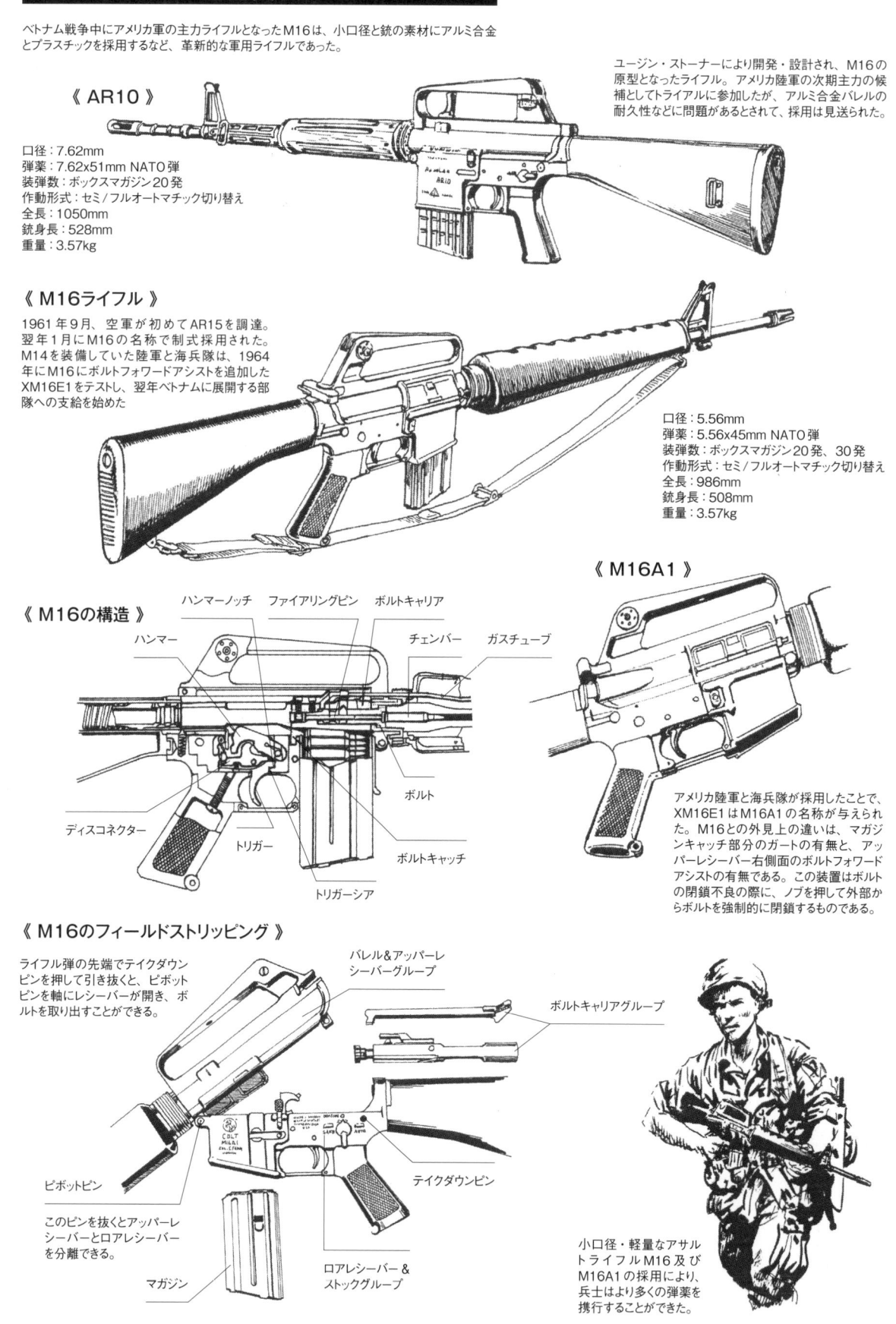

M16ライフル

ベトナム戦争中にアメリカ軍の主力ライフルとなったM16は、小口径と銃の素材にアルミ合金とプラスチックを採用するなど、革新的な軍用ライフルであった。

《 AR10 》

口径：7.62mm
弾薬：7.62x51mm NATO弾
装弾数：ボックスマガジン20発
作動形式：セミ／フルオートマチック切り替え
全長：1050mm
銃身長：528mm
重量：3.57kg

ユージン・ストーナーにより開発・設計され、M16の原型となったライフル。アメリカ陸軍の次期主力の候補としてトライアルに参加したが、アルミ合金バレルの耐久性などに問題があるとされて、採用は見送られた。

《 M16ライフル 》

1961年9月、空軍が初めてAR15を調達。翌年1月にM16の名称で制式採用された。M14を装備していた陸軍と海兵隊は、1964年にM16にボルトフォワードアシストを追加したXM16E1をテストし、翌年ベトナムに展開する部隊への支給を始めた

口径：5.56mm
弾薬：5.56x45mm NATO弾
装弾数：ボックスマガジン20発、30発
作動形式：セミ／フルオートマチック切り替え
全長：986mm
銃身長：508mm
重量：3.57kg

《 M16の構造 》

ハンマーノッチ　ファイアリングピン　ボルトキャリア
ハンマー　チェンバー　ガスチューブ
ディスコネクター　ボルト
トリガー　ボルトキャッチ
トリガーシア

《 M16A1 》

アメリカ陸軍と海兵隊が採用したことで、XM16E1はM16A1の名称が与えられた。M16との外見上の違いは、マガジンキャッチ部分のガートの有無と、アッパーレシーバー右側面のボルトフォワードアシストの有無である。この装置はボルトの閉鎖不良の際に、ノブを押して外部からボルトを強制的に閉鎖するものである。

《 M16のフィールドストリッピング 》

ライフル弾の先端でテイクダウンピンを押して引き抜くと、ピボットピンを軸にレシーバーが開き、ボルトを取り出すことができる。

バレル＆アッパーレシーバーグループ
ボルトキャリアグループ

ピボットピン
テイクダウンピン

このピンを抜くとアッパーレシーバーとロアレシーバーを分離できる。

マガジン
ロアレシーバー＆ストックグループ

小口径・軽量なアサルトライフルM16及びM16A1の採用により、兵士はより多くの弾薬を携行することができた。

M16の変遷

《 AR15 》

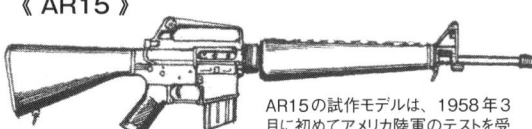

AR15の試作モデルは、1958年3月に初めてアメリカ陸軍のテストを受けている。その後、改良を加えた試作モデルに空軍が興味を示し、空軍が要求した改良を施し、M16として採用された。

《 M16 》

陸軍はテストの結果、M16の性能を認めていたが、特徴である5.56mm口径の有効射程距離などが、軍用には適さないとの反対意見もあり採用が遅れた。ベトナムで支給された当初、ボルトの閉鎖不良などが発生して、一時は「欠陥説」がささやかれるなど問題化する。

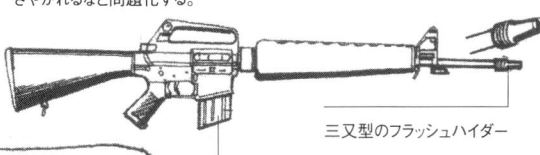

三又型のフラッシュハイダー

20連マガジン

ベトナムでのM16の欠陥問題には、次のような理由があった。
・兵士の手入れ不足。
・高湿度によるパーツの予想以上の腐食。
・メーカーの指定と違った弾薬の装薬。
これらの原因に対してコルト社は改良を施し、1967年にM16A1が採用されたのだ。

ライフルの改良だけでなく、アメリカ軍は兵士に対する教育の徹底や不足していた専用クリーニングキットの大量支給を行い、トラブルを解決しました。

《 M16A1 》

ボルトフォワードアシスト

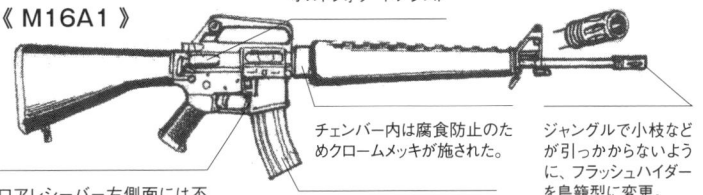

チェンバー内は腐食防止のためクロームメッキが施された。

ジャングルで小枝などが引っかからないように、フラッシュハイダーを鳥籠型に変更。

ロアレシーバー左側面には不用意にマガジンキャッチを押さないようにガードが追加された。

新たに30連マガジンを採用。

CARウェポンシステム

ベトナム戦争中、コルト社はAR15ライフルをベースに、CARウェポンシステムという名称で、様々な用途に対応したモデルの開発・試作を行った。

《 XM177E1 》

CAR15サブマシンガンの発展型としてコルト社が開発。1966年6月、陸軍が購入してベトナム駐留部隊に支給している。翌年には、このモデルを改良したXM177E2も造られ、ベトナムに送られた。

口径：5.56mm
弾薬：5.56x45mm NATO弾
装弾数：ボックスマガジン20発、30発
作動形式：セミ／フルオートマチック切り替え
全長：719mm、826mm（ストック延長時）
銃身長：254mm
重量：2.36kg

《 CAR15ヘビーアサルトライフルM1 》

コルト社が開発した分隊支援火器モデル。連射に対応するためヘビーバレルとなっている。陸軍はテスト用に200挺を購入した。このモデルの発展型でベルト給弾機構を搭載したM2も試作されたが、作動機構の信頼性や耐久性に問題があり、採用は見送られた。

《 CAR15サブマシンガン 》

車載用に収縮機能付きストックを搭載したサブマシンガンモデル。発射炎を押さえるため、大型のフラッシュハイダーが付けられている。2点／3点バースト機構搭載モデルなどのバリエーションもあり、アメリカ軍は試験的にベトナムで使用した。

《 CAR15サバイバルライフル 》

航空機搭乗員のサバイバルキット付属のライフルとして、空軍向けに試作されたモデル。ラッパ型フラッシュハイダー付きモデルの他にノイズサプレッサーを付けたモデルも試作されている。

《 CAR15カービン 》

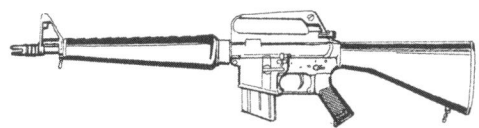

長さ380mmの銃身を搭載したカービンモデル。フロントサイト先の銃身を切り詰めて全長を短くしており、銃剣の着剣装置は付属しない。フルオート機能に替わり3点バースト機構を組み込んだモデルも造られたが、いずれも軍には採用されなかった。

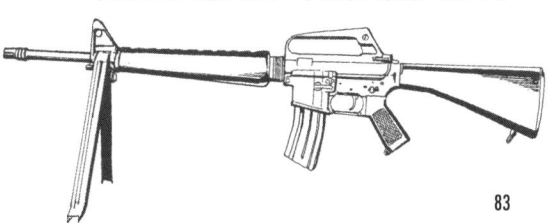

M16の射撃姿勢

《 プローンポジション 》

《 スタンディングポジション 》

《 塹壕からの射撃姿勢 》

《 バイポットを利用したプローンポジション 》

《 土嚢を利用したプローンポジション 》

《 ニーリングポジション 》

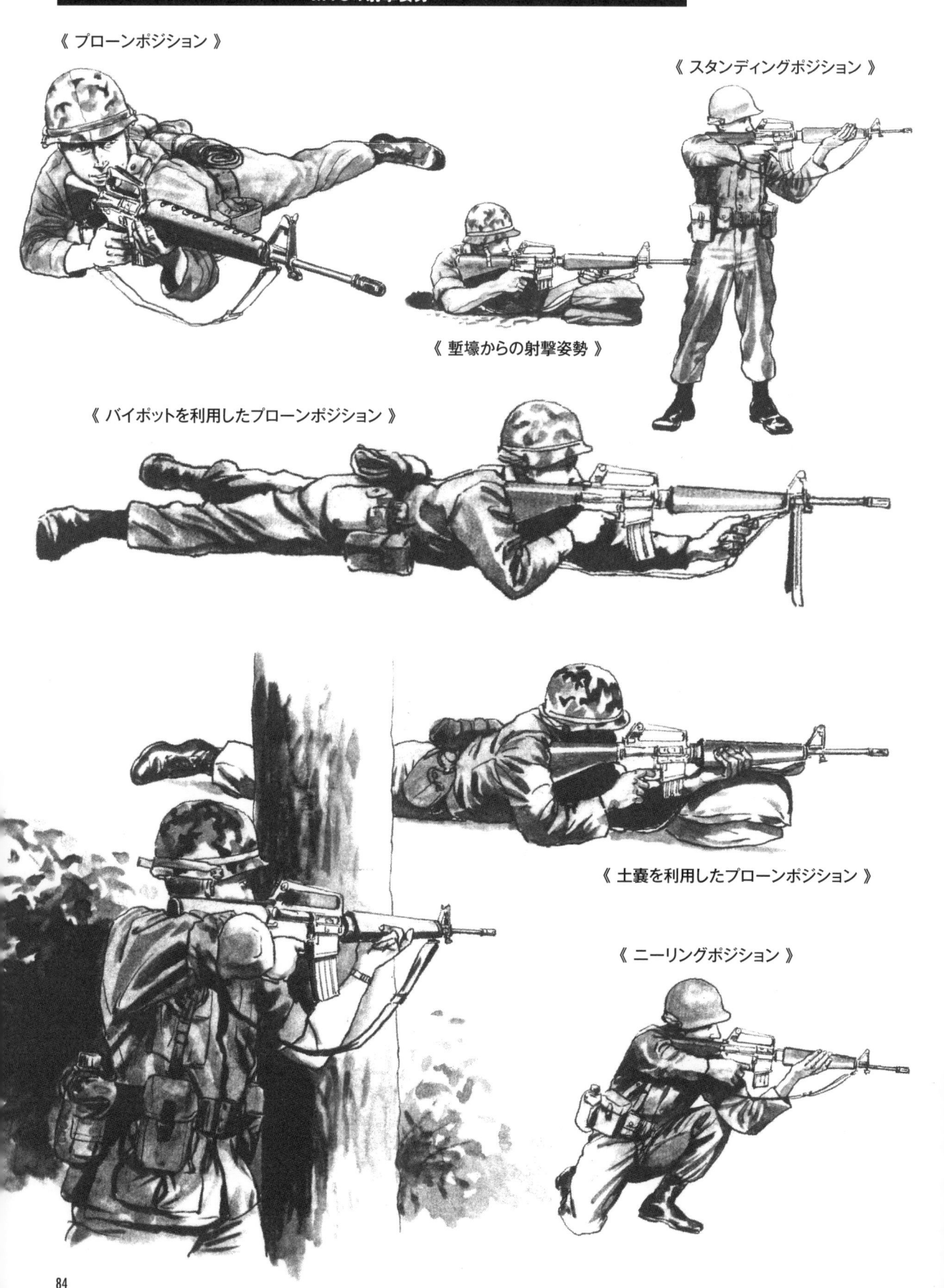

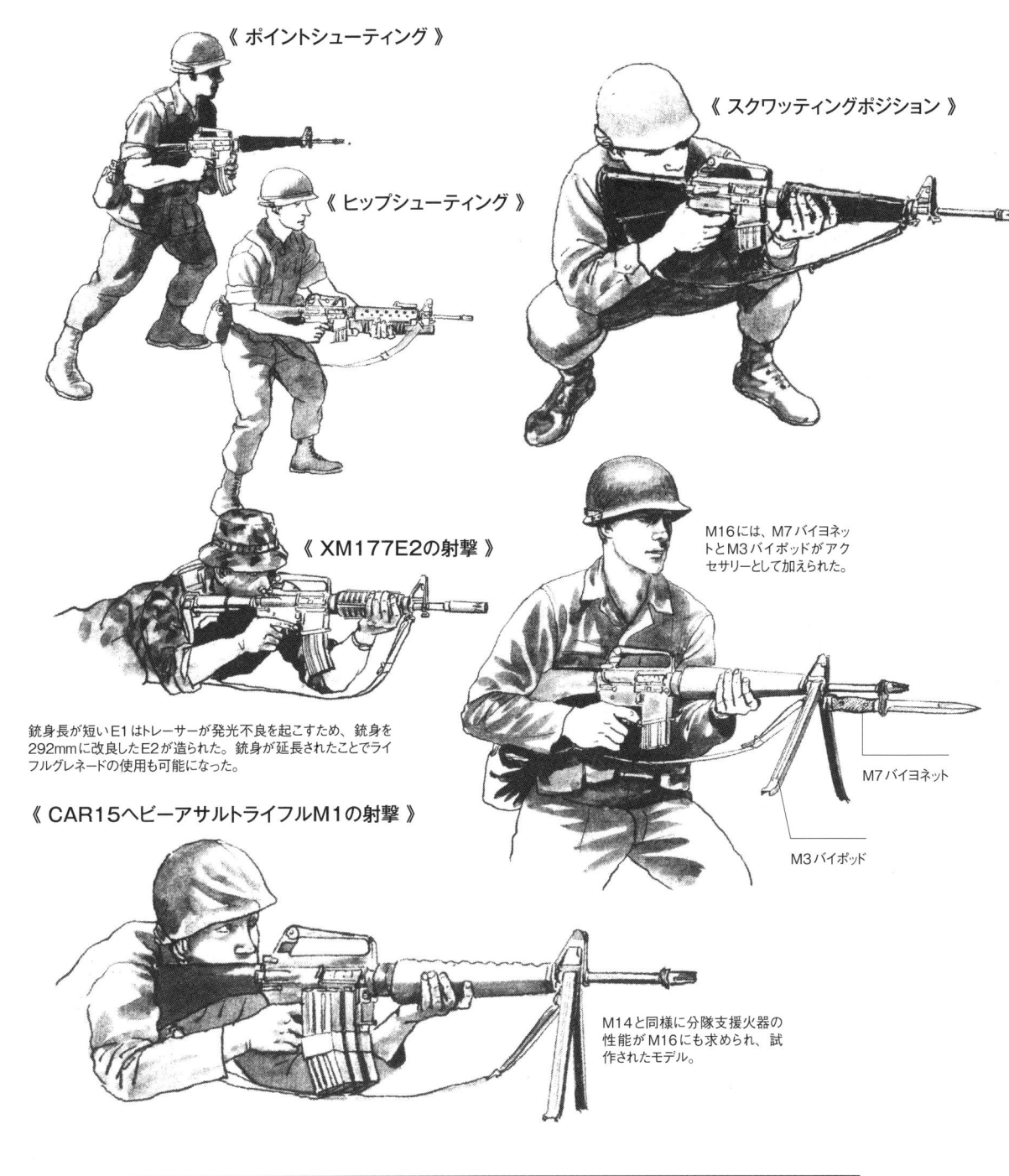

《 ポイントシューティング 》

《 ヒップシューティング 》

《 スクワッティングポジション 》

《 XM177E2の射撃 》

M16には、M7バイヨネットとM3バイポッドがアクセサリーとして加えられた。

銃身長が短いE1はトレーサーが発光不良を起こすため、銃身を292mmに改良したE2が造られた。銃身が延長されたことでライフルグレネードの使用も可能になった。

M7バイヨネット

M3バイポッド

《 CAR15ヘビーアサルトライフルM1の射撃 》

M14と同様に分隊支援火器の性能がM16にも求められ、試作されたモデル。

マガジンチェンジの方法

①人差し指でマガジンキャッチを押して、マガジンを外す。

②マガジンポーチからの取り出しは、親指でマガジン後面、人差し指と中指で前面をつかみ抜き出す。

③マガジンを抜き出したら、腕を伸ばすのと同時に手首を返して装填する。

サブマシンガン

アメリカ軍はM3A1の採用後、新型のサブマシンガンを採用していなかった。そのため、ベトナム戦争の初期にはジャングルなどの近接戦に適したコンパクトな銃器がなく、アメリカ軍は旧型のサブマシンガンを使用することになった。

アメリカ軍制式サブマシンガン

《 M1サブマシンガン 》

口径：45口径
使用弾薬：.45ACP
装弾数：ボックスマガジン
20発、30発
作動形式：セミ/フルオートマチック切り替え
全長：813mm
銃身長：267mm
重量：4.74kg
発射速度：約700発/分

既に旧式化しており、重い銃だったが、近接戦闘においてその火力と威力が買われて、南ベトナム政府軍だけでなく、アメリカ陸軍特殊部隊が現地で編成した民間不正規戦グループ（CIDG）の隊員、さらに解放戦線兵士までと幅広く使用された。

M1の簡易生産モデル、M1A1も使用されている。

《 M3A1 》

M3A1は、第二次大戦時の1944年12月に制式化された。M1A1よりコンパクトで軽量なため、ベトナム戦争でも南ベトナム政府軍、アメリカ軍、解放戦線が使用した。

口径：45口径
使用弾薬：.45ACP弾
装弾数：ボックスマガジン30発
作動形式：フルオート
全長：570mm、745mm（ストック延長時）
銃身長：203mm
重量：3700g
発射速度：400〜450発/分

M3は、M1サブマシンガンに比べ、軽量のみならず、発射速度が遅く、フルオート射撃時のコントロールが容易であった。

M3A1のベースになったM3サブマシンガンは1943年1月に制式化された。

M3サブマシンガンの構造

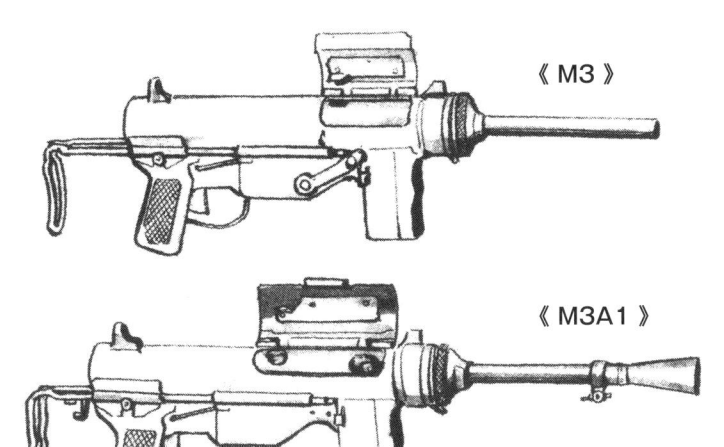

《 M3 》

《 M3A1 》

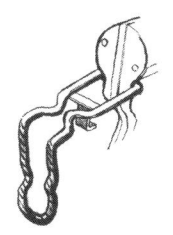

伸縮式ストックは、分解
組み立て工具を兼ねている
（イラストはM3A1）。

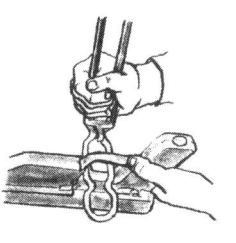

ストックを外し、分解レンチ
としての使用。

M3とM3A1の基本構造は同じ。外見上の違いは、コッキングレバーの有無と排莢口カバー
の大きさ、ストックのマガジンローダーの有無などである。共用のアクセサリーとしてフラッシュハ
イダーも用意されていた。

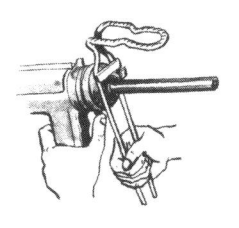

外したストックを用いて、
バレルの脱着も行うこと
ができる。

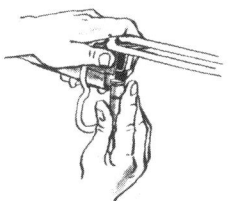

M3A1のストックにはマガ
ジンローダーが付いており、
マガジンへ弾薬を詰める際
にはローダーとしても使用
できた。

M3サブマシンガンの射撃姿勢

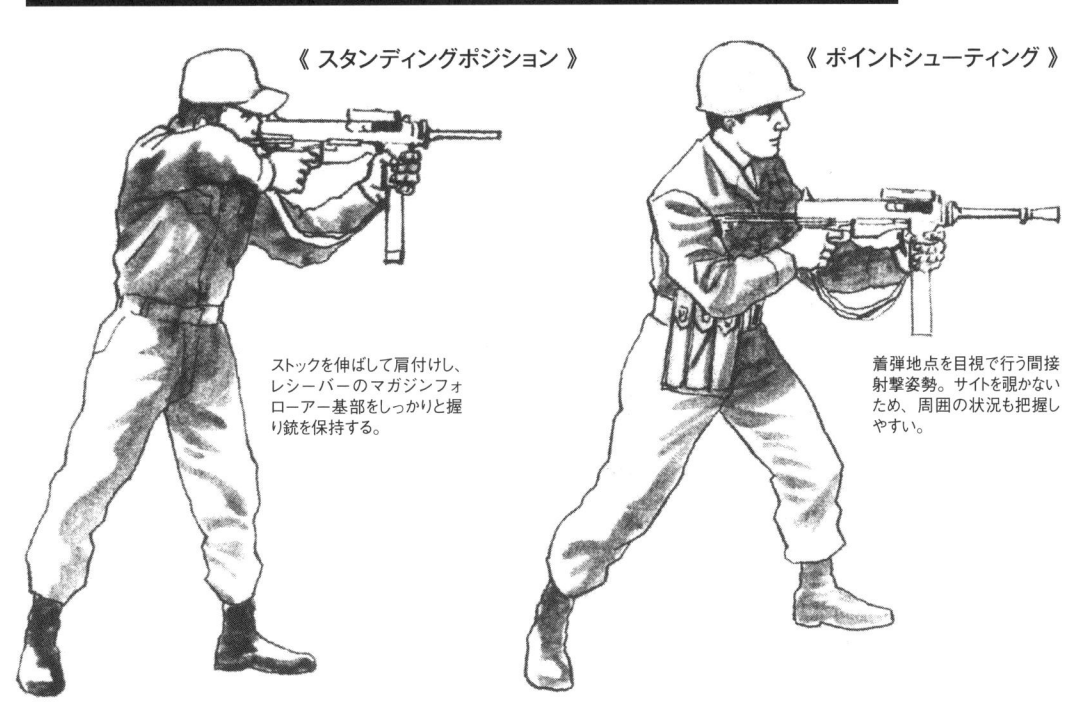

《 スタンディングポジション 》

《 ポイントシューティング 》

ストックを伸ばして肩付けし、
レシーバーのマガジンフォ
ローアー基部をしっかりと握
り銃を保持する。

着弾地点を目視で行う間接
射撃姿勢。サイトを覗かない
ため、周囲の状況も把握し
やすい。

《 シッティングポジション 》

《 プローンポジション 》

《 ニーリングポジション 》

ベトナム戦争で使用されたアメリカ製サブマシンガン

アメリカは南ベトナムへの軍事援助として、朝鮮戦争後に旧式化して余剰となっていたモデルを送っている。

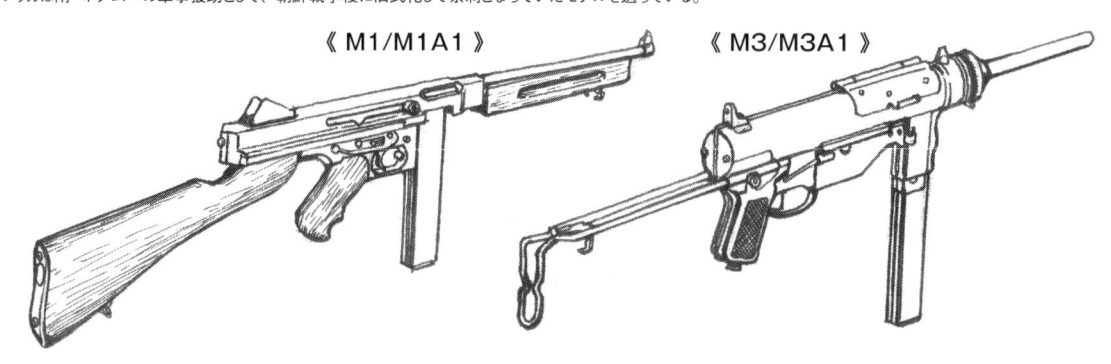

《 M1/M1A1 》　　　《 M3/M3A1 》

ソ連、中国から北ベトナムに供与されたサブマシンガン

ソ連は、第二次大戦後に余剰となっていた自国製やドイツ軍から鹵獲したサブマシンガンを供与した。隣国の中国も自国製兵器を援助している。

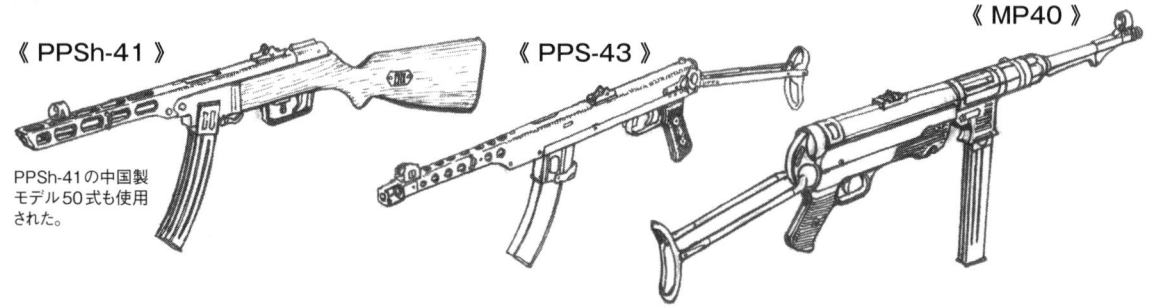

《 PPSh-41 》　　　《 PPS-43 》　　　《 MP40 》

PPSh-41の中国製モデル50式も使用された。

北ベトナム軍か使用したその他のサブマシンガン

《 MAT-49 》　　　《 K-50M 》

フランス製サブマシンガン。インドシナ戦争後、フランス軍から多数を鹵獲した。

中国の50式をベースに北ベトナムで改造・生産された北ベトナム製サブマシンガン。

PPSh-41 サブマシンガンの30連マガジン用チェストポーチを装備した北ベトナム軍兵士。サブマシンガンはコンパクトな兵器で取り扱いやすいため、北ベトナム軍と解放戦線で使われている。

《 M3A1サイレンサーモデル 》

鹵獲したアメリカ製や中国製のコピーモデルを使用している。

MAT-49を9mm口径から7.62mm口径に改良された際に造られた。

《 MAT-49サイレンサーモデル 》

アメリカ軍が使用した外国製サブマシンガン

陸軍の特殊部隊グリーンベレーや海軍のシールズなどは、輸入した外国製モデルを装備した。

《 カールグスタフm/45（スウェーデン製）》

口径：9mm
弾薬：9mmパラベラム弾（9×19mm）
装弾数：ボックスマガジン36発/50発
作動形式：フルオートマチック
全長：550mm、808mm（ストック延長時）
銃身長：212mm
重量：3.45kg
発射速度：600発/分

スウェーデン軍が1945年に採用したサブマシンガン。アメリカ陸・海軍の特殊部隊は、北ベトナムなどでの越境攻撃の際に、その活動を秘匿するため外国製のm/45を使用した。

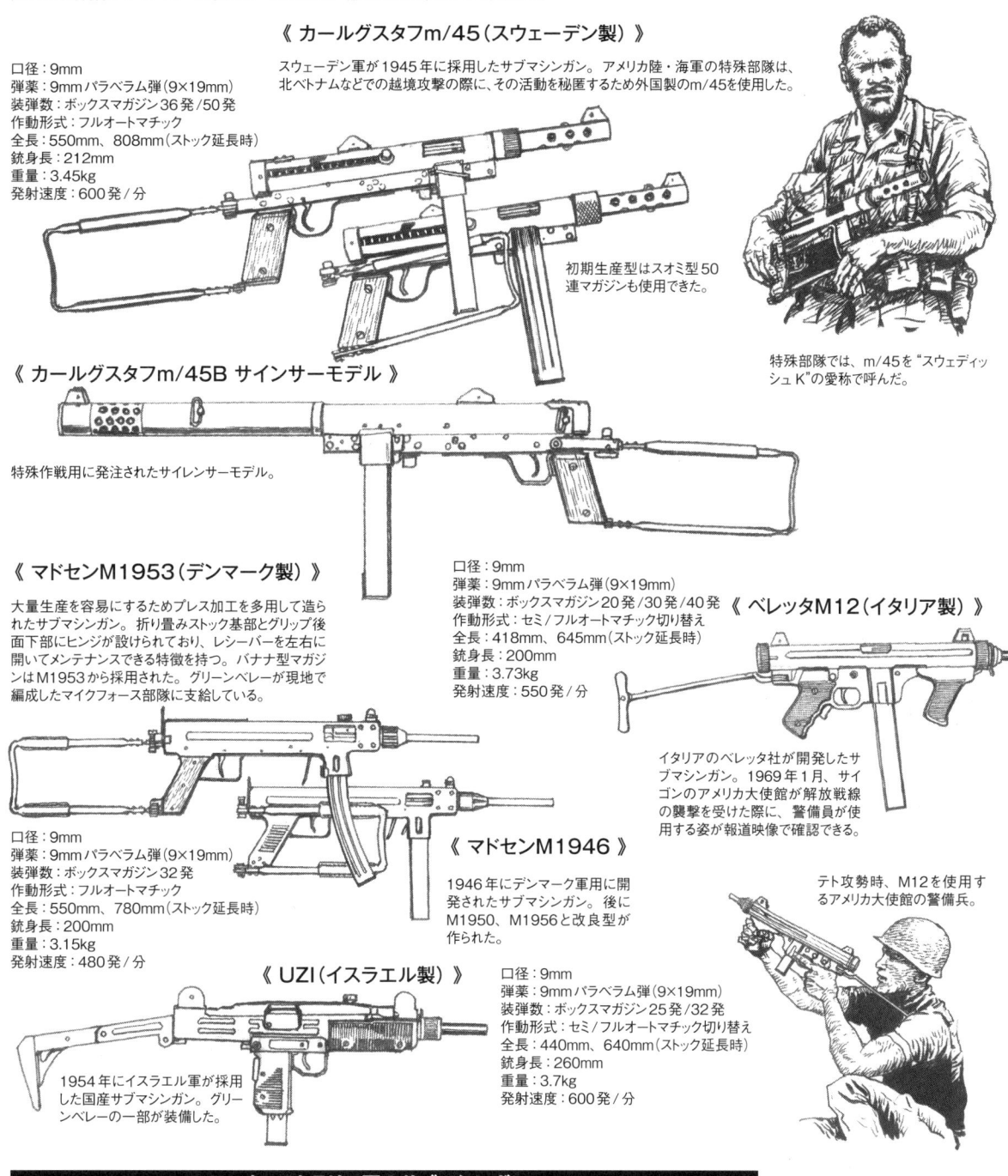

初期生産型はスオミ型50連マガジンも使用できた。

特殊部隊では、m/45を"スウェディッシュK"の愛称で呼んだ。

《 カールグスタフm/45B サインサーモデル 》

特殊作戦用に発注したサイレンサーモデル。

《 マドセンM1953（デンマーク製）》

大量生産を容易にするためプレス加工を多用して造られたサブマシンガン。折り畳みストック基部とグリップ後面下部にヒンジが設けられており、レシーバーを左右に開いてメンテナンスできる特徴を持つ。バナナ型マガジンはM1953から採用された。グリーンベレーが現地で編成したマイクフォース部隊に支給している。

口径：9mm
弾薬：9mmパラベラム弾（9×19mm）
装弾数：ボックスマガジン32発
作動形式：フルオートマチック
全長：550mm、780mm（ストック延長時）
銃身長：200mm
重量：3.15kg
発射速度：480発/分

口径：9mm
弾薬：9mmパラベラム弾（9×19mm）
装弾数：ボックスマガジン20発/30発/40発
作動形式：セミ/フルオートマチック切り替え
全長：418mm、645mm（ストック延長時）
銃身長：200mm
重量：3.73kg
発射速度：550発/分

《 ベレッタM12（イタリア製）》

イタリアのベレッタ社が開発したサブマシンガン。1969年1月、サイゴンのアメリカ大使館が解放戦線の襲撃を受けた際に、警備員が使用する姿が報道映像で確認できる。

《 マドセンM1946 》

1946年にデンマーク軍用に開発されたサブマシンガン。後にM1950、M1956と改良型が作られた。

テト攻勢時、M12を使用するアメリカ大使館の警備兵。

《 UZI（イスラエル製）》

1954年にイスラエル軍が採用した国産サブマシンガン。グリーンベレーの一部が装備した。

口径：9mm
弾薬：9mmパラベラム弾（9×19mm）
装弾数：ボックスマガジン25発/32発
作動形式：セミ/フルオートマチック切り替え
全長：440mm、640mm（ストック延長時）
銃身長：260mm
重量：3.7kg
発射速度：600発/分

オーストラリア軍のサブマシンガン

オーストラリア陸軍は、東南アジア条約機構（SEATO）加盟国としてベトナム戦争に参戦している。

《 オーエンMk.II/43 》

第二次大戦中に採用されたモデル。F1サブマシンガンと交代する1960年代まで使用された。

口径：9mm
弾薬：9mmパラベラム弾（9×19mm）
装弾数：ボックスマガジン32発
作動形式：フルオートマチック
全長：940mm
銃身長：250mm
重量：3.47kg
発射速度：600発/分

オーエンに次いで、オーストラリア軍が制式採用した国産サブマシンガン。

《 F1 》

口径：9mm
弾薬：9mmパラベラム弾（9×19mm）
装弾数：ボックスマガジン34発
作動形式：セミ/フルオートマチック切り替え
全長：714mm
銃身長：198mm
重量：4.3kg
発射速度：650発/分

マシンガン

ベトナム戦争初期には第二次大戦、朝鮮戦争で使用されたBAR、M1919、M2などが引き続き使用されたが、ベトナムの戦場で主力となったのは新型の汎用機関銃M60シリーズだった。

初期に使用された機関銃

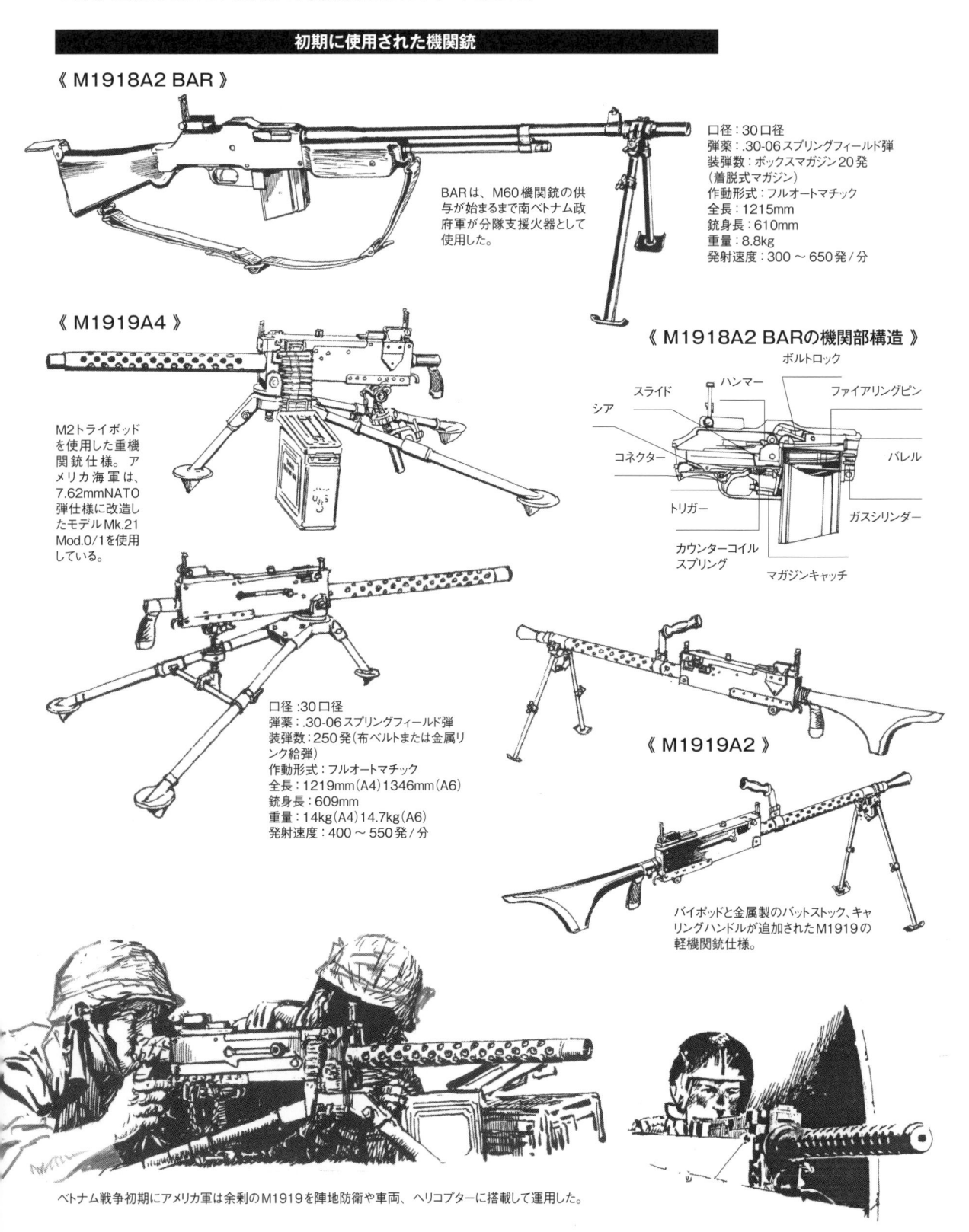

《 M1918A2 BAR 》

BARは、M60機関銃の供与が始まるまで南ベトナム政府軍が分隊支援火器として使用した。

口径：30口径
弾薬：.30-06スプリングフィールド弾
装弾数：ボックスマガジン20発
（着脱式マガジン）
作動形式：フルオートマチック
全長：1215mm
銃身長：610mm
重量：8.8kg
発射速度：300〜650発/分

《 M1919A4 》

M2トライポッドを使用した重機関銃仕様。アメリカ海軍は、7.62mmNATO弾仕様に改造したモデルMk.21 Mod.0/1を使用している。

口径：30口径
弾薬：.30-06スプリングフィールド弾
装弾数：250発(布ベルトまたは金属リンク給弾)
作動形式：フルオートマチック
全長：1219mm(A4)1346mm(A6)
銃身長：609mm
重量：14kg(A4)14.7kg(A6)
発射速度：400〜550発/分

《 M1918A2 BARの機関部構造 》

ボルトロック
スライド
ハンマー
シア
ファイアリングピン
コネクター
バレル
トリガー
ガスシリンダー
カウンターコイルスプリング
マガジンキャッチ

《 M1919A2 》

バイポッドと金属製のバットストック、キャリングハンドルが追加されたM1919の軽機関銃仕様。

ベトナム戦争初期にアメリカ軍は余剰のM1919を陣地防衛や車両、ヘリコプターに搭載して運用した。

M60機関銃

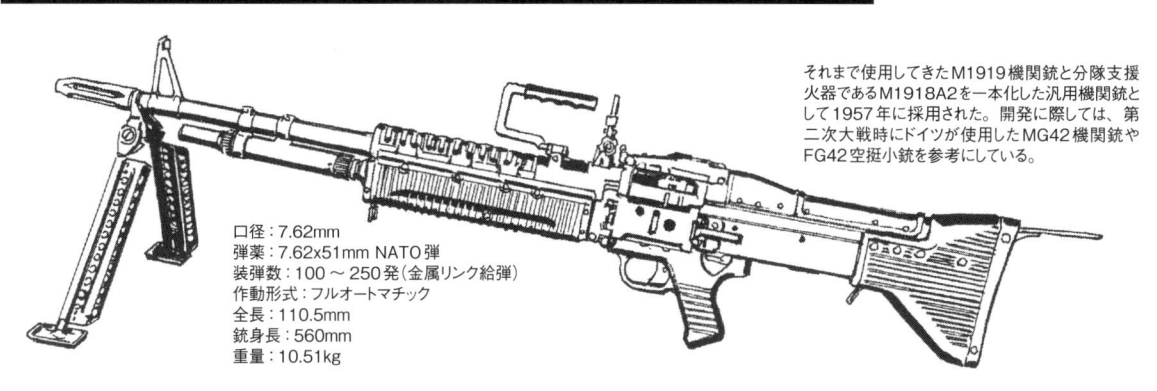

それまで使用してきたM1919機関銃と分隊支援火器であるM1918A2を一本化した汎用機関銃として1957年に採用された。開発に際しては、第二次大戦時にドイツが使用したMG42機関銃やFG42空挺小銃を参考にしている。

口径：7.62mm
弾薬：7.62x51mm NATO弾
装弾数：100〜250発（金属リンク給弾）
作動形式：フルオートマチック
全長：110.5mm
銃身長：560mm
重量：10.51kg

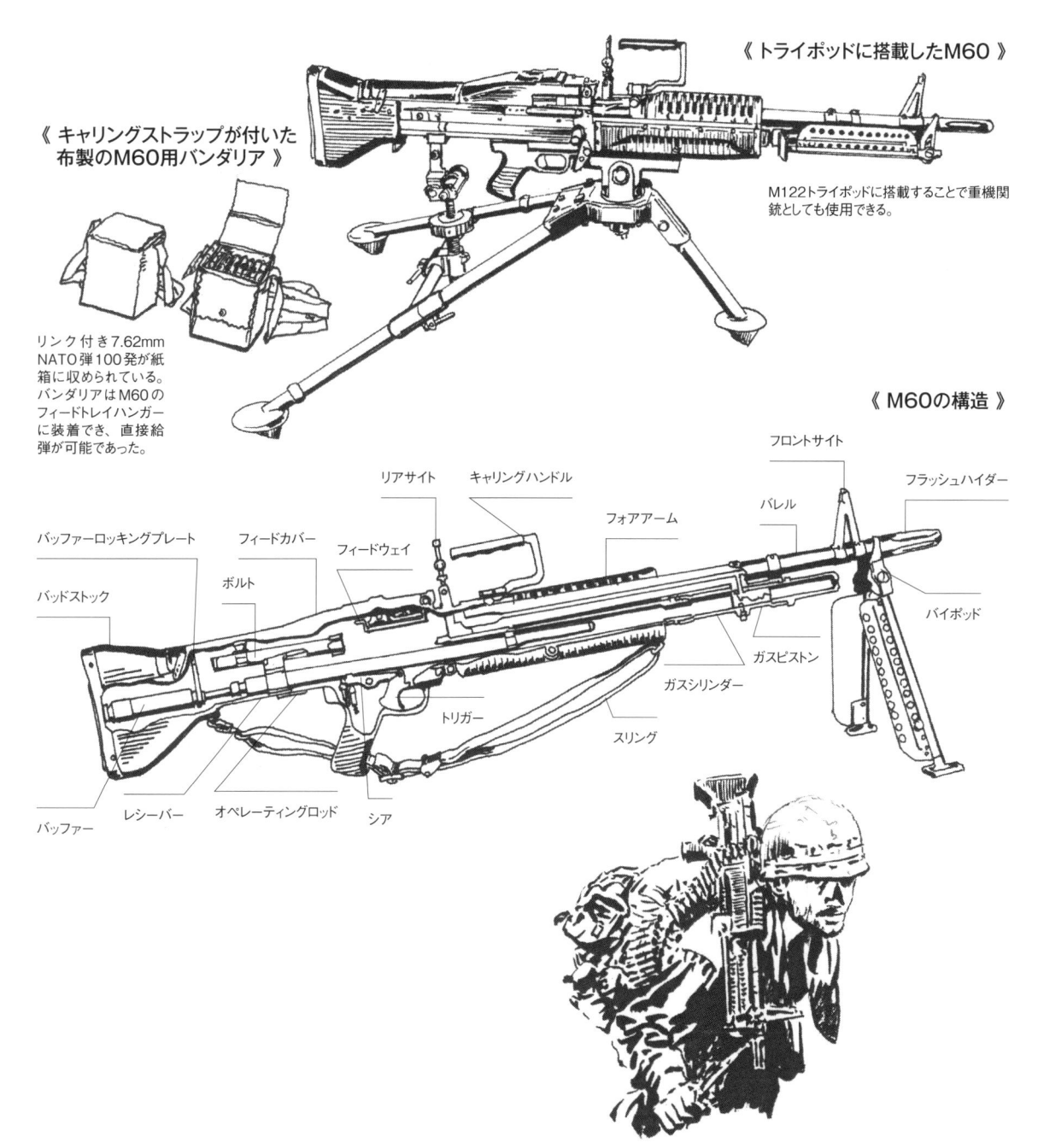

《 トライポッドに搭載したM60 》

M122トライポッドに搭載することで重機関銃としても使用できる。

《 キャリングストラップが付いた
布製のM60用バンダリア 》

リンク付き7.62mm NATO弾100発が紙箱に収められている。バンダリアはM60のフィードトレイハンガーに装着でき、直接給弾が可能であった。

《 M60の構造 》

バッファーロッキングプレート
バッドストック
フィードカバー
フィードウェイ
リアサイト
キャリングハンドル
フォアアーム
フロントサイト
バレル
フラッシュハイダー
ボルト
バイポッド
ガスピストン
ガスシリンダー
トリガー
スリング
バッファー
レシーバー
オペレーティングロッド
シア

M60の射撃姿勢

《 キャリングハンドルを使用しての前進 》

《 ヒップシューティング 》

《 プローンポジション 》

M1919A6より約4kg軽い
M60は、射撃地点や射撃
後の移動が容易になった。

《 トライポッドに搭載しての射撃 》

《 M122トライポッド 》

M1919A4機関銃用のM2トライポッドの改良モ
デル。エレベーション装置とガンマウントはM60
用として新たに追加された。重量は7.3Kg。

機関銃陣地を構築することで、射手と装填手の
身を守りながら安定した射撃が行える。

M60のバレル交換

連続射撃の際、銃身の冷却と消耗を避
けるため、バレルは200発ごと交換する。
バレル交換は、レバーの切り替えで簡
単に行える。

《 M142クレードルマウント 》

車両に搭載する際に使用さ
れたマウント。

交換に際して銃身を持って引き抜くため、
耐熱グローブを必要とした。

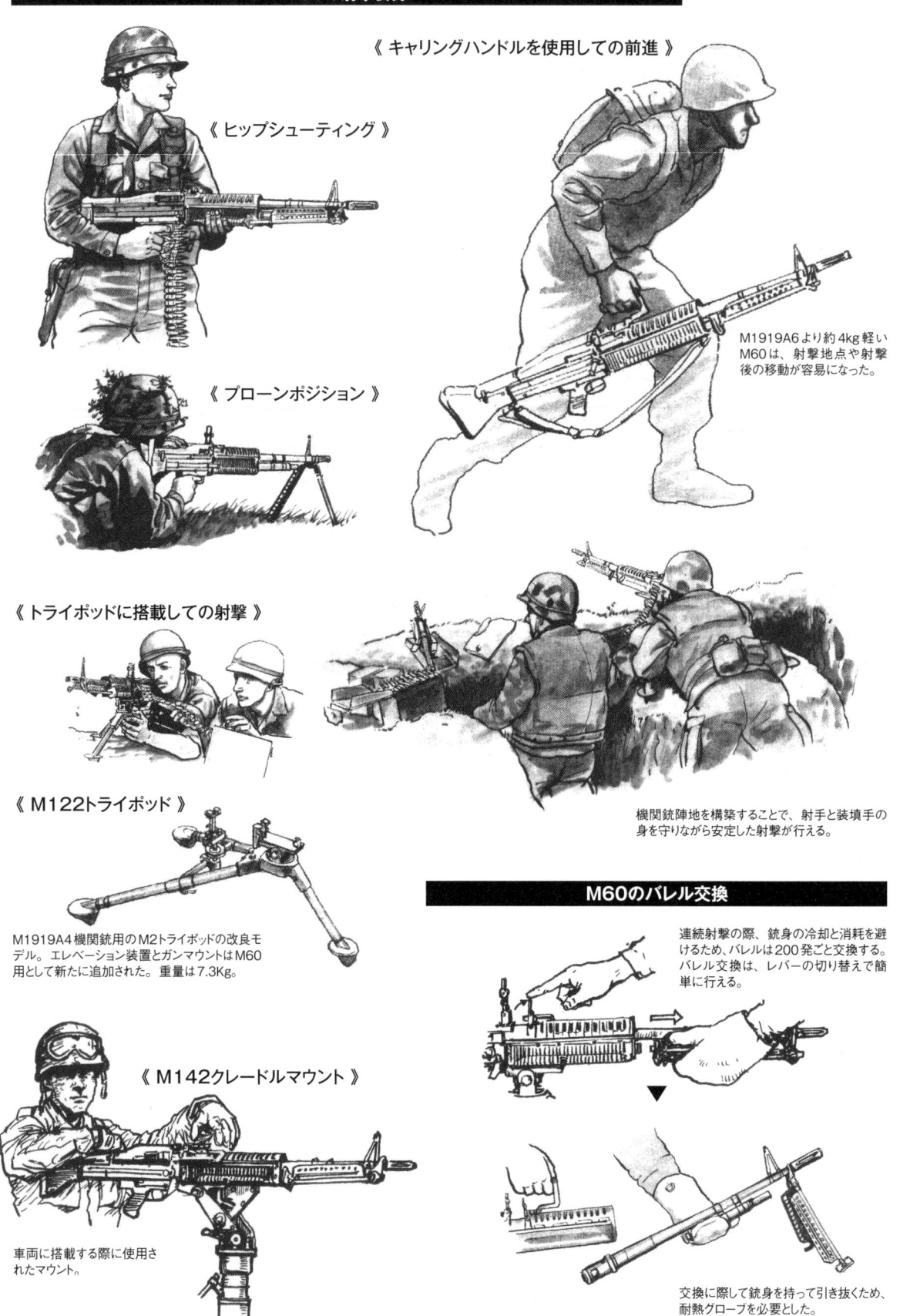

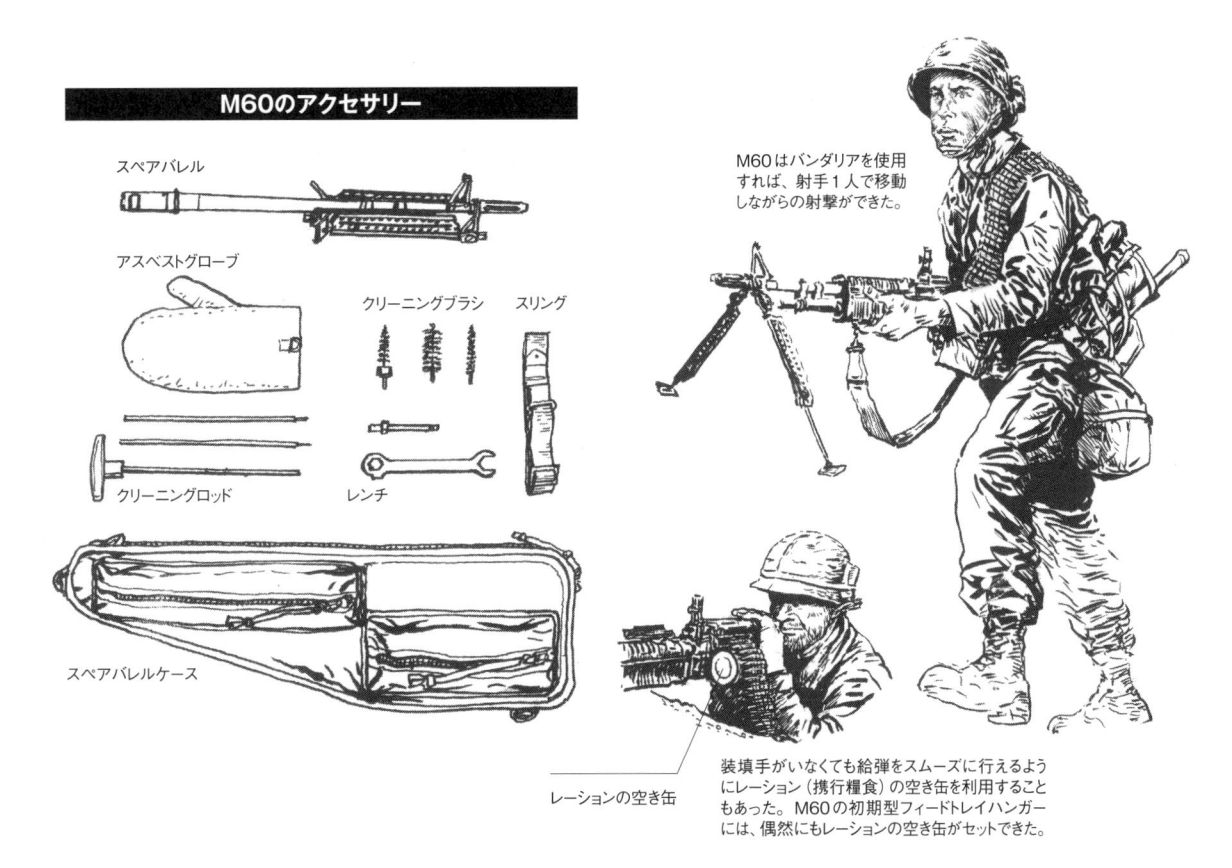

M60のアクセサリー

スペアバレル

アスベストグローブ

クリーニングブラシ　　スリング

クリーニングロッド　　レンチ

スペアバレルケース

M60はバンダリアを使用すれば、射手1人で移動しながらの射撃ができた。

レーションの空き缶

装填手がいなくても給弾をスムーズに行えるようにレーション（携行糧食）の空き缶を利用することもあった。M60の初期型フィードトレイハンガーには、偶然にもレーションの空き缶がセットできた。

M60のバリエーション

《 M60D 》

ヘリコプターのドアガン用に作られたモデル。フォアアームは付属せず、トリガーは押し金式のスペードグリップがバットストックを外した位置に付けられている。リアサイトも目標を捉えやすいように、リングタイプに変更された。

ヘリコプターへの搭載は、機種別のアーマメントシステム（ガンマウント、給弾装置、弾薬箱）が用意されていた。

《 M60C 》

航空機に搭載する固定用モデル。コクピットから遠隔操作できるように電動・油圧装置が付属する。

リンクで給弾される弾薬には、5発に1発の割合でトレーサー（曳光弾）が含まれている。ヘリコプターのドアガナーは、このトレーサーの着弾位置を確認しながら照準を調整した。

7.62mm×51弾の威力（貫通力）

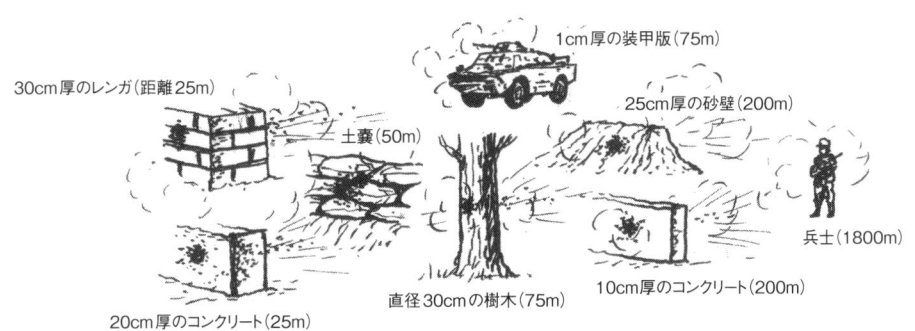

30cm厚のレンガ（距離25m）

土嚢（50m）

1cm厚の装甲版（75m）

25cm厚の砂壁（200m）

兵士（1800m）

20cm厚のコンクリート（25m）

直径30cmの樹木（75m）

10cm厚のコンクリート（200m）

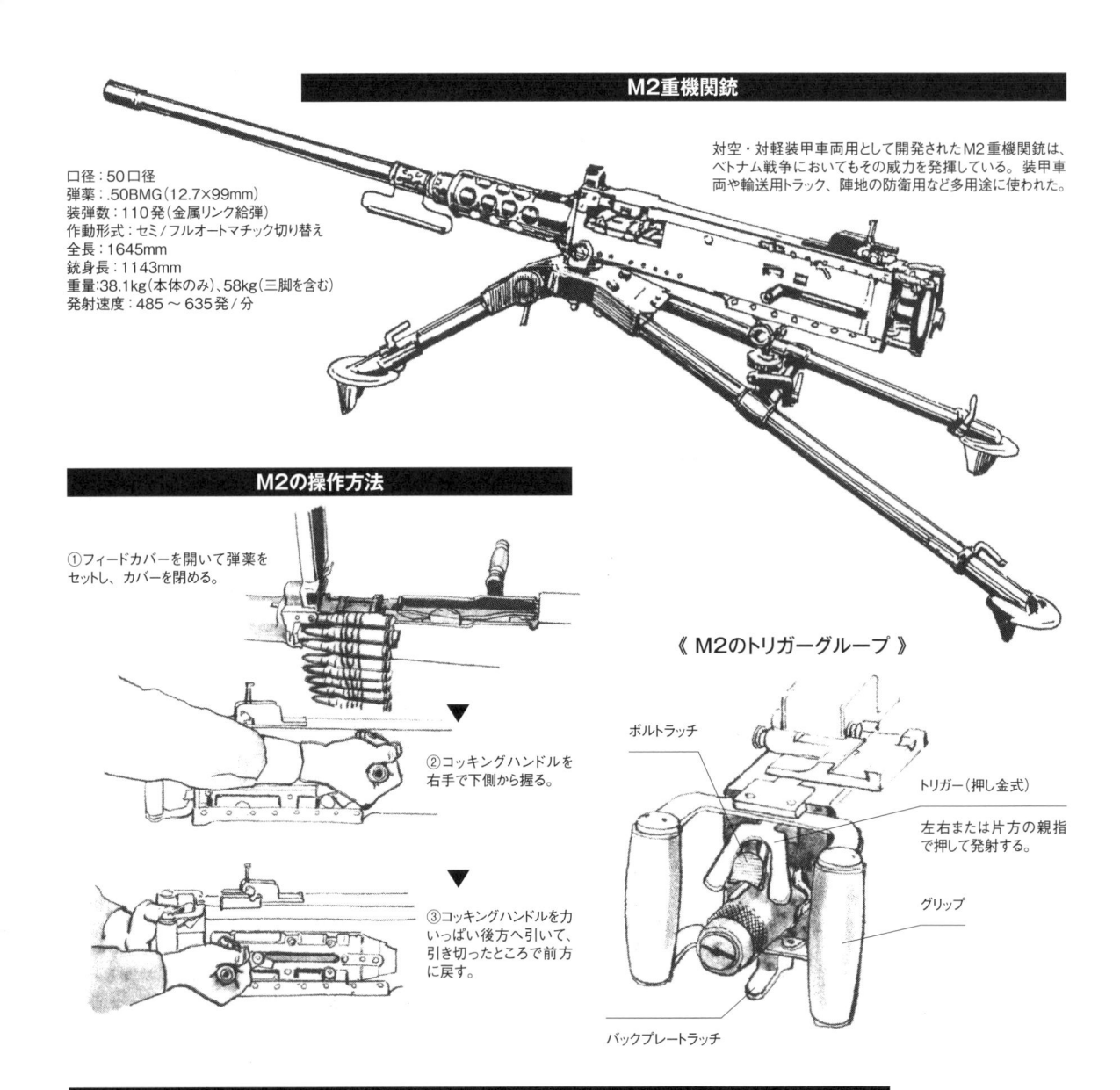

口径：50口径
弾薬：.50BMG（12.7×99mm）
装弾数：110発（金属リンク給弾）
作動形式：セミ／フルオートマチック切り替え
全長：1645mm
銃身長：1143mm
重量：38.1kg（本体のみ）、58kg（三脚を含む）
発射速度：485〜635発／分

対空・対軽装甲車両用として開発されたM2重機関銃は、ベトナム戦争においてもその威力を発揮している。装甲車両や輸送用トラック、陣地の防衛用など多用途に使われた。

M2の操作方法

①フィードカバーを開いて弾薬をセットし、カバーを閉める。

②コッキングハンドルを右手で下側から握る。

③コッキングハンドルを力いっぱい後方へ引いて、引き切ったところで前方に戻す。

《 M2のトリガーグループ 》

ボルトラッチ

トリガー（押し金式）

左右または片方の親指で押して発射する。

グリップ

バックプレートラッチ

ガンマウントのバリエーション

《 M3トライポッド 》

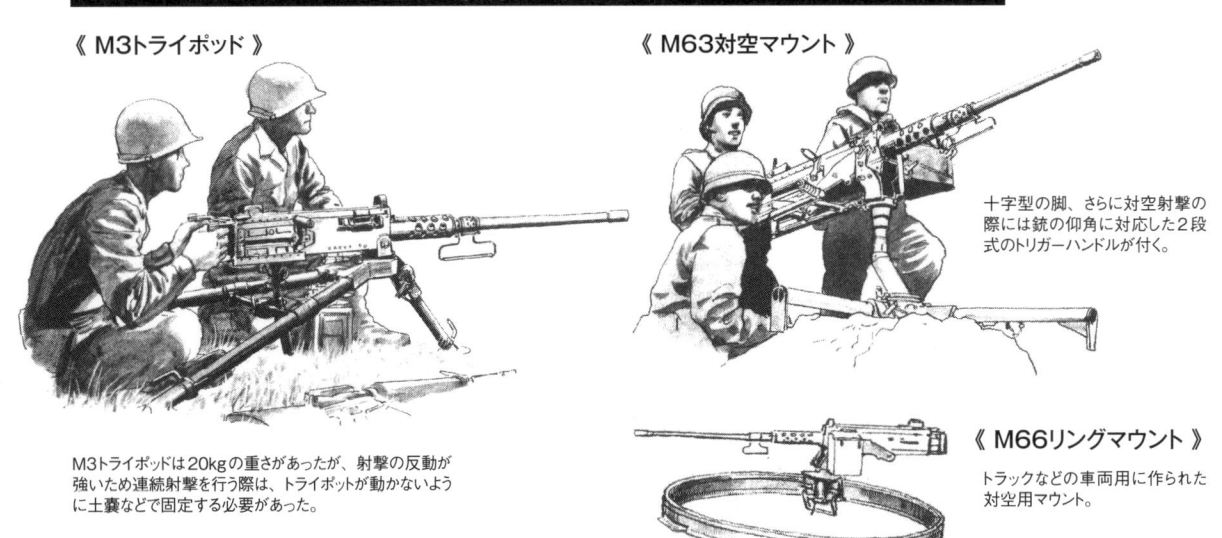

M3トライポッドは20kgの重さがあったが、射撃の反動が強いため連続射撃を行う際は、トライポットが動かないように土嚢などで固定する必要があった。

《 M63対空マウント 》

十字型の脚、さらに対空射撃の際には銃の仰角に対応した2段式のトリガーハンドルが付く。

《 M66リングマウント 》

トラックなどの車両用に作られた対空用マウント。

ショットガン

第一次大戦、太平洋戦争に次いで、ベトナム戦争でもアメリカ軍はコンバットショットガンを様々なシーンで使用した。

イサカM37

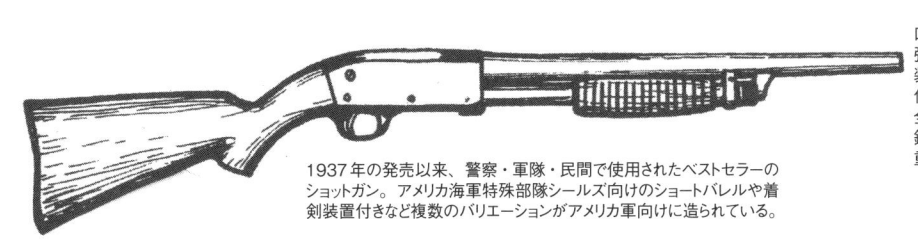

口径：18.51mm
弾薬：12ゲージ
装弾数：7発（チューブ型マガジン）
作動形式：ポンプアクション方式
全長：1017mm
銃身長：760mm
重量：2.3kg

1937年の発売以来、警察・軍隊・民間で使用されたベストセラーのショットガン。アメリカ海軍特殊部隊シールズ向けのショートバレルや着剣装置付きなど複数のバリエーションがアメリカ軍向けに造られている。

レミントンM870

口径：18.51mm
弾薬：12ゲージ
装弾数：7発（チューブ型マガジン）
作動形式：ポンプアクション方式
全長：1280mm
銃身長：760mm
重量：3.6kg

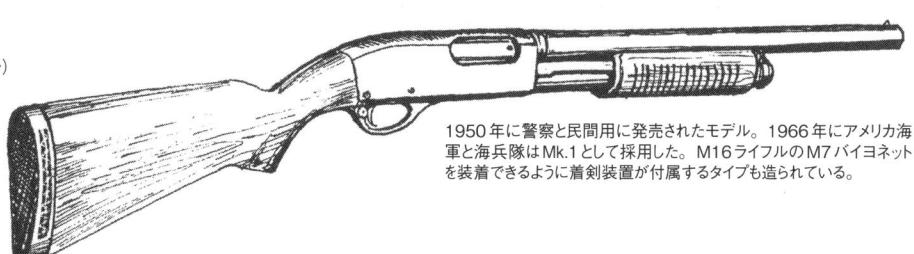

1950年に警察と民間用に発売されたモデル。1966年にアメリカ海軍と海兵隊はMk.1として採用した。M16ライフルのM7バイヨネットを装着できるように着剣装置が付属するタイプも造られている。

アメリカ軍がベトナムで使用したその他のショットガン

《 ウインチェスターM1897 》　　　　　　《 レミントンM1910 》

《 ウインチェスターM12 》　　　　　　《 レミントンM31 》

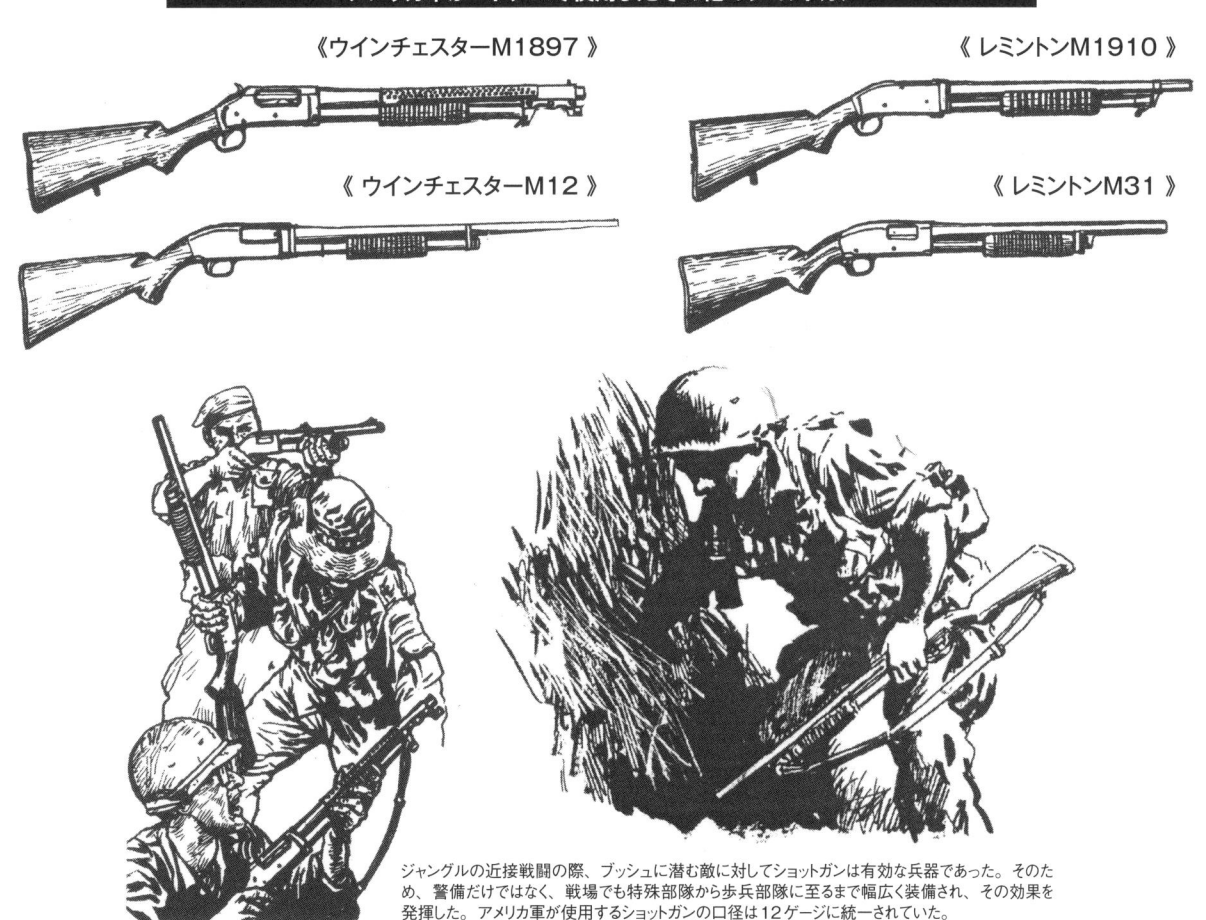

ジャングルの近接戦闘の際、ブッシュに潜む敵に対してショットガンは有効な兵器であった。そのため、警備だけではなく、戦場でも特殊部隊から歩兵部隊に至るまで幅広く装備され、その効果を発揮した。アメリカ軍が使用するショットガンの口径は12ゲージに統一されていた。

グレネードランチャー

グレネードランチャーは迫撃砲より軽便に扱え、ライフルグレネード以上の威力を持ち、手榴弾より正確かつ遠距離に榴弾を発射する兵器として開発された。ベトナムでは、その性能をジャングルや市街戦で発揮し、兵士たちの頼れる兵器となった。

M79グレネードランチャー

アメリカ陸軍のグレネードランチャーの開発は1952年に始まり、翌1953年に左右にスライドする3連ボックスマガジン給弾のT148（XM148とは異なる）が試作される。その後、中折れ単発式に改良したXM79を経て、1961年12月に制式に採用された。

口径：40mm
弾薬：40x46mmグレネード弾
装弾数：1発
作動形式：中折れ式単発シングルアクション
全長：737mm
銃身長：356mm
重量：2.72kg

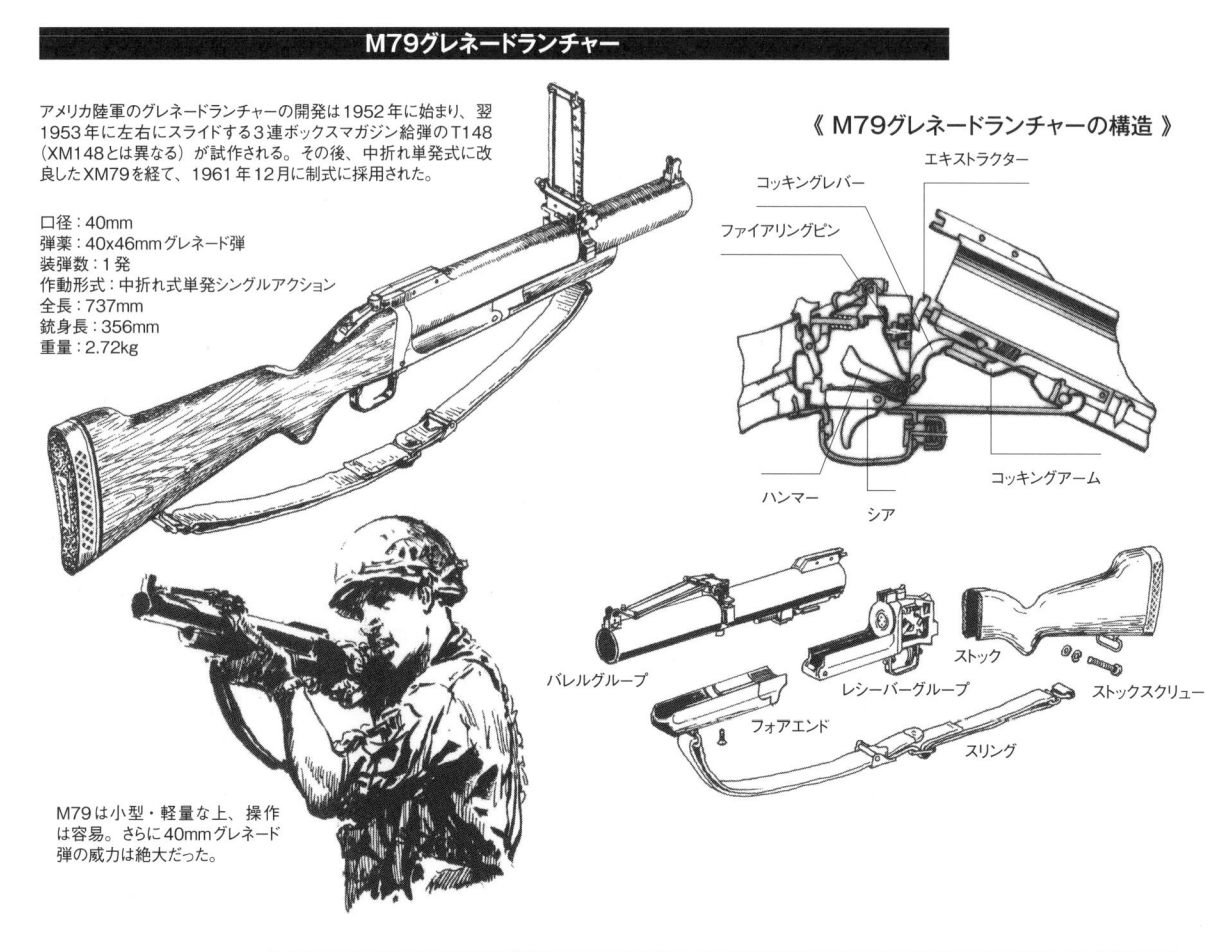

《 M79グレネードランチャーの構造 》

エキストラクター
コッキングレバー
ファイアリングピン
ハンマー
シア
コッキングアーム

バレルグループ
フォアエンド
レシーバーグループ
ストック
ストックスクリュー
スリング

M79は小型・軽量な上、操作は容易。さらに40mmグレネード弾の威力は絶大だった。

XM148グレネードランチャー

M79は威力のある兵器であったが、単発式で直近の複数の敵に対して素早い応戦ができないことから、射手の防衛用にM16へ装着できるモデルが開発された。コルト社が開発したグレネードランチャーはXM148と命名され、1966年12月にベトナムに送られて試験運用された。

口径：40mm
弾薬：40x46mmグレネード弾
装弾数：1発
作動形式：ポンプアクション単発
全長：420mm
銃身長：254mm
重量：1.36kg

このXM148の試験運用の結果を取り入れ、後に画期的な歩兵用兵器M203グレネードランチャーが開発される。

《 ニーリングポジションの直接射撃 》

《 シッティングポジションの間接射撃 》

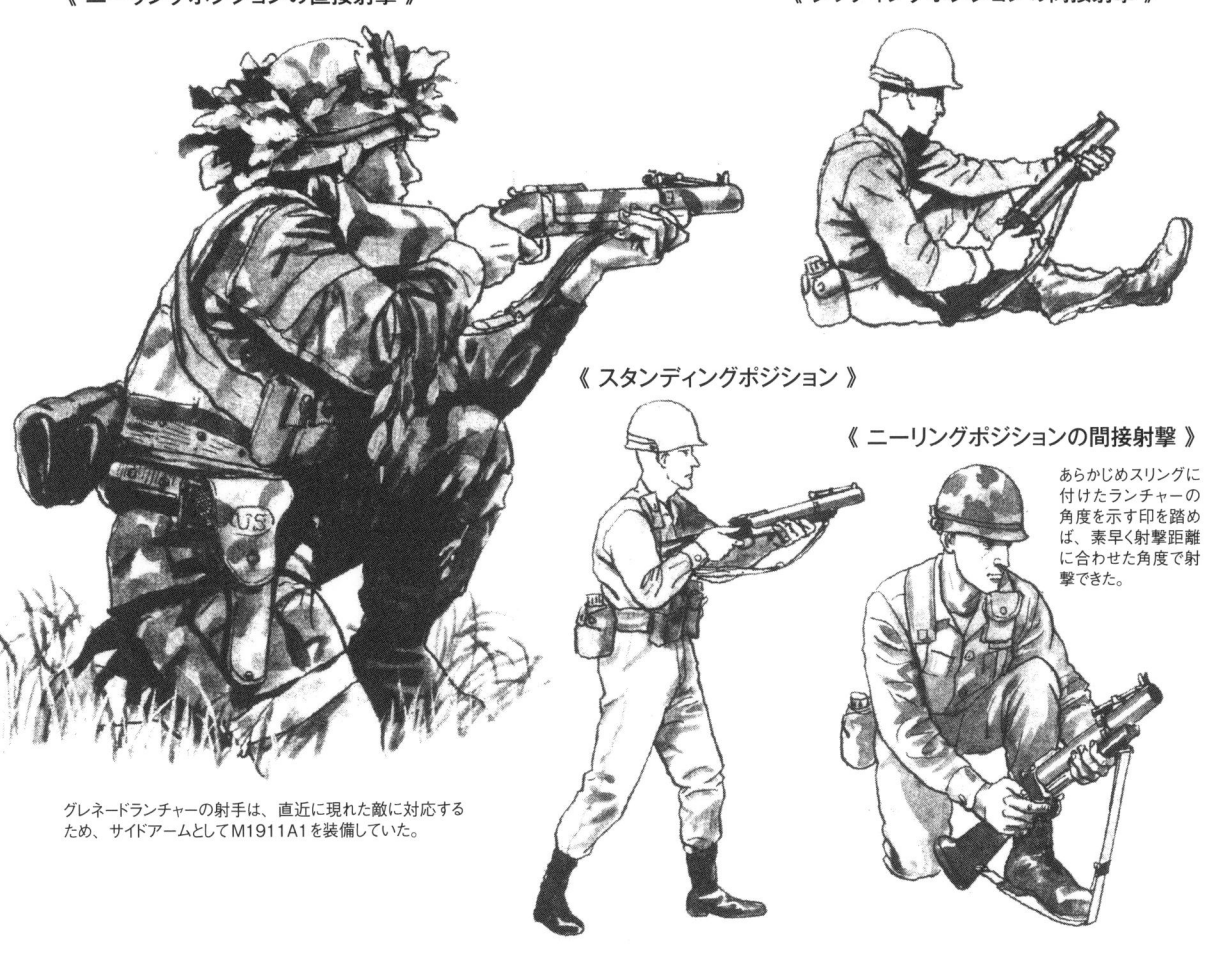

《 スタンディングポジション 》

《 ニーリングポジションの間接射撃 》

あらかじめスリングに付けたランチャーの角度を示す印を踏めば、素早く射撃距離に合わせた角度で射撃できた。

グレネードランチャーの射手は、直近に現れた敵に対応するため、サイドアームとしてM1911A1を装備していた。

M79の照準方法

100mまでの目標に対しては、リアサイトを畳んだ状態で照準する。

175〜375m以上はリアサイトを立てて使用する。

遠距離射撃の場合、擲弾は弧を描いて目標まで飛翔するのでストックは頬から外して構える。

M79の装填・排莢

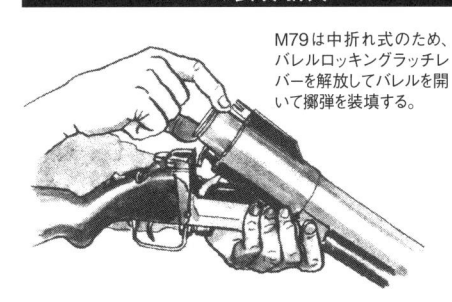

M79は中折れ式のため、バレルロッキングラッチレバーを解放してバレルを開いて擲弾を装填する。

▼

オートマチックエジェクター機構がないため、空薬莢は発射後、手で抜き取る。

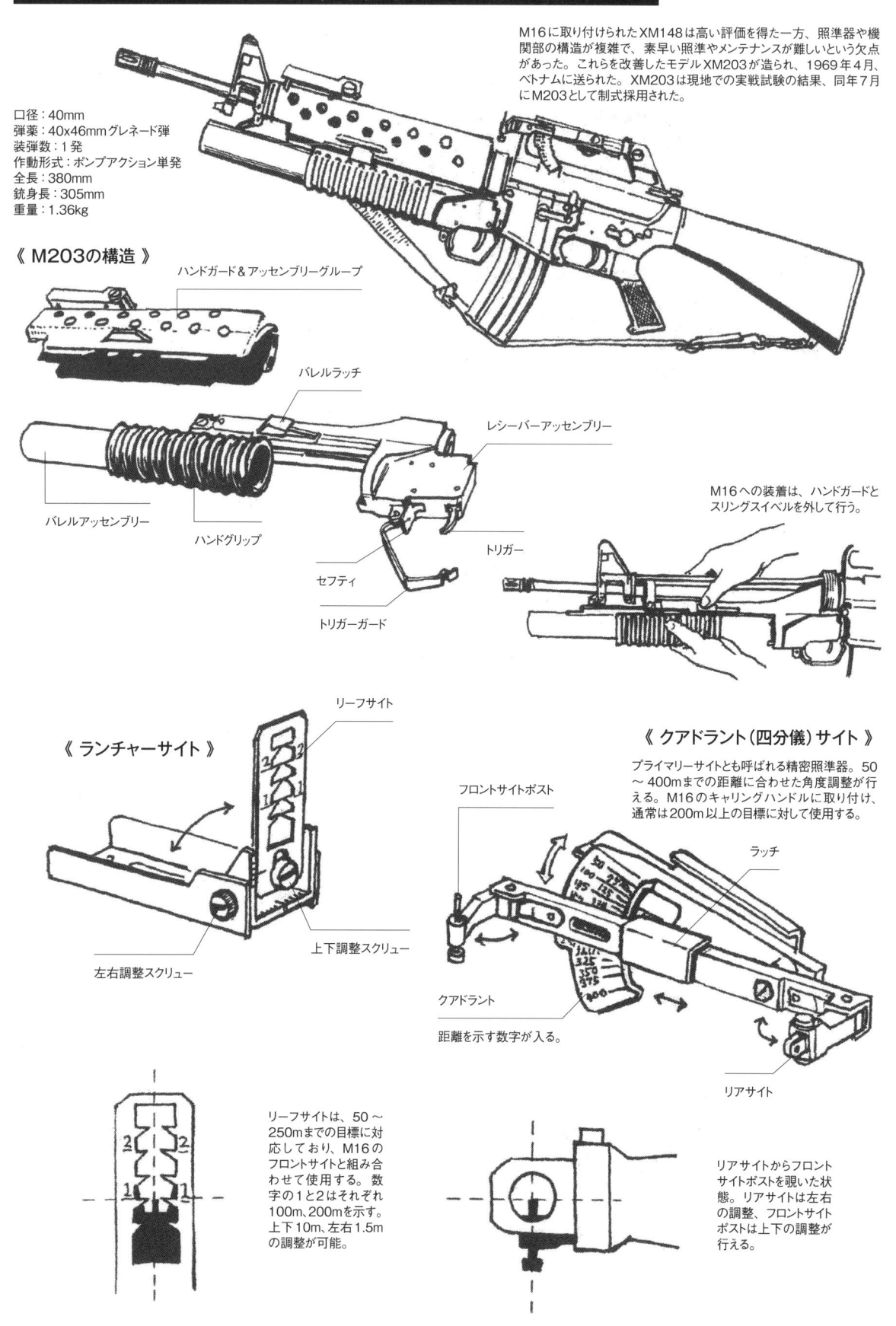

M203グレネードランチャー

M16に取り付けられたXM148は高い評価を得た一方、照準器や機関部の構造が複雑で、素早い照準やメンテナンスが難しいという欠点があった。これらを改善したモデルXM203が造られ、1969年4月、ベトナムに送られた。XM203は現地での実戦試験の結果、同年7月にM203として制式採用された。

口径：40mm
弾薬：40×46mmグレネード弾
装弾数：1発
作動形式：ポンプアクション単発
全長：380mm
銃身長：305mm
重量：1.36kg

《 M203の構造 》

ハンドガード＆アッセンブリーグループ

バレルラッチ

レシーバーアッセンブリー

バレルアッセンブリー

ハンドグリップ

トリガー

セフティ

トリガーガード

M16への装着は、ハンドガードとスリングスイベルを外して行う。

《 ランチャーサイト 》

リーフサイト

上下調整スクリュー

左右調整スクリュー

《 クアドラント（四分儀）サイト 》

プライマリーサイトとも呼ばれる精密照準器。50〜400mまでの距離に合わせた角度調整が行える。M16のキャリングハンドルに取り付け、通常は200m以上の目標に対して使用する。

フロントサイトポスト

ラッチ

クアドラント

距離を示す数字が入る。

リアサイト

リーフサイトは、50〜250mまでの目標に対応しており、M16のフロントサイトと組み合わせて使用する。数字の1と2はそれぞれ100m、200mを示す。上下10m、左右1.5mの調整が可能。

リアサイトからフロントサイトポストを覗いた状態。リアサイトは左右の調整、フロントサイトポストは上下の調整が行える。

M203のアクセサリー

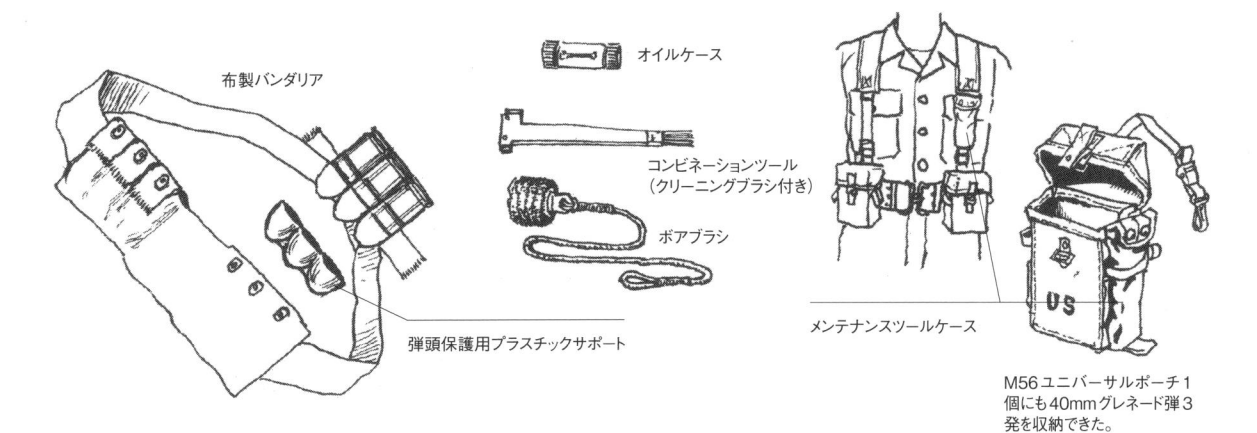

布製バンダリア

オイルケース

コンビネーションツール
（クリーニングブラシ付き）

ボアブラシ

弾頭保護用プラスチックサポート

メンテナンスツールケース

M56ユニバーサルポーチ1
個にも40mmグレネード弾3
発を収納できた。

M203の基本的な構え方

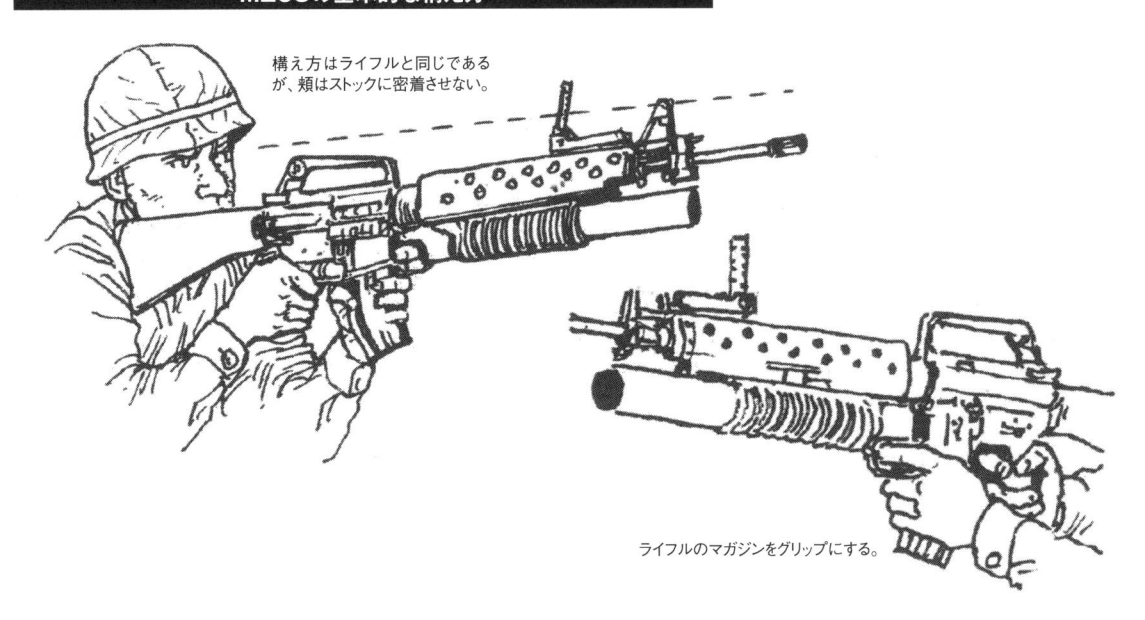

構え方はライフルと同じである
が、頬はストックに密着させない。

ライフルのマガジンをグリップにする。

M203の操作方法

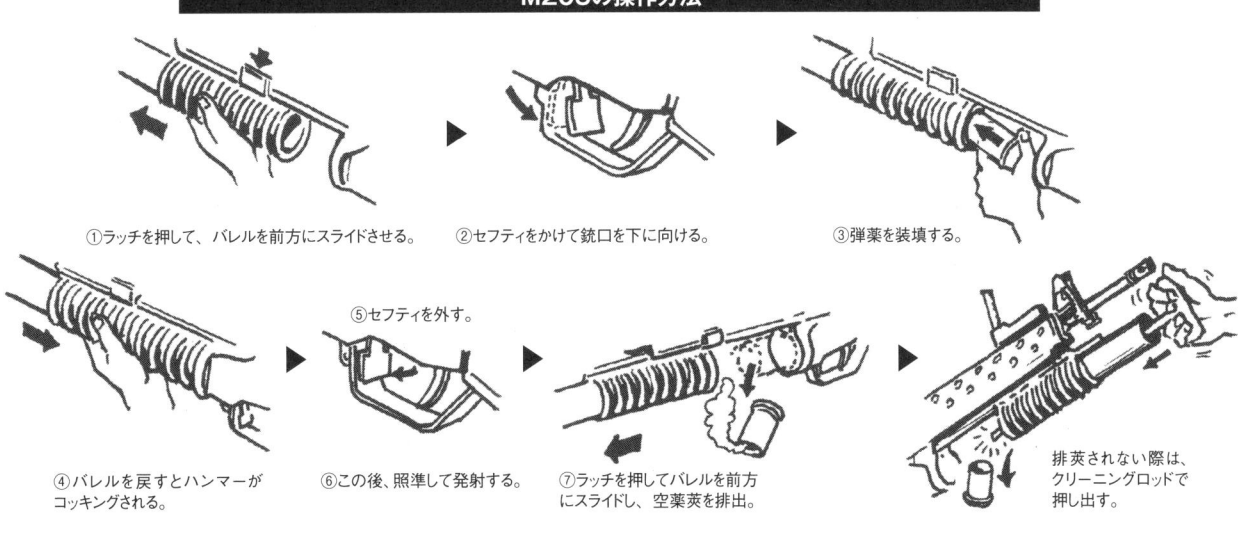

①ラッチを押して、バレルを前方にスライドさせる。

②セフティをかけて銃口を下に向ける。

③弾薬を装填する。

④バレルを戻すとハンマーが
コッキングされる。

⑤セフティを外す。

⑥この後、照準して発射する。

⑦ラッチを押してバレルを前方
にスライドし、空薬莢を排出。

排莢されない際は、
クリーニングロッドで
押し出す。

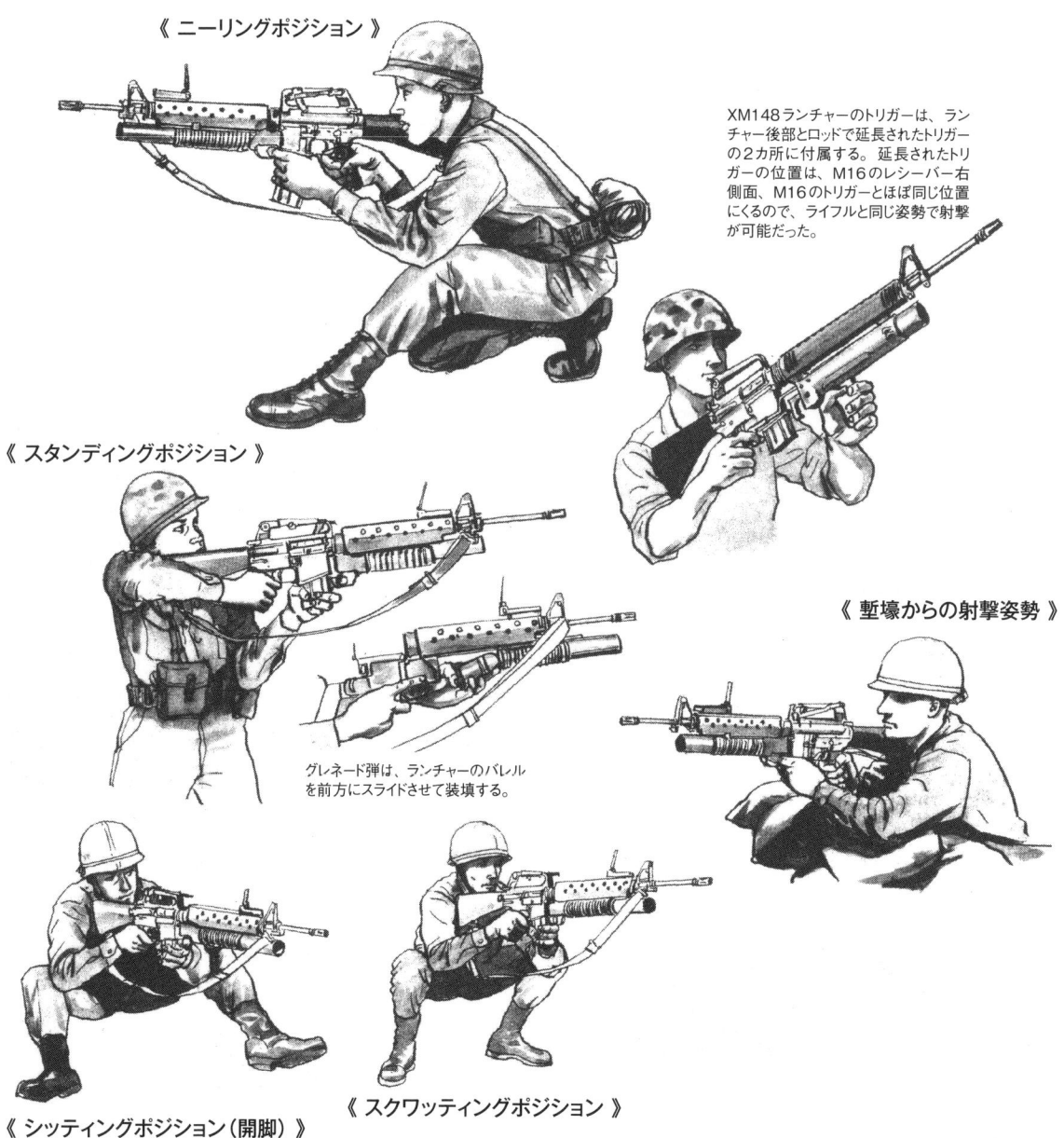

《 ニーリングポジション 》

XM148ランチャーのトリガーは、ランチャー後部とロッドで延長されたトリガーの2カ所に付属する。延長されたトリガーの位置は、M16のレシーバー右側面、M16のトリガーとほぼ同じ位置にくるので、ライフルと同じ姿勢で射撃が可能だった。

《 スタンディングポジション 》

《 塹壕からの射撃姿勢 》

グレネード弾は、ランチャーのバレルを前方にスライドさせて装填する。

《 シッティングポジション（開脚）》

《 スクワッティングポジション 》

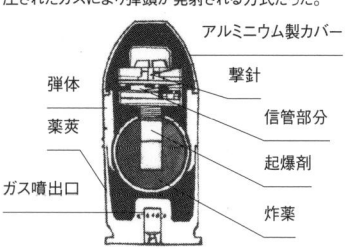

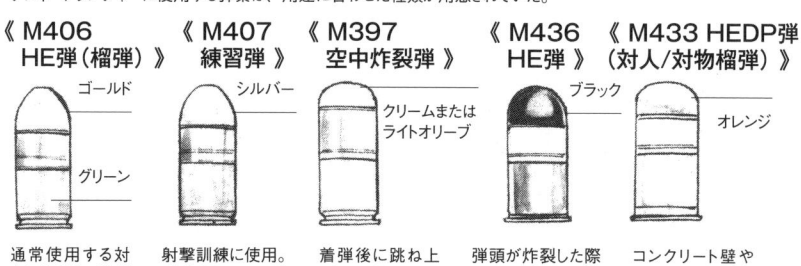

40mmグレネード弾（M406 HE弾）の構造

40×46mmグレネード弾は、通常の弾薬とは異なり、低反動で発射する特徴を持つ。そのため、薬莢内は高圧スペースと低圧スペースに分かれており、火薬は高圧スペースで発火し、燃焼ガスがガス噴出口から低圧スペースに吹き出す。そうして減圧されたガスにより弾頭が発射される方式だった。

- アルミニウム製カバー
- 撃針
- 弾体
- 信管部分
- 薬莢
- 起爆剤
- ガス噴出口
- 炸薬

40mmグレネード弾の種類

グレネードランチャーに使用する弾薬は、用途に合わせた種類が用意されていた。

《 M406 HE弾（榴弾）》

ゴールド

グリーン

通常使用する対人用榴弾。発射後、10 ～ 27mの距離で弾頭は起爆状態になる。

《 M407 練習弾 》

シルバー

射撃訓練に使用。訓練用のため弾頭は爆発しない。火薬の代わりに着弾地点確認用に黄色のパウダーを内蔵。

《 M397 空中炸裂弾 》

クリームまたはライトオリーブ

着弾後に跳ね上がり、地上から約1.5mの高さで爆発する。

《 M436 HE弾 》

ブラック

弾頭が炸裂した際に煙と閃光を発しないタイプの榴弾。

《 M433 HEDP弾（対人/対物榴弾）》

オレンジ

コンクリート壁や50mm厚の装甲板などにも対応した榴弾。

手榴弾

アメリカ軍の手榴弾は、対人用を主流に、焼夷弾、スモーク（発煙）弾、照明弾、催涙弾などの種類が使われた。

M26A1ハンドグレネード

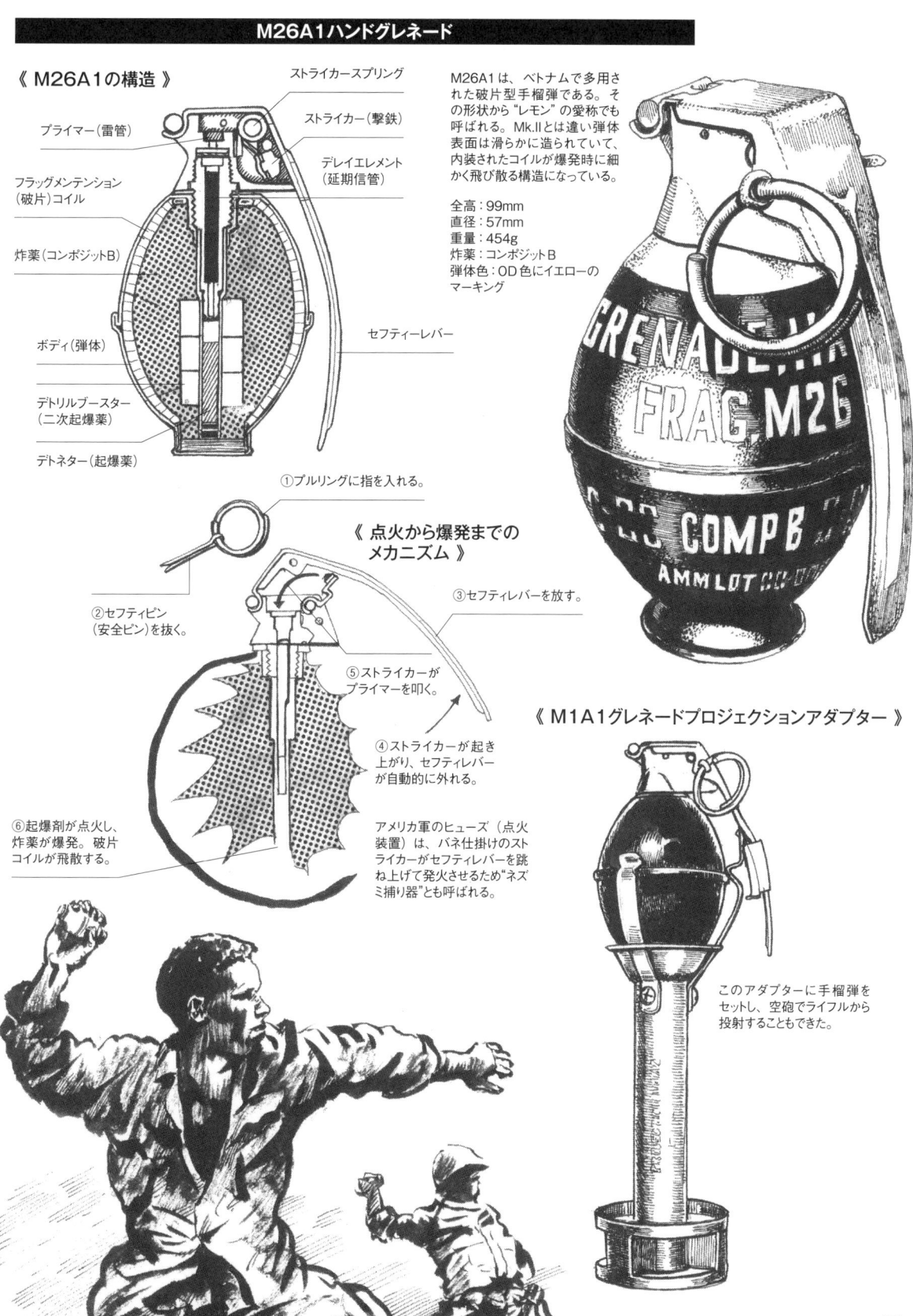

《 M26A1の構造 》

- ストライカースプリング
- ストライカー（撃鉄）
- プライマー（雷管）
- デレイエレメント（延期信管）
- フラッグメンテンション（破片）コイル
- 炸薬（コンポジットB）
- セフティーレバー
- ボディ（弾体）
- デトリルブースター（二次起爆薬）
- デトネーター（起爆薬）

M26A1は、ベトナムで多用された破片型手榴弾である。その形状から"レモン"の愛称でも呼ばれる。Mk.IIとは違い弾体表面は滑らかに造られていて、内装されたコイルが爆発時に細かく飛び散る構造になっている。

全高：99mm
直径：57mm
重量：454g
炸薬：コンポジットB
弾体色：OD色にイエローのマーキング

《 点火から爆発までのメカニズム 》

① プルリングに指を入れる。

② セフティピン（安全ピン）を抜く。

③ セフティレバーを放す。

⑤ ストライカーがプライマーを叩く。

④ ストライカーが起き上がり、セフティレバーが自動的に外れる。

⑥ 起爆剤が点火し、炸薬が爆発。破片コイルが飛散する。

アメリカ軍のヒューズ（点火装置）は、バネ仕掛けのストライカーがセフティレバーを跳ね上げて発火させるため"ネズミ捕り器"とも呼ばれる。

《 M1A1グレネードプロジェクションアダプター 》

このアダプターに手榴弾をセットし、空砲でライフルから投射することもできた。

手榴弾は、近接戦闘で極めて有効な兵器の一つである。しかし、使い方を間違えると、味方にも重大な被害を与えかねない。したがって、その使用方法をしっかりとマスターしなければならないぞ！

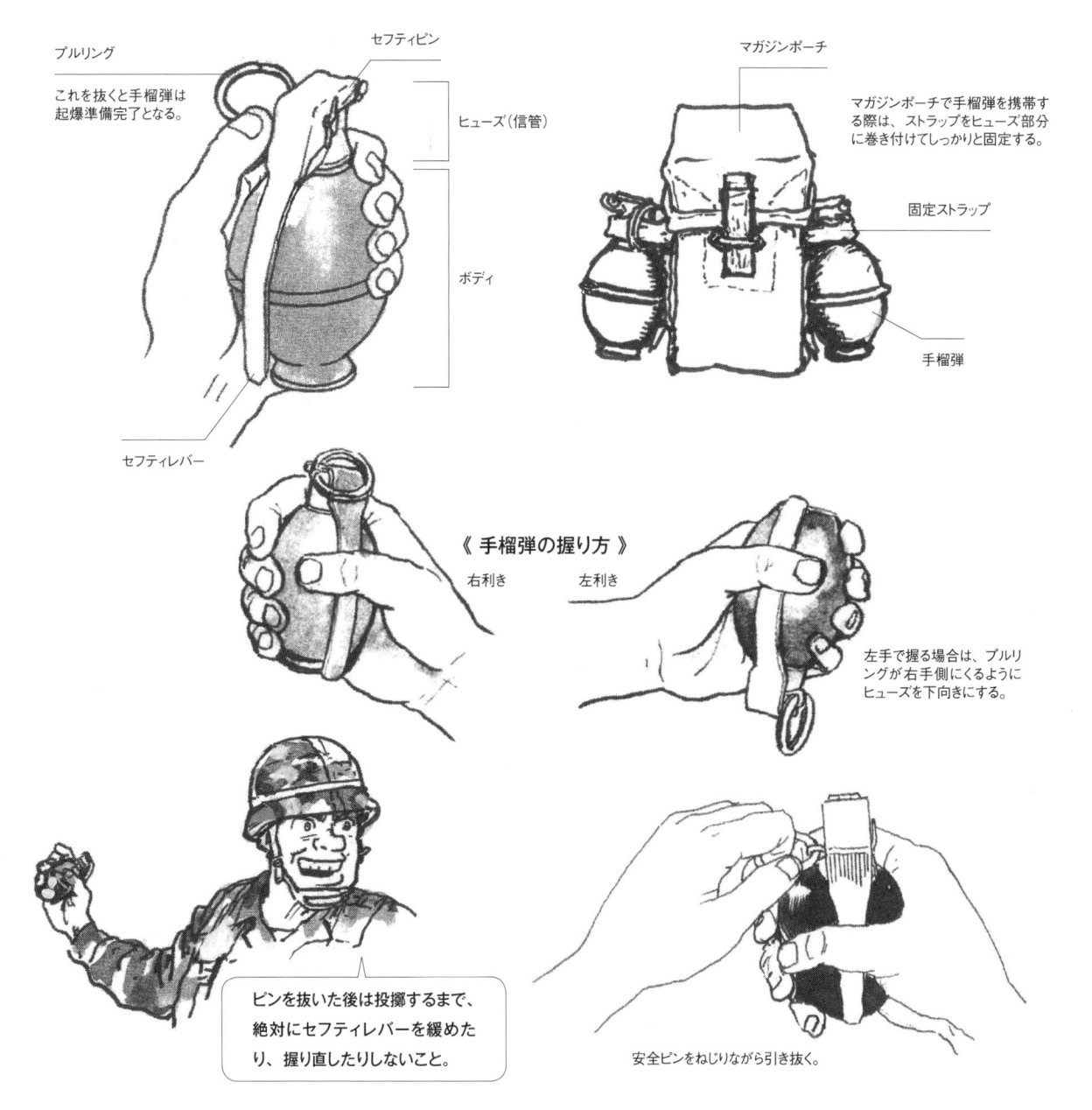

プルリング
これを抜くと手榴弾は起爆準備完了となる。

セフティピン

ヒューズ（信管）

ボディ

セフティレバー

マガジンポーチ
マガジンポーチで手榴弾を携帯する際は、ストラップをヒューズ部分に巻き付けてしっかりと固定する。

固定ストラップ

手榴弾

《 手榴弾の握り方 》

右利き　　左利き

左手で握る場合は、プルリングが右手側にくるようにヒューズを下向きにする。

ピンを抜いた後は投擲するまで、絶対にセフティレバーを緩めたり、握り直したりしないこと。

安全ピンをねじりながら引き抜く。

一口に手榴弾といっても、その用途によって様々な種類の手榴弾があるぞ！

《 M67手榴弾 》

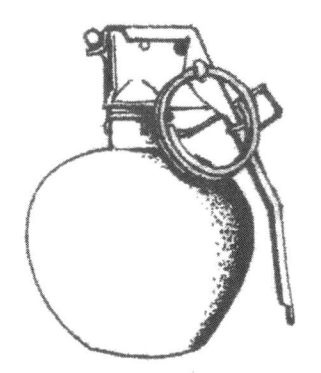

対人用破片型で、M59の改良モデル。ヒューズ部分にセフティレバーを押さえるセフティクリップが付属する。

《 M69訓練用手榴弾 》

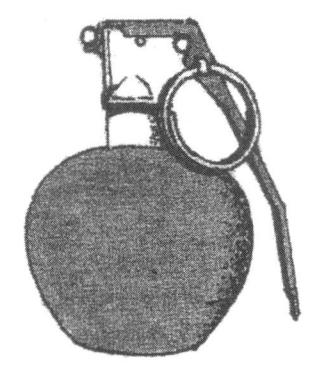

M67の訓練モデルで炸薬は入っていない。

《 Mk.II手榴弾 》

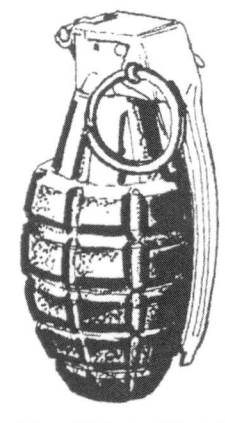

対人用破片型。その形状から"パイナップル"の愛称で呼ばれる。

《 M18発煙手榴弾 》

煙幕や信号用に使用。煙の色は、白・黒・赤・緑・紫・黄色の6色。発火後、最大約90秒間燃焼して発煙する。

《 Mk.I照明手榴弾 》

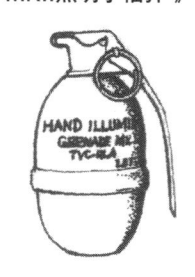

夜間の照明や信号用に使用。直径約200mの範囲を約25秒間照らし出す。照明剤が燃焼するので、可燃物に対する焼夷効果もある。

《 M34発煙手榴弾 》

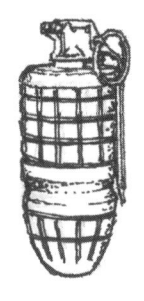

遮蔽や信号、または着火目的で使用。外殻は鉄製で、点火後、内部の白リンが約60秒間燃焼し、煙幕を発生する。

《 Mk.IIIA1手榴弾 》

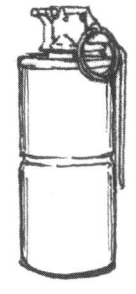

爆風により敵を殺傷する攻撃型の手榴弾。

《 M14焼夷手榴弾 》

《 M25A2ライアット手榴弾 》

燃焼剤にテルミットを使用した焼夷弾。3000度の高温で金属類を溶かすことができる。兵器の破壊や建築物の焼却などに使用する。

暴徒鎮圧などに用いる催涙ガス（CSガス）弾。球形のため発火後、転がりながら催涙ガスを展開する。

《 M7A3ライアット手榴弾 》

暴徒鎮圧などに用いる催涙ガス（CSガス）弾。発火後、15〜30秒間催涙ガスが噴出する。

手榴弾は、弾体の色と文字などのマーキングを色分けして、識別できるようになっている。
破片型及び照明弾：OD地に黄色
発煙弾：発煙剤の種類によりマーキングの色が異なり、OD地にペイルグリーン、緑色地に黒、灰色地に黄色がある。
焼夷弾：灰色地に紫
催涙弾：灰色地に赤
訓練用：青地に白

《 スタンディングポジション 》

最も投げやすい姿勢で、飛距離も大きくなる。

自然なモーションで投擲し、投げ終わったら、伏せるか遮蔽物に身を隠して爆発に備える。

手榴弾の投擲方法は、その場の状況や場所によって様々な方法がある。戦場で兵士は、基本を応用して投擲することになる。

《 壕内からの投擲方法 》

①手榴弾を握り、セフティピンを抜く

②目標の位置を確認する。

③力いっぱい投げる。

《 プローンポジション 》

遮蔽物がない場所で遠方に投擲する際の姿勢。

①上半身を起こして投擲。

②投擲後、すぐに伏せる。

《 オルタネートプローンポジション 》

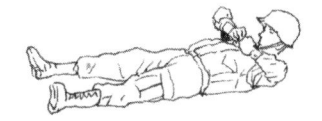

近距離の敵に対して、他のポジションが困難の際の投擲方法。

①目標に対して垂直に仰向けになる。

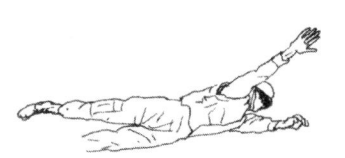

②身体の回転を利用して投擲。

③投擲後、腹這いになって伏せる。

手榴弾は、サスペンダーのループ、マガジンポーチの両サイド、ピストルベルトなどにセフティレバーを差し込んで携帯した。

M56サスペンダーの金具に装着した陸軍兵士。手榴弾の携帯にサスペンダーを利用する兵士は多かった。

ベトナム戦初期のアメリカ海兵隊員。サスペンダーのリングに吊り下げている。

ボディアーマーのポケットに収納する他、ピストルベルトに装着して携帯。

素早く使用できるようにアムニッションポーチの両サイドや、ピストルベルトなど、腰回りに装着。手榴弾1個の重さは約400〜500gあったので、複数携帯すると逆に動きを妨げることもある。

マガジンポーチ代用のM16用バンダリアに収納した使用例。

個人野戦装備では、アムニッションポーチを2個使用するので、4個の手榴弾を携帯できる。

M1956装備のアムニッションポーチは、ポーチの両サイドに各1個の手榴弾を携帯できるようにデザインされていた。

対戦車兵器

北ベトナム軍が装甲車両を前線へ投入する戦争後半まで、対戦車戦闘は発生しなかった。そのためアメリカ軍や南ベトナム軍は、対戦車兵器を敵の火点攻撃などに使用した。

M20ロケットランチャー

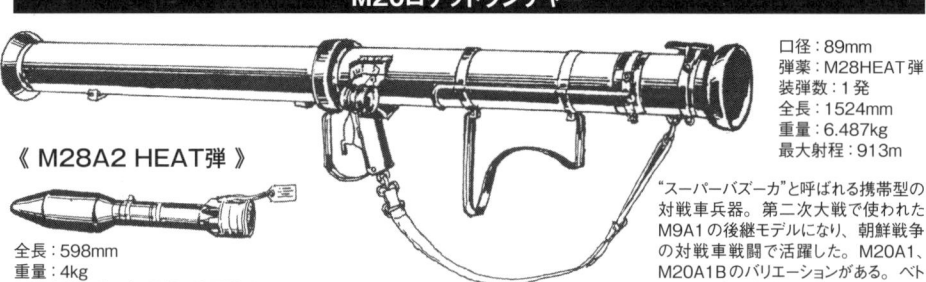

口径：89mm
弾薬：M28HEAT弾
装弾数：1発
全長：1524mm
重量：6.487kg
最大射程：913m

"スーパーバズーカ"と呼ばれる携帯型の対戦車兵器。第二次大戦で使われたM9A1の後継モデルになり、朝鮮戦争の対戦車戦闘で活躍した。M20A1、M20A1Bのバリエーションがある。ベトナムでは主に海兵隊が使用している。

《 M28A2 HEAT弾 》

全長：598mm
重量：4kg
対戦車弾の他に煙幕弾と練習弾がある。

《 折り畳んだ状態 》

ランチャー本体は、持ち運びやすいように中央で分離できる。

M67無反動砲

M18 57mm無反動砲に替わり採用された無反動砲。以前のモデルより携帯性を重視して設計された。

口径：90mm
弾薬：M371A1 HEAT弾、M590 対人キャニスター弾
装弾数：1発
全長：1346mm
重量：10.3kg
最大射程：2100m

M67は射手と装填手の2名で操作する。対戦車弾の有効射程距離は400mで、最人350mm厚の装甲板、1100mm厚の土壁などを破戒できる威力があった。

M67にはバイポッドが付属しており、安定した射撃が行えた。

M40 106mm無反動砲

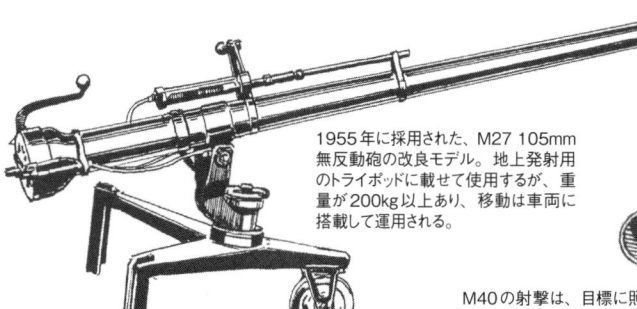

1955年に採用された、M27 105mm無反動砲の改良モデル。地上発射用のトライポッドに載せて使用するが、重量が200kg以上あり、移動は車両に搭載して運用される。

口径：105mm
弾薬：M344A1 HEAT、M346A1 HEP-Tなど
装弾数：1発
全長：3404mm
砲身長：3332.7mm
重量：209.5kg（トライポッド付き）
最大射程：約6800m

M40の射撃は、目標に照準を定め、砲上部に取り付けられた同軸の12.7mmスポッティングライフルでトレーサー弾を発射して着弾位置を確認。その後、砲弾を発射する手順で行われる。

《 M40無反動砲を搭載したM151A1C 》

M151 MUTTを改良し、砲と弾薬を搭載したモデル。必要に応じて砲を地上に降ろして使用もできる。

《 無反動砲の閉鎖器 》

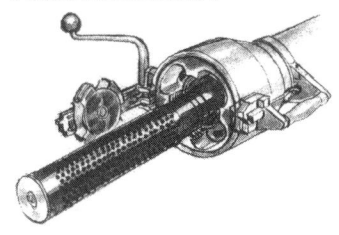

発砲の際に砲弾の薬莢部分の穴から、燃焼ガスが噴き出して、射撃時の反動を押さえる。薬莢から出たガスは、尾栓の穴から後方へ排出された。

M72 LAW（Light Anti-Tank Weaponの略）は、M20に替わり、軽装甲車両の対戦車兵器として開発された。ロケット弾がランチャーに内蔵されている撃ちっ放しの使い捨て兵器である。最大300mm厚の装甲板を破壊する威力があり、装甲車両だけではなく、敵の掩蔽壕などの攻撃にも有効であった。

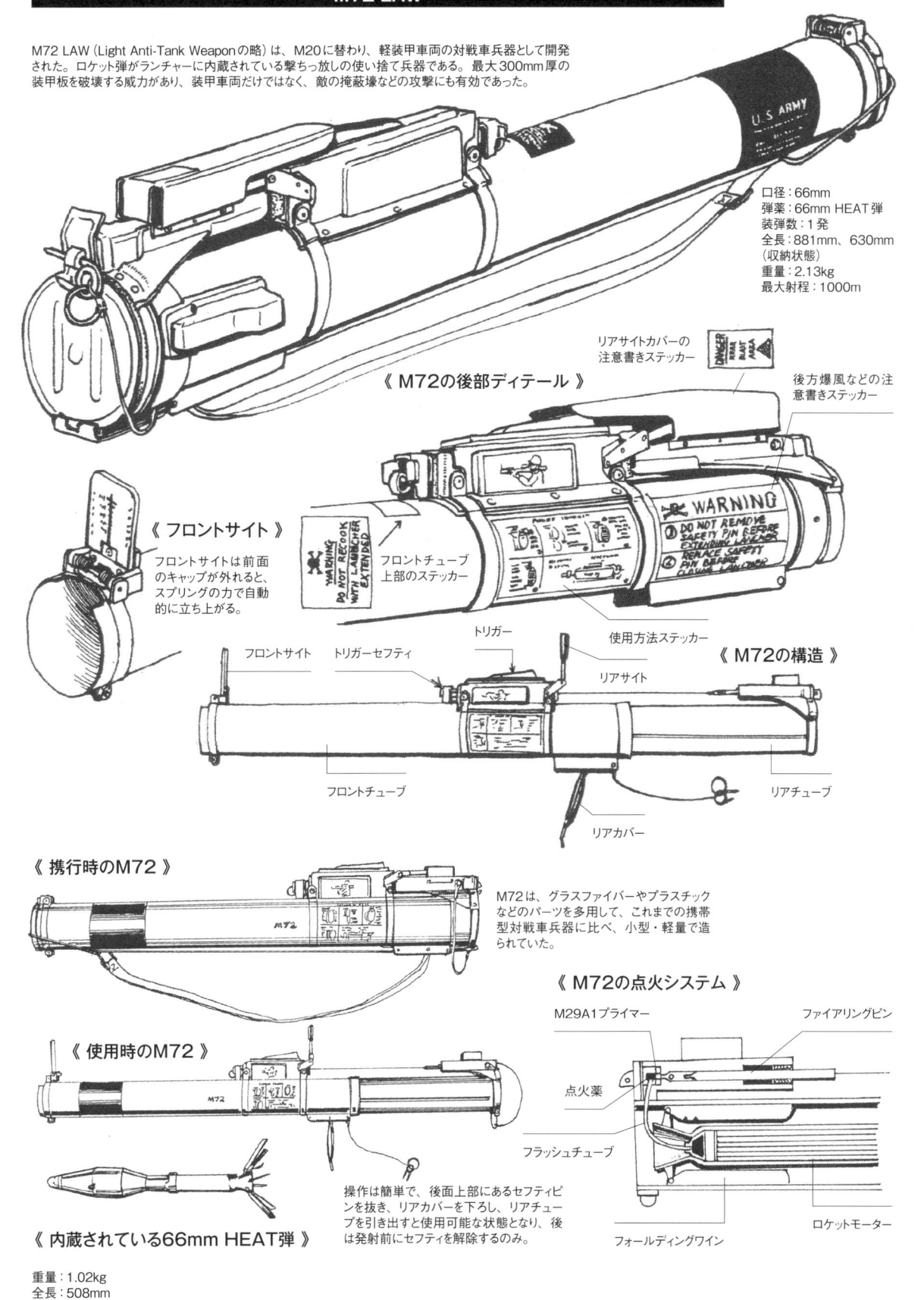

口径：66mm
弾薬：66mm HEAT弾
装弾数：1発
全長：881mm、630mm
（収納状態）
重量：2.13kg
最大射程：1000m

《 M72の後部ディテール 》

リアサイトカバーの注意書きステッカー

後方爆風などの注意書きステッカー

《 フロントサイト 》

フロントサイトは前面のキャップが外れると、スプリングの力で自動的に立ち上がる。

フロントチューブ上部のステッカー

使用方法ステッカー

《 M72の構造 》

フロントサイト
トリガーセフティ
トリガー
リアサイト

フロントチューブ
リアカバー
リアチューブ

《 携行時のM72 》

M72は、グラスファイバーやプラスチックなどのパーツを多用して、これまでの携帯型対戦車兵器に比べ、小型・軽量で造られていた。

《 M72の点火システム 》

M29A1プライマー
ファイアリングピン
点火薬
フラッシュチューブ
ロケットモーター
フォールディングワイン

《 使用時のM72 》

操作は簡単で、後面上部にあるセフティピンを抜き、リアカバーを下ろし、リアチューブを引き出すと使用可能な状態となり、後は発射前にセフティを解除するのみ。

《 内蔵されている66mm HEAT弾 》

重量：1.02kg
全長：508mm

M72の携行・発射姿勢

コンパクトで軽量、キャリングストラップも付属するM72は、歩兵の携帯に適した対戦車兵器であった。

M72(イラストはM72A1)は装填手を必要としないため、1名での素早い射撃を可能とした。

《 シッティングポジション 閉脚スタイル 》　《 シッティングポジション 開脚スタイル 》

試作モデルを構える兵士。量産型とはフロントサイトの形状が異なっている。

《 スタンディングポジション 》

M72の対戦車戦闘

後方攻撃
HIT 140m/KILL 100m

上面攻撃
HIT 220m/KILL 140m

正面攻撃
HIT 140m/KILL 100m

HIT(命中可能距離)とKILL(破壊可能距離)の各最大距離は、アメリカ陸軍のマニュアルに掲載されたものであるが、実戦では目標の状況により変化する。

側面攻撃
HIT 160m/KILL 50m

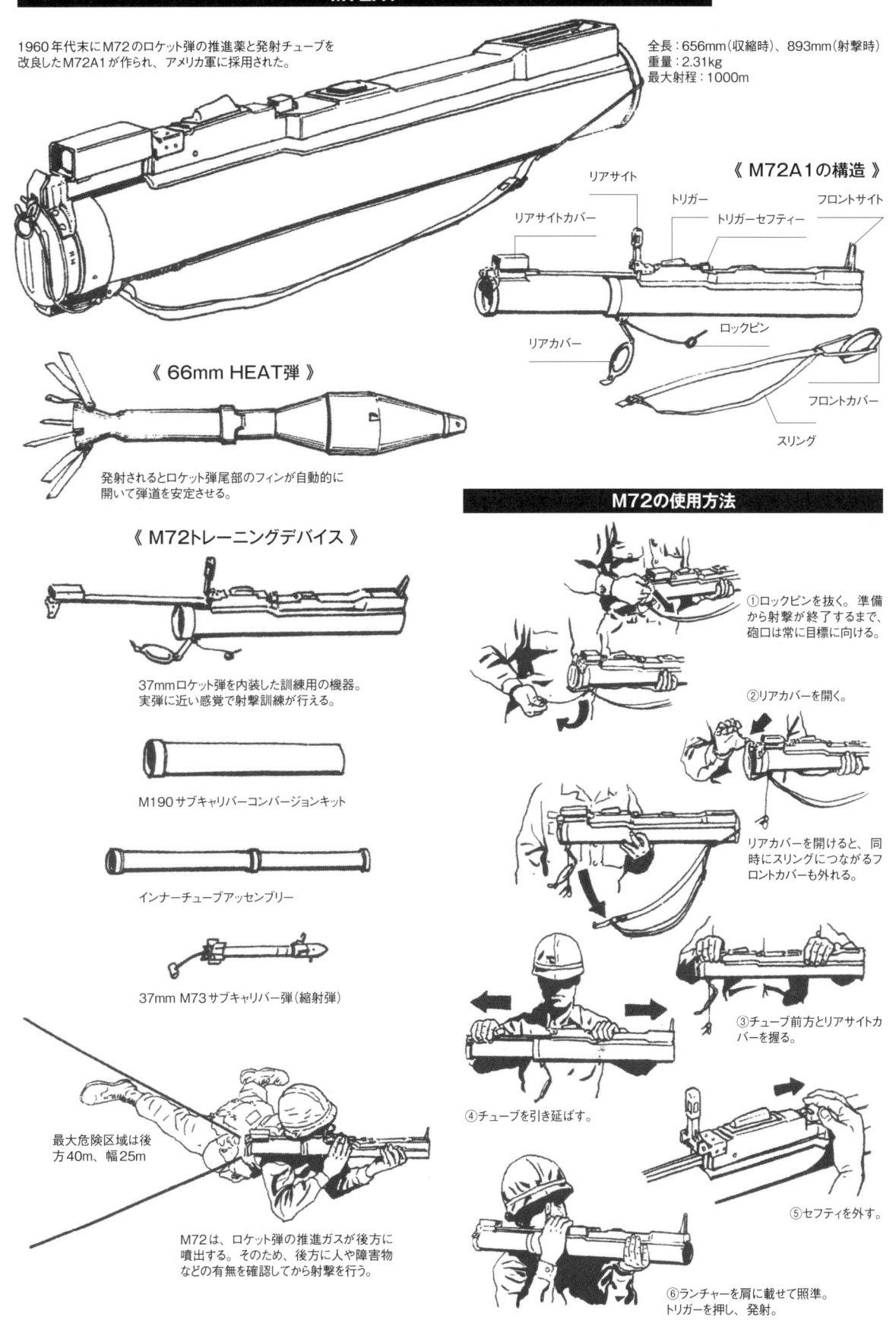

M72A1

1960年代末にM72のロケット弾の推進薬と発射チューブを
改良したM72A1が作られ、アメリカ軍に採用された。

全長：656mm（収縮時）、893mm（射撃時）
重量：2.31kg
最大射程：1000m

《 M72A1の構造 》

リアサイト
リアサイトカバー
トリガー
トリガーセフティー
フロントサイト
ロックピン
リアカバー
フロントカバー
スリング

《 66mm HEAT弾 》

発射されるとロケット弾尾部のフィンが自動的に
開いて弾道を安定させる。

《 M72トレーニングデバイス 》

37mmロケット弾を内装した訓練用の機器。
実弾に近い感覚で射撃訓練が行える。

M190サブキャリバーコンバージョンキット

インナーチューブアッセンブリー

37mm M73サブキャリバー弾（縮射弾）

最大危険区域は後
方40m、幅25m

M72は、ロケット弾の推進ガスが後方に
噴出する。そのため、後方に人や障害物
などの有無を確認してから射撃を行う。

M72の使用方法

①ロックピンを抜く。準備
から射撃が終了するまで、
砲口は常に目標に向ける。

②リアカバーを開く。

リアカバーを開けると、同
時にスリングにつながるフ
ロントカバーも外れる。

③チューブ前方とリアサイトカ
バーを握る。

④チューブを引き延ばす。

⑤セフティを外す。

⑥ランチャーを肩に載せて照準。
トリガーを押し、発射。

迫撃砲

迫撃砲は、味方部隊への支援砲撃から敵に対する阻止攻撃まで幅広く運用され、特に近接砲撃に適した兵器である。その口径から軽・中・重迫撃砲と3つに分類され、支援する部隊の規模別に配備された。

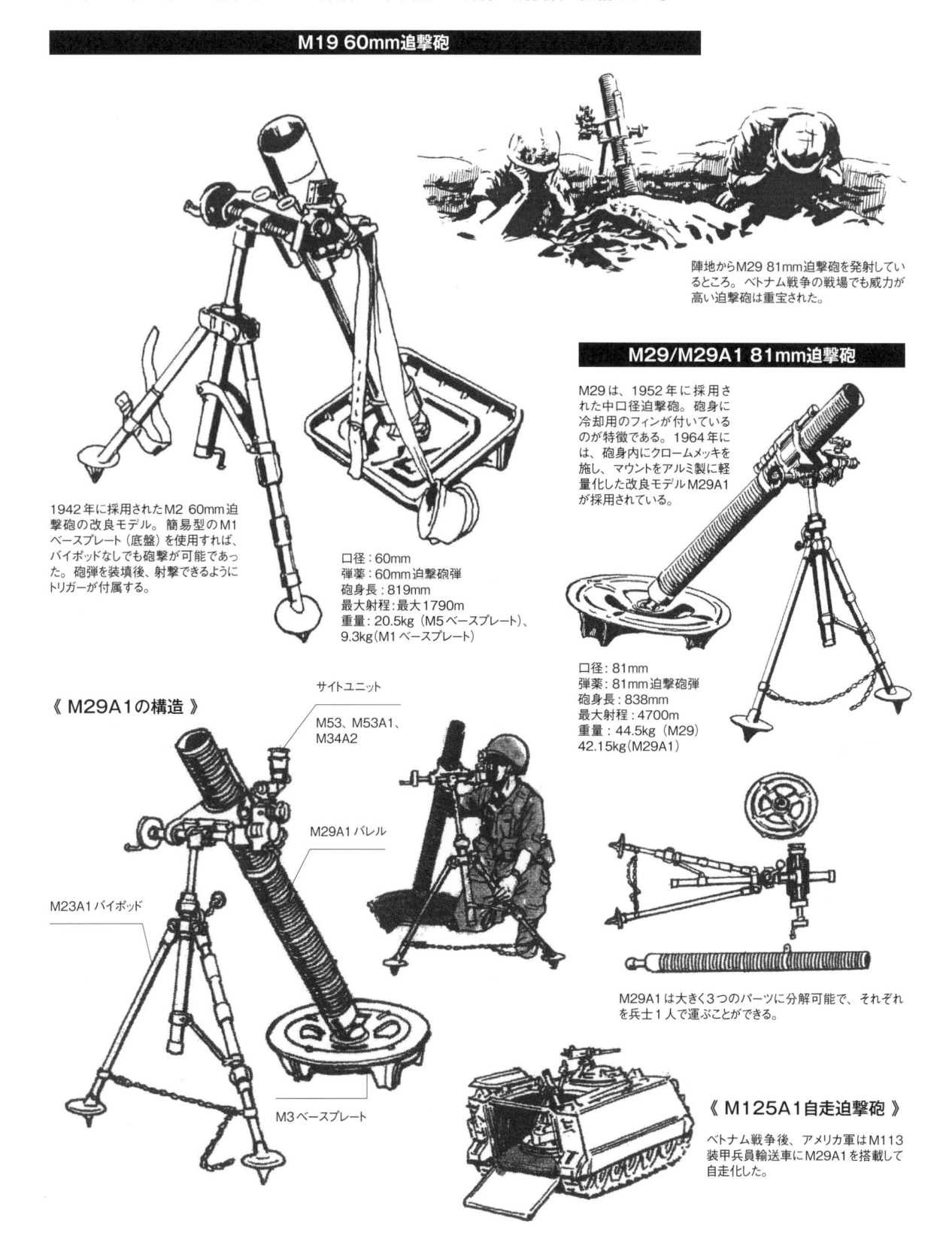

M19 60mm迫撃砲

陣地からM29 81mm迫撃砲を発射しているところ。ベトナム戦争の戦場でも威力が高い迫撃砲は重宝された。

1942年に採用されたM2 60mm迫撃砲の改良モデル。簡易型のM1ベースプレート（底盤）を使用すれば、バイポッドなしでも砲撃が可能であった。砲弾を装填後、射撃できるようにトリガーが付属する。

口径：60mm
弾薬：60mm迫撃砲弾
砲身長：819mm
最大射程：最大1790m
重量：20.5kg（M5ベースプレート）、9.3kg（M1ベースプレート）

M29/M29A1 81mm迫撃砲

M29は、1952年に採用された中口径迫撃砲。砲身に冷却用のフィンが付いているのが特徴である。1964年には、砲身内にクロームメッキを施し、マウントをアルミ製に軽量化した改良モデルM29A1が採用されている。

口径：81mm
弾薬：81mm迫撃砲弾
砲身長：838mm
最大射程：4700m
重量：44.5kg（M29）
42.15kg（M29A1）

《 M29A1の構造 》

サイトユニット
M53、M53A1、M34A2

M29A1 バレル

M23A1 バイポッド

M3ベースプレート

M29A1は大きく3つのパーツに分解可能で、それぞれを兵士1人で運ぶことができる。

《 M125A1自走迫撃砲 》

ベトナム戦争後、アメリカ軍はM113装甲兵員輸送車にM29A1を搭載して自走化した。

歩兵小隊の支援に使われるM19は、前線の最も近い場所から歩兵部隊に対する支援砲撃を行える兵器であった。

M19を扱う迫撃砲分隊は、歩兵中隊の武器小隊に所属しており、歩兵小隊の支援砲撃を行う。

M29は、歩兵大隊の迫撃砲小隊に配備された。迫撃砲を運用する分隊は、分隊長をリーダーに射手、副射手、弾薬手2名の計5名で編成される。

砲の照準は射手が行い、副射手が砲弾を装填する。

M30は、他の迫撃砲より重量があり、構造も簡易的でないため、ベトナムでは迫撃砲陣地を設営して使用されることが多かった。

M30 107mm（4.7インチ）迫撃砲

歩兵連隊の重迫撃砲大隊に配備された迫撃砲で、1951年に採用。他の迫撃砲より射程が長く、ベトナムで使われた最大の迫撃砲だった。

口径：107mm
弾薬：107mm迫撃砲弾
砲身長：1524mm
最大射程：6800m
重量：305kg

火炎放射器

敵が潜む洞窟やトーチカなどの掩蔽陣地攻撃に有効な兵器が火炎放射器である。ベトナムでは、攻撃以外に敵の拠点となる建物や食糧などの焼却にも利用された。

M2A1火炎放射器

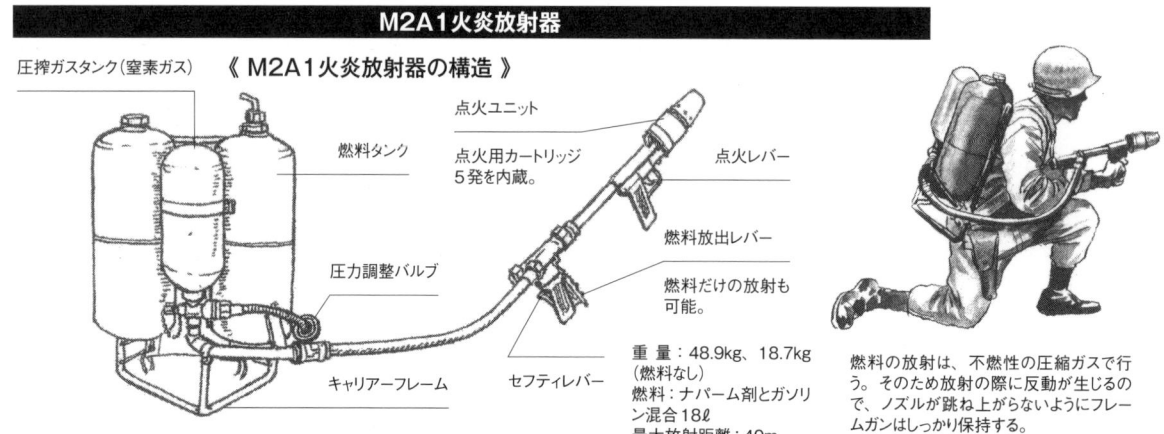

《 M2A1火炎放射器の構造 》

圧搾ガスタンク(窒素ガス)

燃料タンク

点火ユニット

点火用カートリッジ5発を内蔵。

点火レバー

燃料放出レバー

燃料だけの放射も可能。

圧力調整バルブ

キャリアーフレーム

セフティレバー

重量：48.9kg、18.7kg（燃料なし）
燃料：ナパーム剤とガソリン混合18ℓ
最大放射距離：40m

燃料の放射は、不燃性の圧縮ガスで行う。そのため放射の際に反動が生じるので、ノズルが跳ね上がらないようにフレームガンはしっかり保持する。

M2A1-7火炎放射器

M7フレームガンはシングルグリップになり、点火レバーは放射器のノズル後部右側に付属する。また、左側にグリップセフティが追加された。

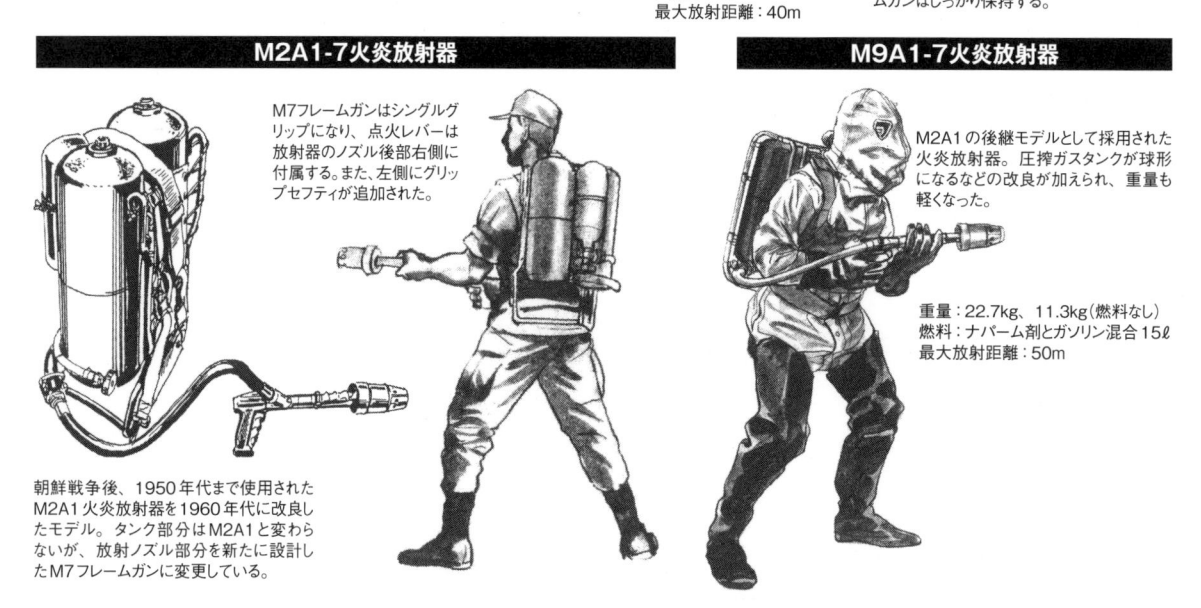

朝鮮戦争後、1950年代まで使用されたM2A1火炎放射器を1960年代に改良したモデル。タンク部分はM2A1と変わらないが、放射ノズル部分を新たに設計したM7フレームガンに変更している。

M9A1-7火炎放射器

M2A1の後継モデルとして採用された火炎放射器。圧搾ガスタンクが球形になるなどの改良が加えられ、重量も軽くなった。

重量：22.7kg、11.3kg（燃料なし）
燃料：ナパーム剤とガソリン混合15ℓ
最大放射距離：50m

特殊兵器

ベトナム戦争では既存の兵器の他に当時の最新テクノロジーを採り入れた兵器や装備が投入された。それらの兵器は、発展を続けて現在も配備されているものもあれば、アイディア倒れに終わったものある。

AN/PVS-2スターライトスコープ

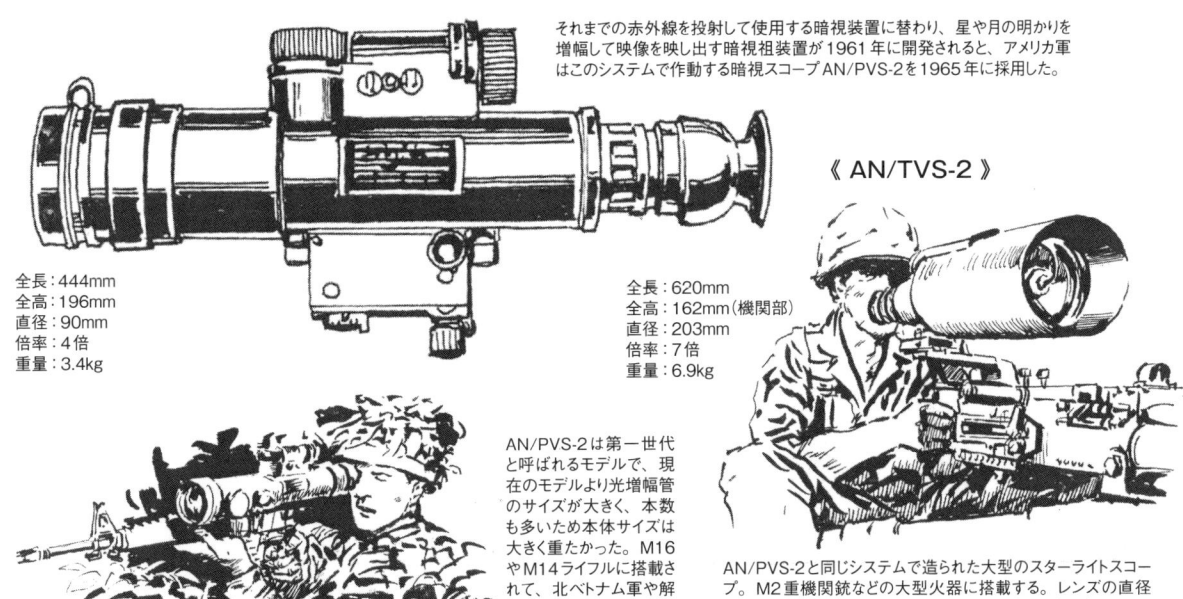

それまでの赤外線を投射して使用する暗視装置に替わり、星や月の明かりを増幅して映像を映し出す暗視祖装置が1961年に開発されると、アメリカ軍はこのシステムで作動する暗視スコープAN/PVS-2を1965年に採用した。

《 AN/TVS-2 》

全長：444mm
全高：196mm
直径：90mm
倍率：4倍
重量：3.4kg

全長：620mm
全高：162mm（機関部）
直径：203mm
倍率：7倍
重量：6.9kg

AN/PVS-2は第一世代と呼ばれるモデルで、現在のモデルより光増幅管のサイズが大きく、本数も多いため本体サイズは大きく重たかった。M16やM14ライフルに搭載されて、北ベトナム軍や解放戦線の夜襲の警戒などに使用されている。

AN/PVS-2と同じシステムで造られた大型のスターライトスコープ。M2重機関銃などの大型火器に搭載する。レンズの直径は125mmあり、条件が良ければ1200m先の目標を捉えることができた。

E-62（XM2）ピープルスニッファー

ジャングル内に潜む敵を発見するため、人間の汗と尿から発生する塩化アンモニウムを検知する装置。ライフルの銃口部分に取り付けたノズルから大気を採取し、バックパック式の装置で成分を分析する。ただし、自軍の兵士の汗も感知してしまう欠点や検知器の存在を知った解放戦線が尿をバケツに入れて置いたり、泥と混ぜて樹木に付着させるなどの対抗策を取り始めたため、試作で終わった。

M14に装着したE-62。

M16に装備したE-62。

特殊弾薬

《 M198デュプレックス通常弾 》

7.62mmNATO弾開発の際に造られた通常弾のバリエーション。弾頭2個を重ねて、射撃時の火力を倍にするため開発された。しかし、その効果は低く、1970年までに配備から外されている。

《 12.7mmフレシェット弾 》

M2機関銃に使用する12.7mmNATO弾のバリエーション。近接の敵に対してダーツ条（フレシェット）の弾丸を複数発射できる対人弾として試作された。

M18A1クレイモア対人地雷

M18A1は通常の地雷と異なり、爆発すると一定方向に破片を飛散させる指向性の防御用対人地雷である。遠隔操作による起爆が可能なため、防御戦だけでなく、待ち伏せ攻撃などにも威力を発揮した。

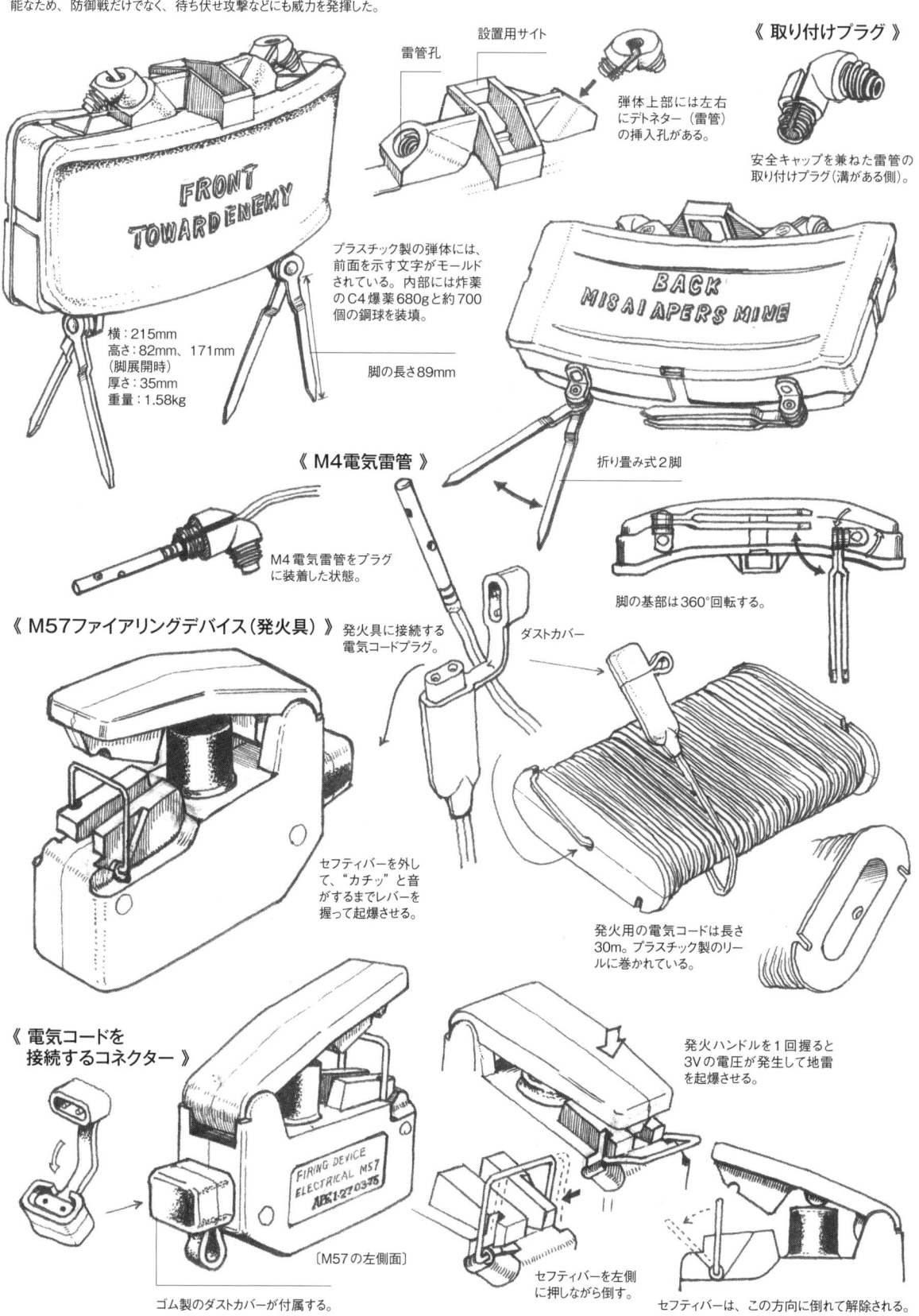

設置用サイト

雷管孔

弾体上部には左右にデトネーター（雷管）の挿入孔がある。

《 取り付けプラグ 》

安全キャップを兼ねた雷管の取り付けプラグ（溝がある側）。

FRONT
TOWARD ENEMY

プラスチック製の弾体には、前面を示す文字がモールドされている。内部には炸薬のC4爆薬680gと約700個の銅球を装填。

横：215mm
高さ：82mm、171mm
（脚展開時）
厚さ：35mm
重量：1.58kg

脚の長さ89mm

BACK
MISAI APERS MINE

折り畳み式2脚

《 M4電気雷管 》

M4電気雷管をプラグに装着した状態。

脚の基部は360°回転する。

《 M57ファイアリングデバイス（発火具） 》

発火具に接続する電気コードプラグ。

ダストカバー

セフティバーを外して、"カチッ"と音がするまでレバーを握って起爆させる。

発火用の電気コードは長さ30m。プラスチック製のリールに巻かれている。

《 電気コードを
接続するコネクター 》

FIRING DEVICE
ELECTRICAL M57
AFK1-270338

〔M57の左側面〕

ゴム製のダストカバーが付属する。

発火ハンドルを1回握ると3Vの電圧が発生して地雷を起爆させる。

セフティバーを左側に押しながら倒す。

セフティバーは、この方向に倒れて解除される。

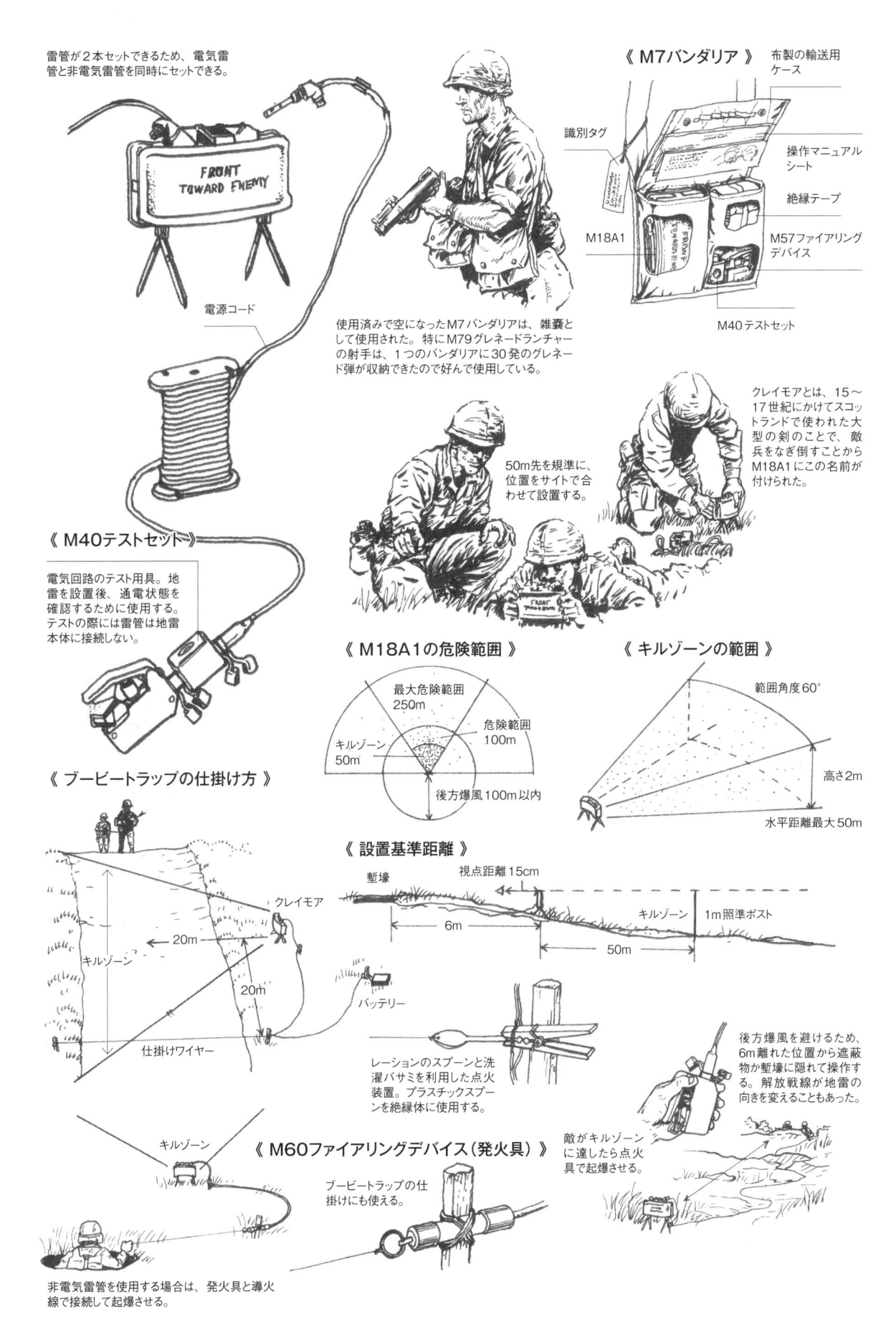

雷管が2本セットできるため、電気雷管と非電気雷管を同時にセットできる。

電源コード

使用済みで空になったM7バンダリアは、雑嚢として使用された。特にM79グレネードランチャーの射手は、1つのバンダリアに30発のグレネード弾が収納できたので好んで使用している。

《 M7バンダリア 》

布製の輸送用ケース

識別タグ

操作マニュアルシート

絶縁テープ

M18A1

M57ファイアリングデバイス

M40テストセット

50m先を規準に、位置をサイトで合わせて設置する。

クレイモアとは、15〜17世紀にかけてスコットランドで使われた大型の剣のことで、敵兵をなぎ倒すことからM18A1にこの名前が付けられた。

《 M40テストセット 》

電気回路のテスト用具。地雷を設置後、通電状態を確認するために使用する。テストの際には雷管は地雷本体に接続しない。

《 M18A1の危険範囲 》

最大危険範囲 250m
危険範囲 100m
キルゾーン 50m
後方爆風100m以内

《 キルゾーンの範囲 》

範囲角度60°
高さ2m
水平距離最大50m

《 ブービートラップの仕掛け方 》

クレイモア

20m

キルゾーン

20m

仕掛けワイヤー

キルゾーン

《 設置基準距離 》

塹壕　視点距離15cm

6m

キルゾーン　1m照準ポスト

50m

バッテリー

レーションのスプーンと洗濯バサミを利用した点火装置。プラスチックスプーンを絶縁体に使用する。

後方爆風を避けるため、6m離れた位置から遮蔽物か塹壕に隠れて操作する。解放戦線が地雷の向きを変えることもあった。

敵がキルゾーンに達したら点火具で起爆させる。

《 M60ファイアリングデバイス（発火具） 》

ブービートラップの仕掛けにも使える。

非電気雷管を使用する場合は、発火具と導火線で接続して起爆させる。

バイヨネット（銃剣）

ベトナムのジャングル戦では、バイヨネットも有効な兵器の一つだった。それぞれのライフル専用のものが使用されている。

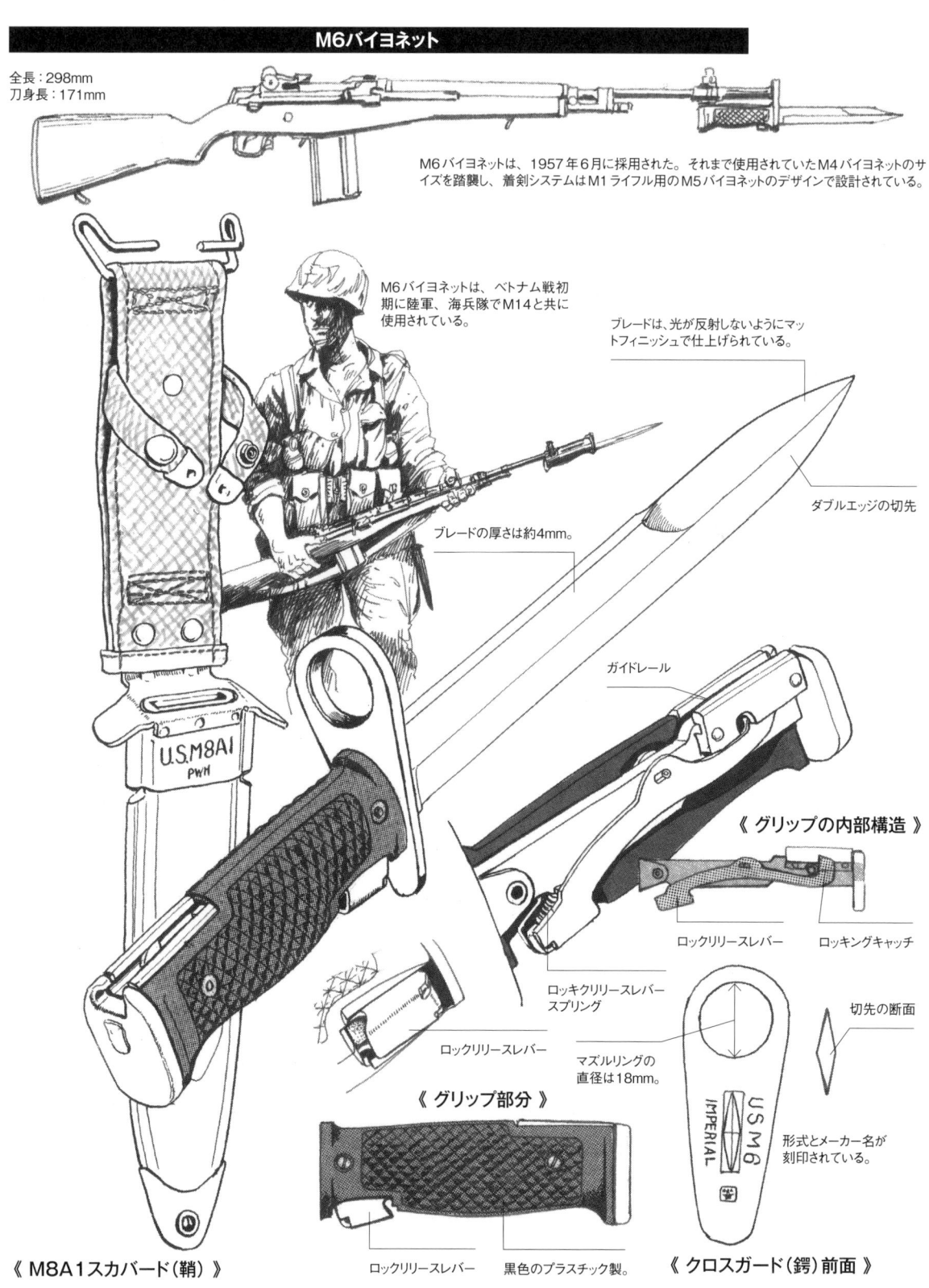

M6バイヨネット

全長：298mm
刀身長：171mm

M6バイヨネットは、1957年6月に採用された。それまで使用されていたM4バイヨネットのサイズを踏襲し、着剣システムはM1ライフル用のM5バイヨネットのデザインで設計されている。

M6バイヨネットは、ベトナム戦初期に陸軍、海兵隊でM14と共に使用されている。

ブレードは、光が反射しないようにマットフィニッシュで仕上げられている。

ダブルエッジの切先

ブレードの厚さは約4mm。

ガイドレール

《 グリップの内部構造 》

ロックリリースレバー

ロッキングキャッチ

ロッキリリースレバースプリング

ロックリリースレバー

マズルリングの直径は18mm。

切先の断面

US M6 IMPERIAL

形式とメーカー名が刻印されている。

《 グリップ部分 》

ロックリリースレバー

黒色のプラスチック製。

《 クロスガード（鍔）前面 》

U.S.M8A1 PWH

《 M8A1スカバード（鞘）》

鞘先端に補強用の金属チップを追加したM8スカバードの改良モデル。M4以降のバイヨネットで共用された。

1964年5月に採用されたM7バイヨネット。外見上のデザインはM6に類似しているが、着剣システムがM4と同じシステムに戻されている。

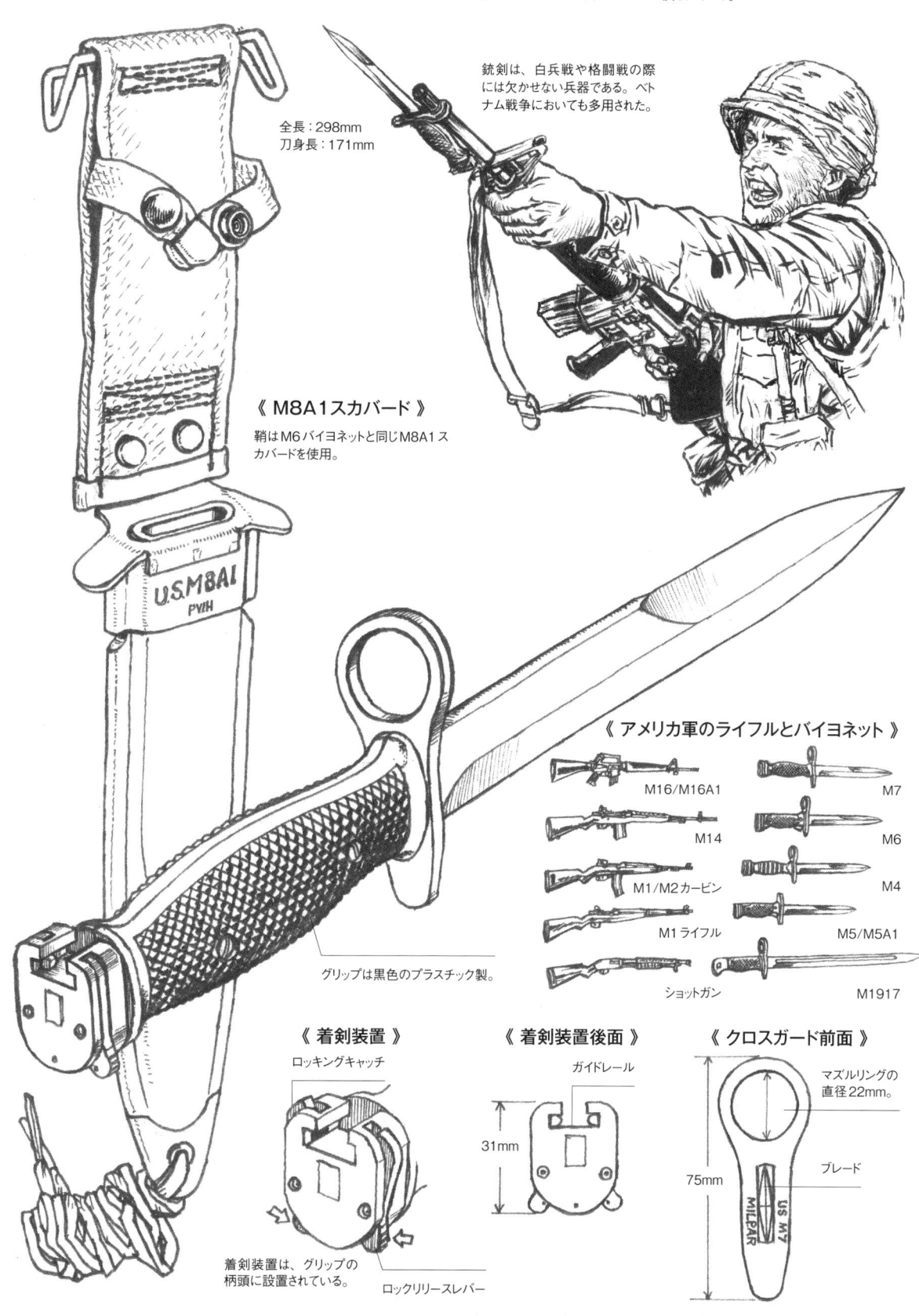

全長：298mm
刀身長：171mm

銃剣は、白兵戦や格闘戦の際には欠かせない兵器である。ベトナム戦争においても多用された。

《 M8A1スカバード 》
鞘はM6バイヨネットと同じM8A1スカバードを使用。

U.S.M8A1
PWH

《 アメリカ軍のライフルとバイヨネット 》

M16/M16A1　　　　　　　M7

M14　　　　　　　M6

M1/M2カービン　　　　　　　M4

M1 ライフル　　　　　　　M5/M5A1

ショットガン　　　　　　　M1917

グリップは黒色のプラスチック製。

《 着剣装置 》
ロッキングキャッチ

着剣装置は、グリップの柄頭に設置されている。

ロックリリースレバー

《 着剣装置後面 》
ガイドレール

31mm

《 クロスガード前面 》

マズルリングの直径22mm。

75mm

ブレード

US M7
MILPAR

全長：360mm
刀身長：250mm

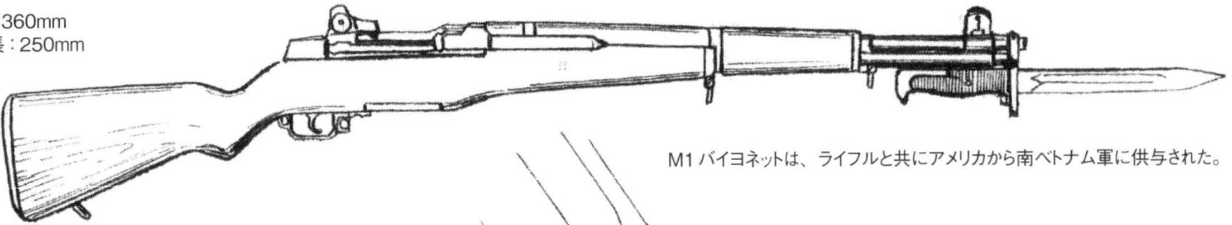

M1 バイヨネットは、ライフルと共にアメリカから南ベトナム軍に供与された。

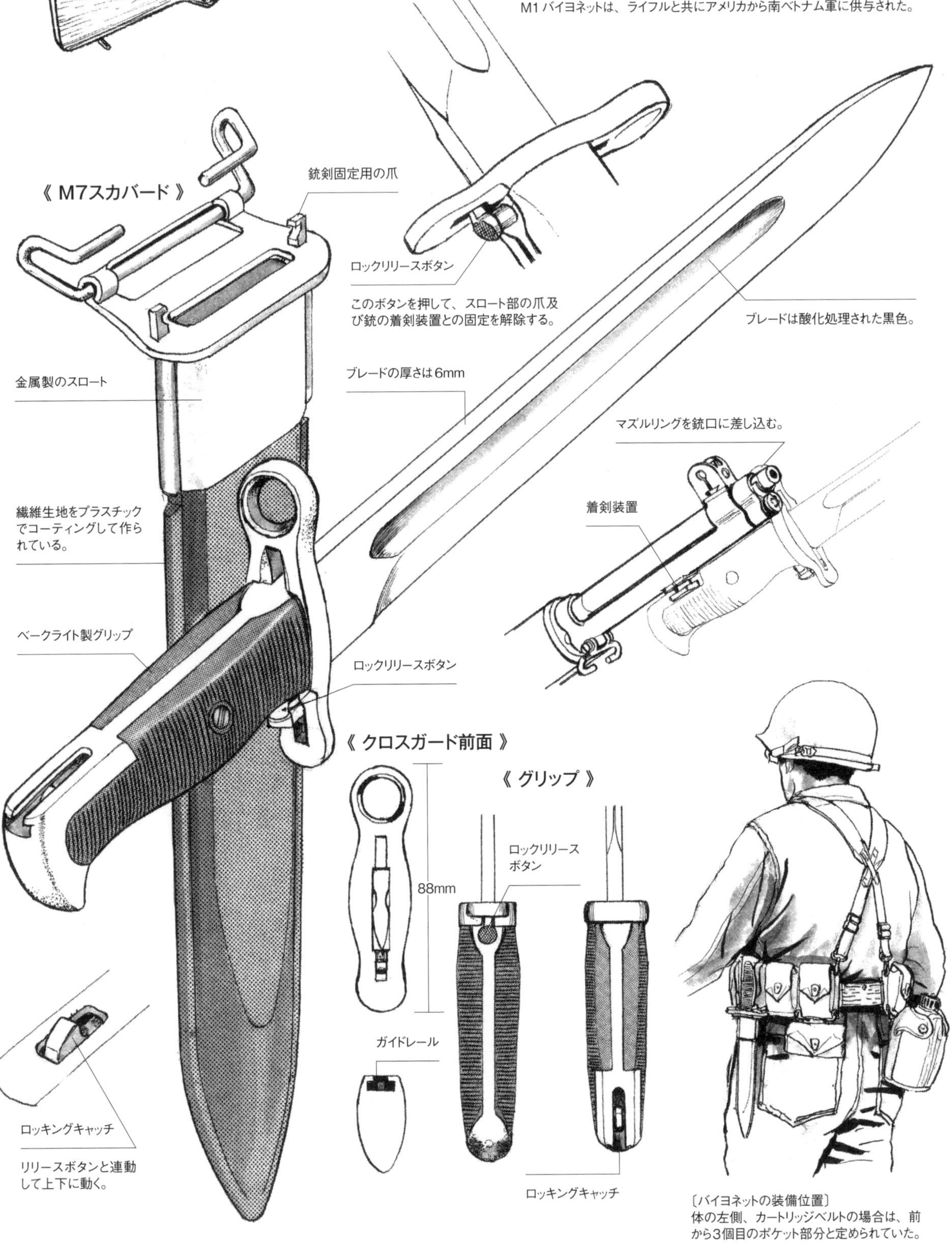

《 M7スカバード 》

銃剣固定用の爪

ロックリリースボタン

このボタンを押して、スロート部の爪及び銃の着剣装置との固定を解除する。

ブレードは酸化処理された黒色。

金属製のスロート

ブレードの厚さは6mm

マズルリングを銃口に差し込む。

着剣装置

繊維生地をプラスチックでコーティングして作られている。

ベークライト製グリップ

ロックリリースボタン

《 クロスガード前面 》

《 グリップ 》

88mm

ロックリリースボタン

ガイドレール

ロッキングキャッチ

リリースボタンと連動して上下に動く。

ロッキングキャッチ

〔バイヨネットの装備位置〕
体の左側、カートリッジベルトの場合は、前から3個目のポケット部分と定められていた。

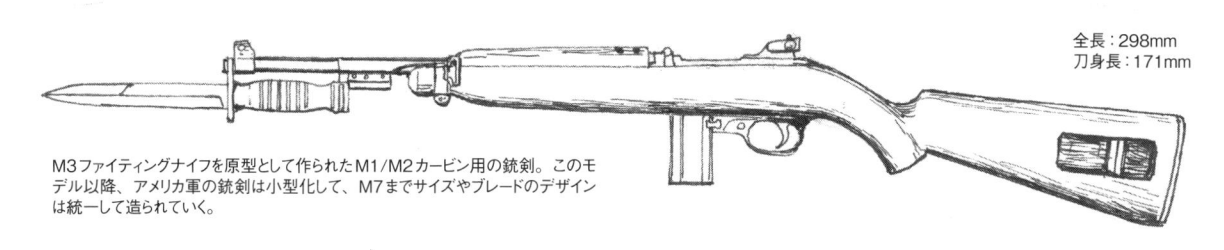

全長：298mm
刀身長：171mm

M3ファイティングナイフを原型として作られたM1/M2カービン用の銃剣。このモデル以降、アメリカ軍の銃剣は小型化して、M7までサイズやブレードのデザインは統一して造られていく。

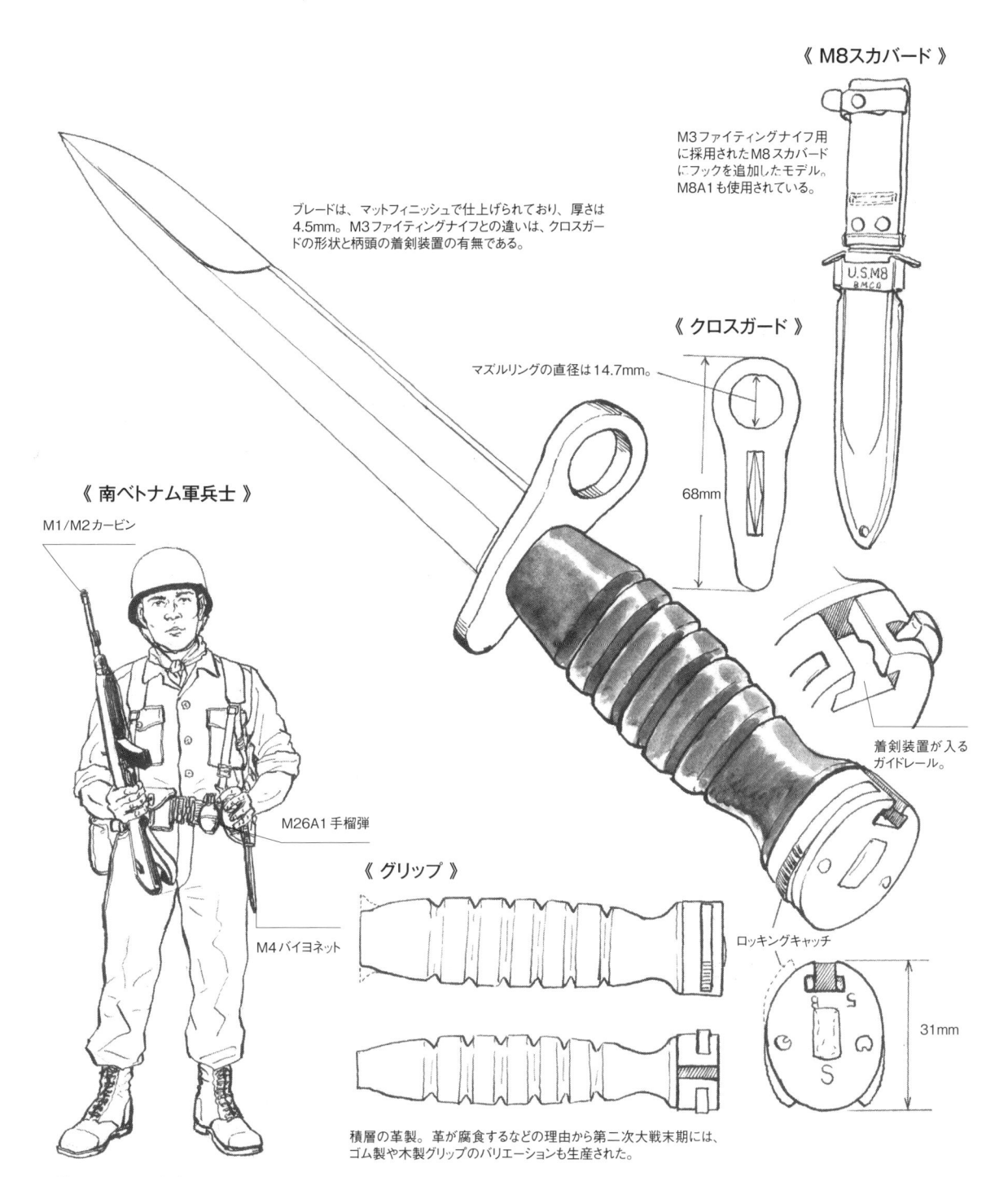

《 M8スカバード 》

M3ファイティングナイフ用に採用されたM8スカバードにフックを追加したモデル。M8A1も使用されている。

U.S.M8
BMCO

ブレードは、マットフィニッシュで仕上げられており、厚さは4.5mm。M3ファイティングナイフとの違いは、クロスガードの形状と柄頭の着剣装置の有無である。

《 クロスガード 》

マズルリングの直径は14.7mm。

68mm

《 南ベトナム軍兵士 》

M1/M2カービン

M26A1 手榴弾

M4バイヨネット

着剣装置が入るガイドレール。

《 グリップ 》

ロッキングキャッチ

31mm

積層の革製。革が腐食するなどの理由から第二次大戦末期には、ゴム製や木製グリップのバリエーションも生産された。

装備はアメリカ軍から支給された。

陣地の構築　※アメリカ軍の教本より

応急ファイティング・ポジション

倒木（その場にある遮蔽物）を利用してファイティング・ポジションを構築。

1：フォックスホールの構築

掩体の深さは、脇下を目安に。

立った状態で脇の下から下半身が隠れるくらいの深さが必要。

2：掩体の構築（改良型2人用掩体）

①掩体を掘る。中央部に補強用木材で簡易な屋根を設置。

②屋根の木材の上に雨を防ぐためのシートを被せる。

作業の間、必ず1名がカバー。

①まず、掩体横の地面を約30cmくらいの深さに掘る。

②頭上の補強材として木材を入れる。

45cm
45cm
幅100cm

芝や草は偽装のために残しておく。

③さらにシートの上に土や草を盛り、偽装する。

④木材の下を（掩蔽壕と同じ幅で）掘り、穴を作る。

③土、芝、草などを敷き詰めて上部を偽装する。

《 グレネード・サンプ（手榴弾溝）》

前後に傾斜を付け、中央を低くする。

3：トゥー・メン・ファイティング・ポジションの構築

8の字形やU字形の戦闘隊形は正面から側面までと守備範囲が広い。

中央の掩体上部には丸太と土でカバー。

中央から両端に傾斜。

〔グレネード・サンプ〕
敵が投げてきた手榴弾は、傾斜を付けた地面を転がり、この穴に落ちて爆発する。

〔匍匐壕〕

後方に脱出口も設けておく。

現代戦は、2人1組のバディー方式だ。よって、2人用掩体は陣地構築の基本といえる。

射界　射界

《 2人用掩体 》

射界　射界

《 改良型2人用掩体 》

壕の深さは、脇下くらい。

前方の積土（土盛り）は、敵の小火器による攻撃に耐えることができるように45cm以上の高さ（射手の頭部を隠すことができる高さ）にしておく。

Y字形の照準杭の手前は、射手の肘が置けるスペースを取る。

防護積土は、速射の際に発射炎を隠し、射手を守れるように長くしておく。

匍匐壕

間接射撃の破片などに耐えることができる掩蓋を構築しておけば、露天構造の掩体よりも10倍の掩護力がある。

間接射撃や後方にいる友軍からの誤射を防ぐために側面、後面にも防護用の積土を設けておく。

射撃時に姿勢を低くし、さらに腕を固定するために積土の手前に肘用の窪みや機関銃の2脚用の窪みを設ける。

《 照準杭 》
夜間や濃霧などで敵の視認が困難な場合に照準の補助となる。

友軍の隣接陣地

照準杭

照準杭

射界杭

《 射界杭 》
友軍の隣接陣地を誤射しないように左右の射撃区域を分かりやすくするためのもの。

射界杭

射界杭

〔設置場所の選定〕
機関銃の主射撃区域は、通常、小隊の正面を斜射できるように設ける。設置場所は前方数百kmを見渡せる、比較的柔らかい土質の場所が良い。

敵に第一目標として狙われるのは、敵にとって最も脅威となる機関銃だ。そのため、機関銃の掩体は十分に注意して構築する必要がある。

《 掩体の内部 》

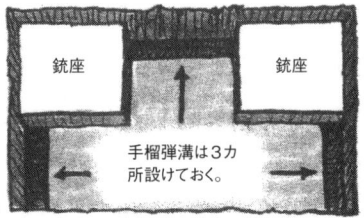

銃座　　　　銃座

手榴弾溝は3カ所設けておく。

〔設置方法〕
①小隊長が機関銃の配置と主射撃区域の範囲を示す。
②チーム長が3脚の位置と左右の射界を表示。
③掘開作業を始める。すぐに戦闘できるように銃座を最初に構築する。

④十分に身を隠すことができるくらい掘り下げていくが、射撃の妨げにならない深さにすること。

⑤銃座を構築した後、掘開部を広げていく。その際の残土を前方、さらに側方、後方にも積み上げておく。掩体の深さは、2人用掩体と同様に脇下の位置まで掘り下げる。

⑥さらに掩蓋を設置すれば、申し分なし。

主射撃区域は3脚に設置、副射撃区域は2脚を使って射撃。副射撃区域の銃座には2脚溝を掘っておき、3脚ごと本体を移動して射撃する。

積土により防御性を高めることができる。周囲や後方に岩山や岩が露出した場所は跳弾の恐れがあるので、設置場所としてはなるべく避けるべきである。

掘ったばかりの土は、目立つので倒木や枝葉でカモフラージュすることも忘れずに。

3人構成の機関銃チームでは、弾薬手が1人用の掩体に入り、側面をカバー。

弾薬手

左右の掩体の間には匍匐壕があり、移動や交代に使用する。

機関銃座

《 単銃座の掩体 》

射界の清掃

射撃区域正面の射界を良くするために木枝や障害物を取り除く。

〔注意事項〕

○過度、不自然にならないようにすること。
○自己の位置を秘匿できるように植物は少し残しておく。
○林内に分散する大木の低い枝を切り落としておく。
○灌木は見通しを妨げる箇所のみ切り払う。
○敵の目を引きやすい灌木、切り株、草むらを除去する。
○木を切り払った跡を隠すために土、砂などを被せる。
○足跡、轍を残さない。
○射界の清掃は、使用火器の射程範囲に留めておくこと。

射撃の位置

《 正面への射撃 》

《 側面への射撃 》

手榴弾溝

飛び込んだ敵の手榴弾を落とし込む溝を前後に設けた。この溝は排水溝にもなった。

BLAM

壕の底面は手榴弾が溝に落ちるようにスロープが設けられている。

手榴弾溝は、横方向に深く掘る。溝の深さは最低でもエントレンチングツールの長さ、溝の幅は刃の幅と同じにする。

1人用掩体

深さは45cm以上が望ましい。

《 伏射用掩体 》

掘開作業の時間が足りない場合、応急的に既存の遮蔽物を利用。

《 1人用掩体 》

脇下の深さまで掘り下げた"タコツボ"式の壕。

さらに時間があれば、掩蓋を設置すれば完璧だ。

急斜面用掩体

傾斜地の射撃は、敵に身をさらすことになり危険である。

前方の積土

斜面に構築した掩体の両側から射撃する。

下方の射界をできるだけ広く取ると効果的だ。

アメリカ軍の軍装

朝鮮戦争後、アメリカ陸軍はM14ライフルの採用や歩兵の戦闘戦術の変化に伴い、それらに適応する新たなシステムとしてM1956野戦装備を開発・採用した。1961年にマイナーチェンジが行われ、"M1961"と呼ばれるバリエーションが加わる。1965年には、M16ライフル用の20連マガジンポーチも追加。さらに1968年、M1956野戦装備を原型にして、装備の軽量化と、濡れた際に綿に比べて乾きが早いということからナイロン素材を利用した熱帯用のM1967野戦装備が採用された。この装備はベトナム戦争中に全部隊に支給されず、限定的な使用に終わっている。

一般兵士の軍装

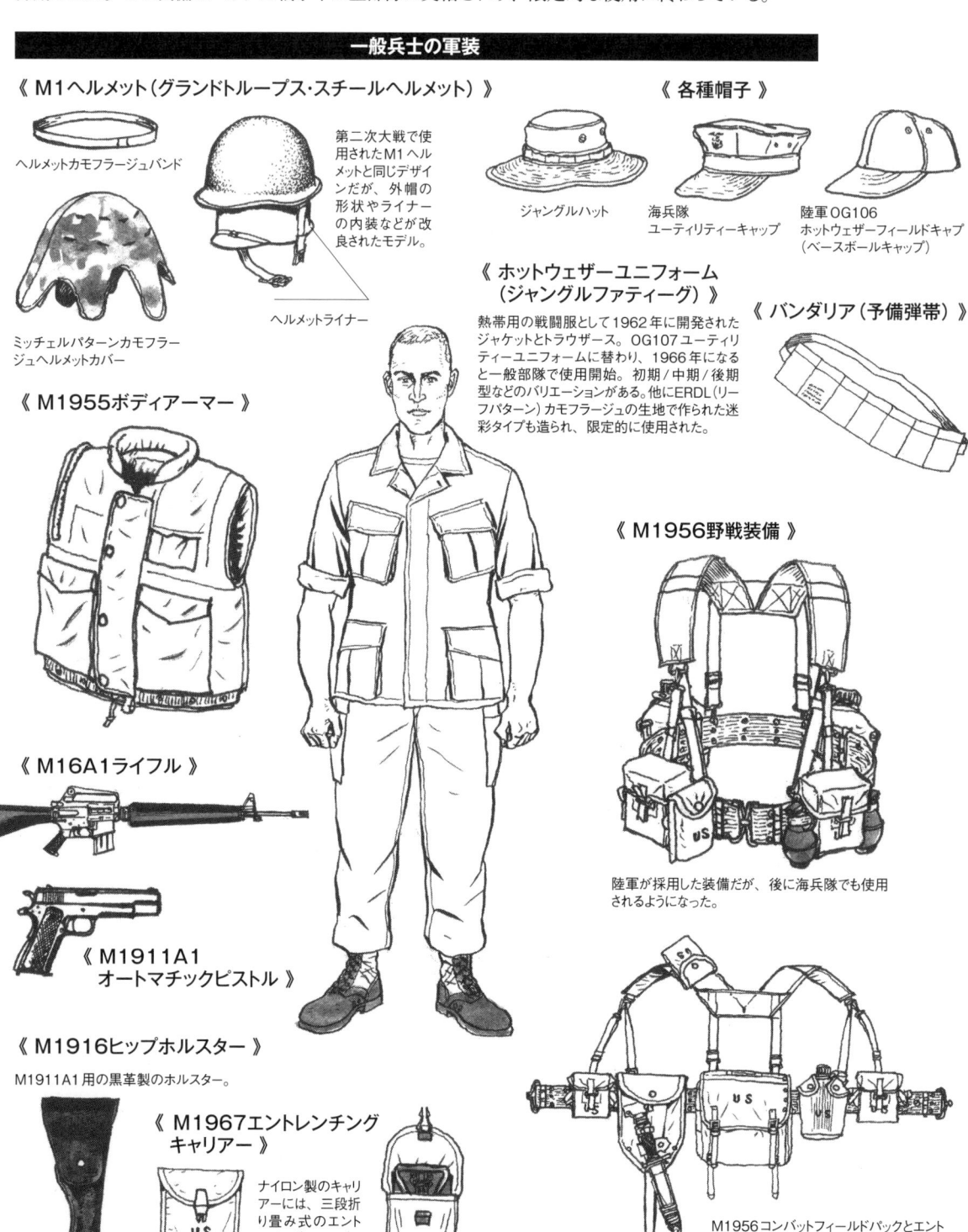

《 M1ヘルメット（グランドトループス・スチールヘルメット）》

ヘルメットカモフラージュバンド

ミッチェルパターンカモフラージュヘルメットカバー

第二次大戦で使用されたM1ヘルメットと同じデザインだが、外帽の形状やライナーの内装などが改良されたモデル。

ヘルメットライナー

《 各種帽子 》

ジャングルハット

海兵隊ユーティリティーキャップ

陸軍OG106ホットウェザーフィールドキャップ（ベースボールキャップ）

《 ホットウェザーユニフォーム（ジャングルファティーグ）》

熱帯用の戦闘服として1962年に開発されたジャケットとトラウザース。OG107ユーティリティーユニフォームに替わり、1966年になると一般部隊で使用開始。初期／中期／後期型などのバリエーションがある。他にERDL（リーフパターン）カモフラージュの生地で作られた迷彩タイプも造られ、限定的に使用された。

《 バンダリア（予備弾帯）》

《 M1955ボディアーマー 》

《 M1956野戦装備 》

陸軍が採用した装備だが、後に海兵隊でも使用されるようになった。

《 M16A1ライフル 》

《 M1911A1 オートマチックピストル 》

《 M1916ヒップホルスター 》

M1911A1用の黒革製のホルスター。

《 M1967エントレンチングキャリアー 》

ナイロン製のキャリアーには、三段折り畳み式のエントレチングツール（スコップ）が入る。

M1956コンバットフィールドパックとエントレンチングツールを装着した状態。

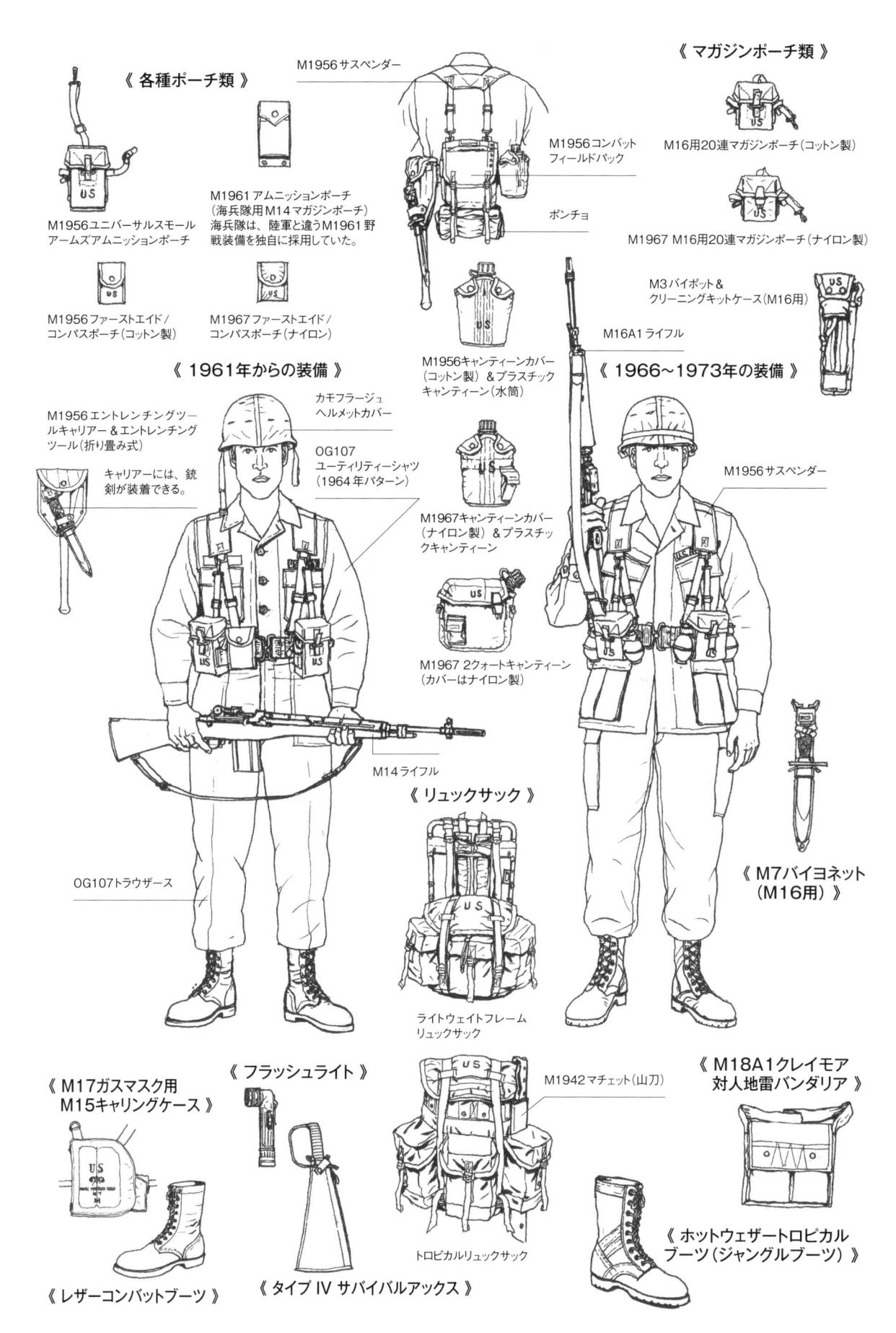

《 各種ポーチ類 》

M1956ユニバーサルスモール
アームズアムニッションポーチ

M1961 アムニッションポーチ
（海兵隊用 M14 マガジンポーチ）
海兵隊は、陸軍と違うM1961 野
戦装備を独自に採用していた。

M1956ファーストエイド／
コンパスポーチ（コットン製）

M1967ファーストエイド／
コンパスポーチ（ナイロン）

M1956サスペンダー

M1956コンバット
フィールドバック

ポンチョ

《 マガジンポーチ類 》

M16用20連マガジンポーチ（コットン製）

M1967 M16用20連マガジンポーチ（ナイロン製）

M3バイポット＆
クリーニングキットケース（M16用）

M16A1 ライフル

《 1961年からの装備 》

M1956エントレンチングツー
ルキャリアー＆エントレンチング
ツール（折り畳み式）

キャリアーには、銃
剣が装着できる。

カモフラージュ
ヘルメットカバー

OG107
ユーティリティーシャツ
（1964年パターン）

M1956キャンティーンカバー
（コットン製）＆プラスチック
キャンティーン（水筒）

M1967キャンティーンカバー
（ナイロン製）＆プラスチッ
クキャンティーン

M1967 2クォートキャンティーン
（カバーはナイロン製）

OG107トラウザース

M14ライフル

《 1966〜1973年の装備 》

M1956サスペンダー

《 M7バイヨネット
（M16用）》

《 リュックサック 》

ライトウェイトフレーム
リュックサック

《 M17ガスマスク用
M15キャリングケース 》

《 フラッシュライト 》

《 レザーコンバットブーツ 》

《 タイプ IV サバイバルアックス 》

M1942マチェット（山刀）

トロピカルリュックサック

《 M18A1クレイモア
対人地雷バンダリア 》

《 ホットウェザートロピカル
ブーツ（ジャングルブーツ）》

アメリカ軍特殊部隊員の基本的な野戦軍装。ユニフォームはジャングルファティーグ以外に、イラストのタイガーストライプパターンなどの迷彩服も着用している。装備の基本は歩兵部隊と同じM1956装備を使用した。

《 タイガーストライプ戦闘服 》

フランス軍のリザード迷彩から発展したタイガーストライプは、南ベトナム海兵隊の戦闘服として1954年に採用された。その後、CIDGや陸軍のレンジャー部隊でも使われるようになる。アメリカ軍では制式化されなかったが、軍事顧問団での着用に始まり、ベトナム戦争中には陸軍や海軍の特殊部隊などの一部が限定的に使用した。

〔ジャングルハット〕

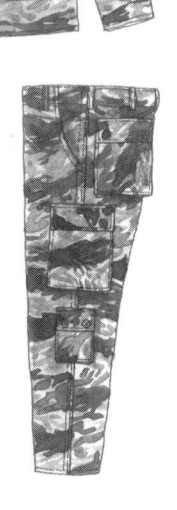

〔トラウザース〕
タイガーストライプは南ベトナム海兵隊モデルの他に、アメリカ軍の発注で生産されたモデルもあるため、配色やパターンの違うバリエーションが複数存在する。

《 特殊部隊の装備 》

特殊部隊もM1956装備を基本として使用。これに作戦内容と各隊員の任務に合わせて、必要な装備を追加した。

〔バンダリア〕
1ポケットにM16ライフル用の5.56mm弾20発が収められている（10連チャージングクリップ付き×2個）。20連マガジンを直接入れることもあった。

〔プラスチック製の水筒〕

〔ファーストエイド／コンパスポーチ〕

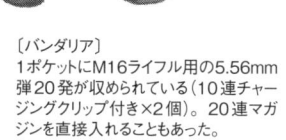

〔キャンティーンカップ〕

〔M1956キャンティーン〕

〔キャンティーンカバー〕
マガジンポーチの代用としても利用。

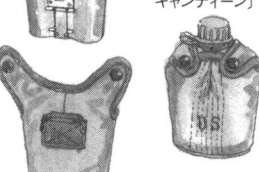

〔トロピカルリュックサック〕
1967年7月に採用された熱帯地域用のナイロン製リュックサック。陸軍の特殊部隊には、試作段階で支給されてベトナムでテストされた。特殊部隊は正規装備以外に南ベトナム軍のARVNパックや現地で調達したリュックなども使用している。

〔ホットウェザートロピカルブーツ〕
ジャングルブーツ

M1956ピストルベルト

〔SOGナイフ〕
MACVSOG隊員用に製作されたボウイ型ブレードの戦闘用ナイフ。特殊部隊では支給品以外に私物のナイフも多く使われた。

〔アムニッションポーチ〕
側面には、M26手榴弾を固定するストラップが付く。

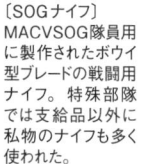

〔M18発煙手榴弾〕
攻撃目標の指示やヘリコプターの着陸地点を示す際に使用。

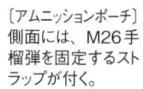

グリーンベレー

陸軍特殊部隊は、第二次大戦中に設立された"第1特殊任務部隊"が原型になる。同部隊は戦後に解隊されるが、冷戦下においてゲリラ戦などに対応する不正規戦部隊の必要性が生じ、1952年6月、"第10特殊部隊グループ"が新たに編成された。1954年には"第77特殊部隊グループ"(1953年に編成)の一部が軍事顧問団として初めて南ベトナムに派遣された。陸軍特殊部隊の代名詞である"グリーンベレー"は、1961年10月、ケネディ大統領が部隊の必要性を認めたことで、ベレーの着用が許可されたことから始まる。ベトナム戦争では、解放戦線に対応するため山岳地の少数民族に訓練を施した民間不正規戦グループ(CIDG)の設立や南ベトナム軍特殊部隊への訓練と作戦指導、さらに北ベトナム、カンボジア、ラオスへ内での情報収集や要人の誘拐・暗殺などの特殊作戦も行った。

《 グリーンベレー隊員 》

特殊部隊隊員になるためには選抜試験に合格しなければならない。部隊の指揮や兵器の取り扱いの他に語学能力なども必要とされた。

 特殊部隊徽章

 特殊部隊 部隊章

《 携帯する装備の一部 》

〔ジャングルハット〕

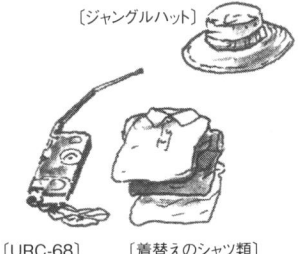

〔URC-68〕
緊急用無線機

〔着替えのシャツ類〕

〔リュックサック〕

〔ポンチョ、ポンチョライナー、エアマットなどのスリーピングギア〕

〔予備弾薬〕

〔携帯糧食〕

〔爆薬類〕

シールズ(SEALs)

アメリカ海軍の特殊部隊。水中破壊工作部隊(UDT)を発展させた部隊で、水中だけでなく陸海空の作戦に対応し、偵察・観測・不正規戦を行う特殊部隊として1962年1月に創設された。ベトナムでの任務は、メコン川地帯での偵察任務や解放戦線の拠点破壊などを主としていた。CIAが主導した"フェニックス作戦"では、解放戦線の組織を破壊するため、解放戦線だけでなく内通していた南ベトナムの市民や軍人の暗殺も行っている。

口径：5.56mm
弾薬：5.56x45mm NATO弾
装弾数：ベルト給弾100発(ボックスマガジン)、150発(ドラムマガジン)
作動形式：フル / セミオートマチック切り替え
全長：1020mm
銃身長：508mm
重量：5.32kg
発射速度：700〜1000発 / 分

《 Mark.23 Mod.0機関銃 》

パーツの一部を交換することでライフル、カービン、機関銃に転用可能な火器としてユージン・ストーナーが1963年に開発したウェポンシステムである。陸軍と海兵隊は採用を見送ったが、海軍のシールズが制式採用した。

《 ダイバーナイフ 》

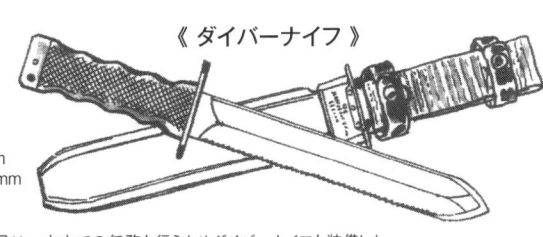

《 シールズ隊員 》

装備は、陸軍や海兵隊と同じタイプを使用した。水中や水上から目的地に潜入する際はライフジャケットを装備する場合もあった。

全長：304mm
刀身長：184mm
重量：306g

シールズの隊員は、水中での任務も行うためダイバーナイフも装備した。イラストは、セレーション(鋸)付きのブレードや鍔が非磁気性の鉄で造られたインペリアル社製のダイバーナイフ。

第1騎兵師団

1921年に創立され、第二次大戦、朝鮮戦争に参戦した歴史ある部隊。1965年、ヘリコプターを運用する空中機動部隊として再編成され、1965年11月にベトナムに派遣された。1971年1月にベトナムから撤退するまでに"イア・ドラン渓谷の戦い"(1965年11月)"クレイジーホース作戦"(1966年5～6月)、"ペガサス作戦"(1968年1～2月)など多数の作戦に従事した。

OH-6
ヘリボーン作戦の際、敵情の偵察・観測などに使用。

《 第1騎兵師団が使用したヘリコプター 》

《 初期の第1騎兵師団兵士 》

UH-1C
ヘリの離着陸地点周辺の地上攻撃と歩兵の空中支援を行うガンシップ。

UH-1D/H
兵員・物資輸送の他、救急ヘリとして運用。

CH-47
榴弾砲などの大型兵器や大型貨物の輸送。

《 初期のヘリコプター搭乗員 》

M1952Aボディアーマー

《 1967年頃以降の第1騎兵師団兵士 》

兵士が着用する戦闘服は1967年頃からホットウェザーユニフォーム(ジャングルファティーグ)が一般的になる。

APH-5フライトヘルメット

搭乗員用のフライトスーツはまだなく、歩兵と同じユーティリティーシャツとトラウザースを着用している。

ジャングルブーツ

《 エアクルーボディアーマー (チキンプレート)を着用したヘリコプター搭乗員 》

ガスマスク

第一次大戦で毒ガスが使われて以来、ガスマスクは、NBC（核・生物・化学）兵器から兵士が身を守るため、各国の軍隊では標準装備として支給が続けられている。ベトナム戦争においては、主に解放戦線に対する催涙ガス攻撃の際に使用された。しかし、重くかさばるため、作戦時に戦闘装備から外されることも多かった。

M17ガスマスク

ガスマスクを収納したキャリングケースは、野戦装備を装着する前に、左太腿の側面にストラップを使用して装着する。

1959年に制式化されたガスマスク。従来までの外付けキャニスター（有毒物質を濾過するフィルター）に対して、M17は内蔵されたキャニスターが特徴である。また、マスクを被った際に発する声を聞き取りやすくするためボイスミッターが装備されていた

6点留めのマスク固定ハーネス。ハーネスは下から上の順に左右均等に引いて顔面に密着させる。

M17ガスマスクは、ライフルを左右どちらでも構えられるように、左右対称にデザインされている。内装式フィルターは交換に手間がかかる欠点があった。

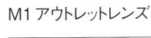

M1 アウトレットレンズ

レンズ部分は曇りにくくするため二重になっている。アウターのレンズは取り外し可能。

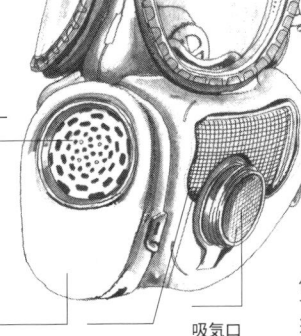

ボイスミッター

ボイスミッターカバー　　フィルター　　吸気口

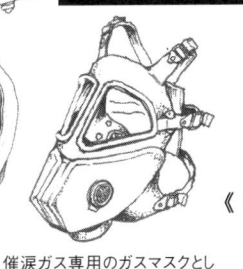
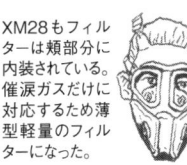

XM28E4（M28）ライオットマスク

XM28もフィルターは頬部分に内装されている。催涙ガスだけに対応するため薄型軽量のフィルターになった。

催涙ガス専用のガスマスクとして軽量化のためシリコン素材で造られた。1966年に試作が始まり、1968年に仮採用されてベトナムの部隊に支給された。

《 キャリングケース 》

フィルターが水に濡れて破損しないよう、ナイロン生地にビニールの内装で造られている。密封性を保つためタイトに造られたことから、マスクの収納が難しい欠点があった。

M17ガスマスクの装着方法

①キャリングケースの蓋を左手で開く。

②右手でマスクの前面を持ち、ケースから出す。

③ハーネスを両手で持ち、顎から被る。

④装着したら、ハーネスを左右均等に引いてマスクを固定する。

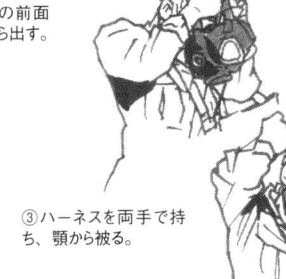

《 M15キャリングケース 》

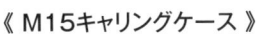

M17ガスマスクは、このケースに収めて携帯した。

⑤吸気口を押さえながら顔に密着させる。

⑥排気孔を押さえて密閉されているかを確認する。

⑦ヘルメットを被り、装着完了。

ボディアーマー

第二次大戦まで軍用ボディアーマーの多くは鋼鉄を使用していた。そのため重く嵩張り、歩兵が使用するのに適していなかった。1940年代、耐弾ナイロンが開発されたことで、初めて実用的な歩兵用ボディアーマーが造られると、朝鮮戦争以降、ボディアーマーはアメリカ軍歩兵の基本装備となった。

M1955ボディアーマー

"フラックジャケット"とも呼ばれるように、歩兵用のボディアーマーは砲弾や手榴弾などの破片から身を守るもので、ライフル弾の直撃は防げない。

朝鮮戦争で海兵隊が使用したM1951の改良・発展モデル。ベスト正面の左胸に小型ポケット、腹部の左右に大型のポケットが設けられている。M1955は、ライフル小隊の将兵だけではなく、戦車兵やヘリコプター搭乗員にも使用された。

ベストの内部は、胸・肩・肩甲骨部分に耐弾ナイロンが使われ、腹部と腰部周りには、グラスファイバーを樹脂で固めたドロンプレートと呼ばれる耐弾プレートが挿入されている。このプレートは耐弾ナイロンと違い、刃物に対しても効果があるといわれている。

滑り止めのショルダーロープ。

《 ドロンプレート 》

背部11枚

側面2枚

前部片側5枚
プレートのサイズは60mm×60mm、厚さ4mm

右肩には、ライフルスリングを肩掛けした際や銃を構えたときにストックの滑りを防止するショルダーロープが縫い付けられている。重量はサイズごとに異なり、1番大きなXLサイズで5.6kgになる。裾部分のアイレット付きコットンベルトには、水筒やポーチ類を装着できた。

アイレット付きコットンベルト。

《 M12 》

陸軍が第二次大戦末期に採用した歩兵用ボディアーマー。耐弾ナイロンとアルミプレートを組み合わせて造られている。

《 M1951 》

海兵隊が最初に実用化したモデル。このモデルから耐弾ナイロンとドロンプレートを使用している。裾部分を固定するウエストベルトが付く。

《 M1952 》

M1951の改良モデル。フロントのファスナー部分にフラップを追加、ウエストベルトに替わり、アイレット付きコットンベルトが付いた。左胸に手榴弾装着用のコットンテープが付く。

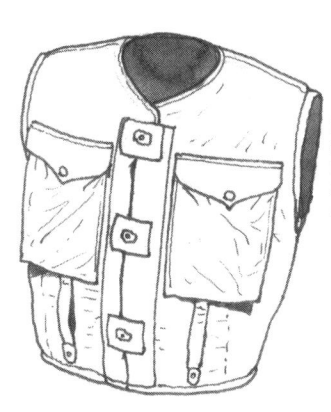

《 T52-1 》

陸軍がドロンとナイロンの混紡繊維を使用して製作した試作モデル。1952年に韓国に送られ、テストのため実戦に投入された。

《 M1952A 》

試作モデルT52-3として製作された後、M1952Aの名称で採用された。このモデルから陸軍のボディアーマーは、ドロンプレートを用いず、ナイロン製になる。内部に12層の耐弾ナイロンが入れられている。朝鮮戦争だけでなくベトナム戦争でも使用された。

《 M1955初期型 》

腹部ポケットが付けられていないM1955最初のモデル。

《 M69 》

M1952Aの改良モデル。首を防護するためカラー（襟）が追加された。初期の制式名称は、"ARMOR, BODY, FRAGMENTATION, PROTECTIVE, WITH 3/4 COLLAR"で、モデルナンバーは表記されていない。この改良モデルの生産は1963年から始まるが、配備が整ったのは1968年だった。耐弾ナイロンはビニールでパックされ、前部14層、背部10層、襟6層が使われている。

《 M69のバリエーション 》

耐用年数を高めるため、耐弾ナイロンの型崩れ防止処置などが行われた1968年の改良モデル。

ベトナム戦争は、ヘリコプターによる空中機動作戦が本格的に運用された戦争であった。敵地での作戦では、離着陸時や対地攻撃など低空飛行の際にヘリコプターが攻撃を受けることが多くなり、搭乗員を対空火器から守るためのボディアーマーが必要となった。ここで紹介している他にも複数のタイプが試作・採用されている。

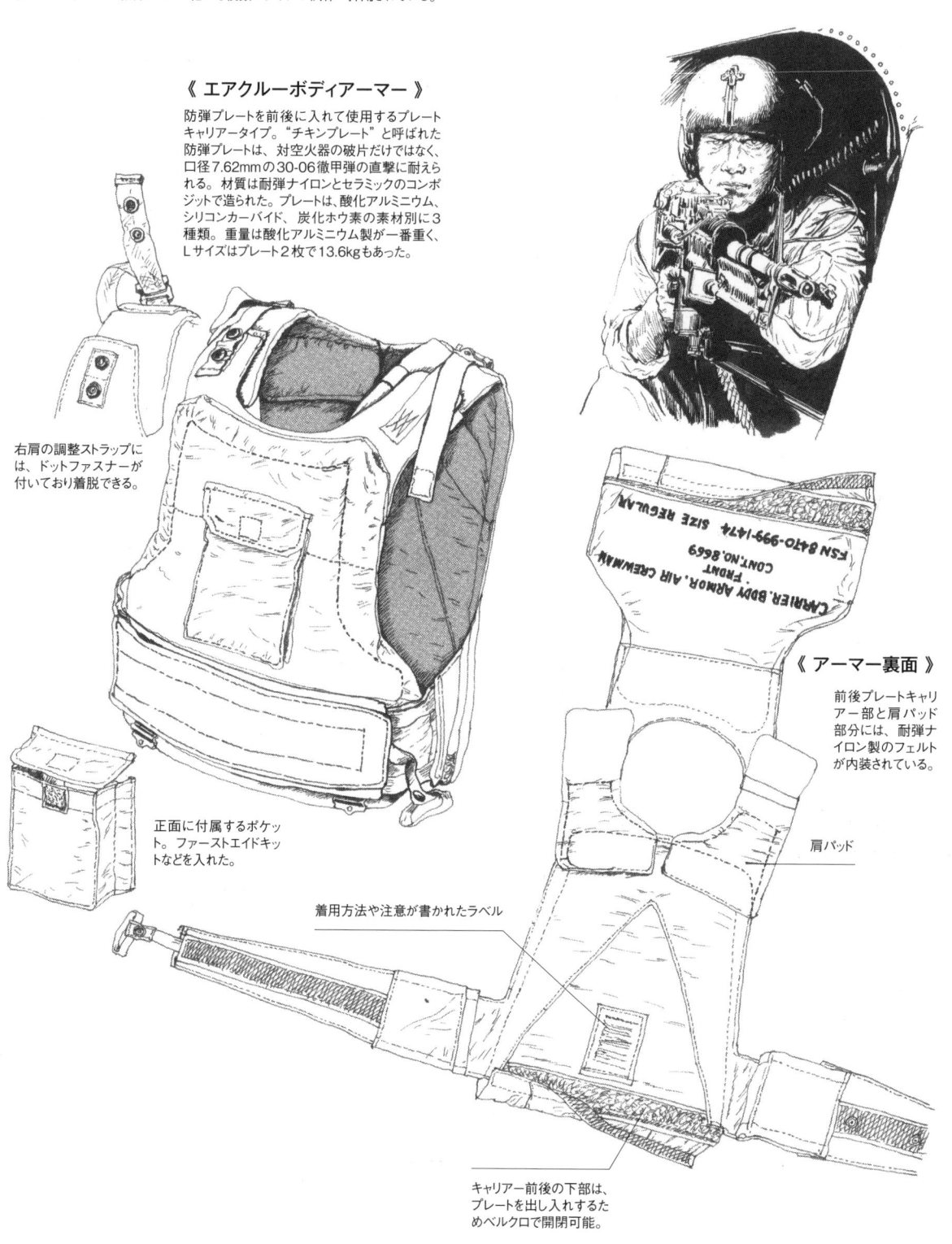

《 エアクルーボディアーマー 》

防弾プレートを前後に入れて使用するプレートキャリアータイプ。"チキンプレート"と呼ばれた防弾プレートは、対空火器の破片だけではなく、口径7.62mmの30-06徹甲弾の直撃に耐えられる。材質は耐弾ナイロンとセラミックのコンポジットで造られた。プレートは、酸化アルミニウム、シリコンカーバイド、炭化ホウ素の素材別に3種類。重量は酸化アルミニウム製が一番重く、Lサイズはプレート2枚で13.6kgもあった。

右肩の調整ストラップには、ドットファスナーが付いており着脱できる。

正面に付属するポケット。ファーストエイドキットなどを入れた。

着用方法や注意が書かれたラベル

CARRIER, BODY ARMOR, AIR CREWMAN
FRONT
CONT.NO.8669
FSN 8470-999-1474 SIZE REGULAR

《 アーマー裏面 》

前後プレートキャリアー部と肩パッド部分には、耐弾ナイロン製のフェルトが内装されている。

肩パッド

キャリアー前後の下部は、プレートを出し入れするためベルクロで開閉可能。

エアクルー用のモデルが造られるまで、陸軍のヘリコプター搭乗員はM1952Aを使用していた。

ヘリコプターのドアガナーは、機体から身を乗り出して地上掃射することもあり、ライフル弾を防ぐボディアーマーは必要な装備であった。

エアクルーボディアーマーを着用した陸軍のドアガナー。このモデルは1968年に支給が始まった。

防弾プレートを使用するボディアーマーは、エアクルー用とは別に地上部隊用も採用されている。"可変ボディアーマー"とも呼ばれるモデルで、キャリアーを使わず、前後プレートのみでも着用できた。イラストはプレートのみを使用している陸軍兵士。

US

BACK

SIZE REGULAR

REWMAN

REGULAR

キャリアー後部。USの文字の他、後部（BACK）とサイズ（イラストではREGULAR）を示すマーキングが記されている。防弾コクピットシートの場合、後部プレートを入れないパイロットもいた。

ベルクロテープが付いた左右のウエストベルトで固定する。

携帯型無線機

軍用無線機は用途別に様々なタイプが使われる。その中でもベトナム戦争のアメリカ軍をイメージする装備の1つといえるのが、マンパックと呼ばれる携帯型無線機だろう。また、トランジスタの発達により、ハンディ型無線機の小型化も進んだ。

AN/PRT-4&AN/PRR-9

分隊、小隊間通信用のPRC-6無線機の後継機として、1965年12月に採用されたハンディタイプの無線機。小型化のため送信機と受信機に分けて設計されている。ベトナムには1967年3月に最初の400セットが送られた。

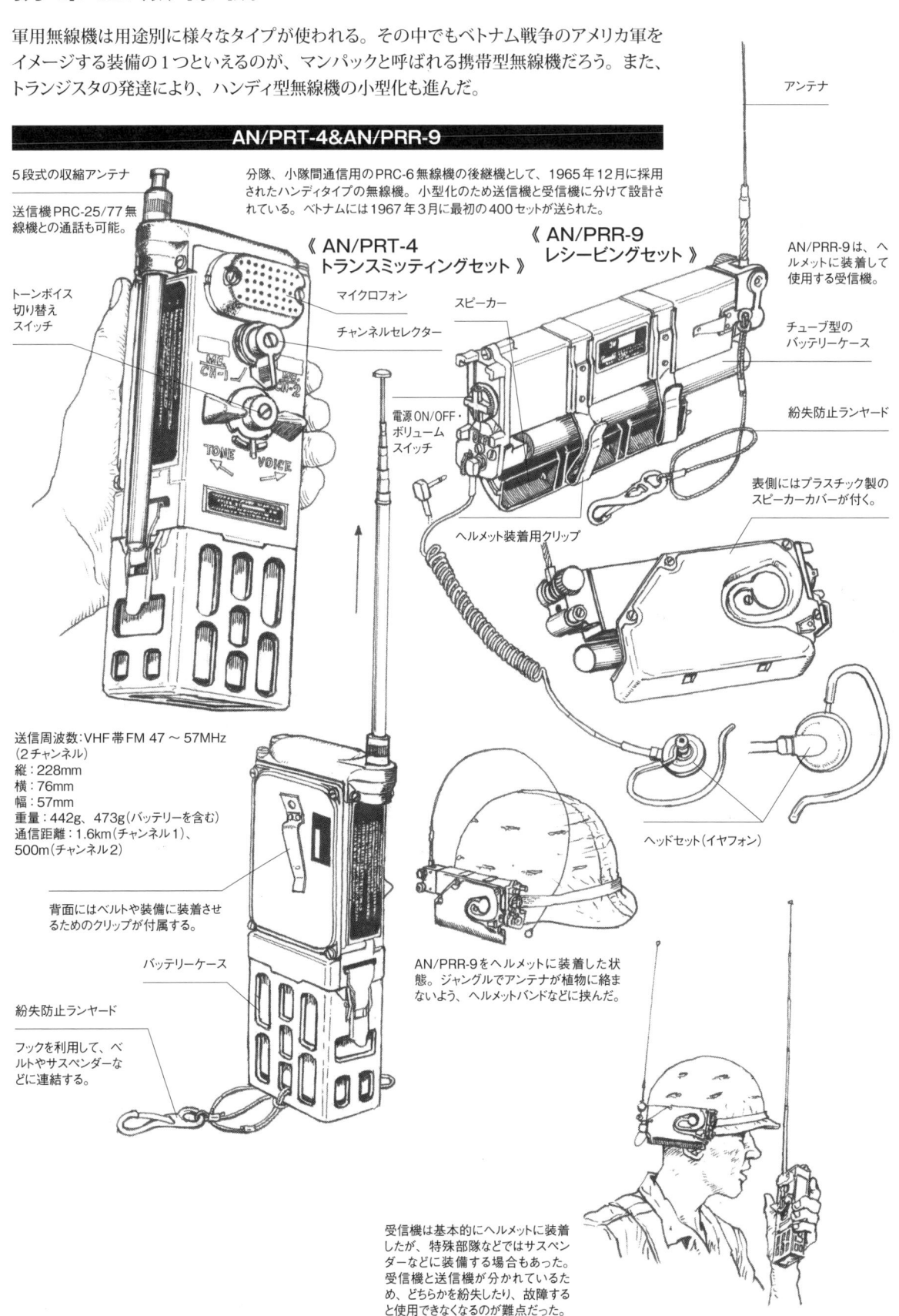

5段式の収縮アンテナ

送信機PRC-25/77無線機との通話も可能。

トーンボイス切り替えスイッチ

マイクロフォン

チャンネルセレクター

《 AN/PRT-4 トランスミッティングセット 》

《 AN/PRR-9 レシービングセット 》

スピーカー

アンテナ

AN/PRR-9は、ヘルメットに装着して使用する受信機。

チューブ型のバッテリーケース

紛失防止ランヤード

電源ON/OFF・ボリュームスイッチ

ヘルメット装着用クリップ

表側にはプラスチック製のスピーカーカバーが付く。

ヘッドセット（イヤフォン）

送信周波数:VHF帯 FM 47 ～ 57MHz（2チャンネル）
縦：228mm
横：76mm
幅：57mm
重量：442g、473g（バッテリーを含む）
通信距離：1.6km（チャンネル1）、500m（チャンネル2）

背面にはベルトや装備に装着させるためのクリップが付属する。

バッテリーケース

紛失防止ランヤード

フックを利用して、ベルトやサスペンダーなどに連結する。

AN/PRR-9をヘルメットに装着した状態。ジャングルでアンテナが植物に絡まないよう、ヘルメットバンドなどに挟んだ。

受信機は基本的にヘルメットに装着したが、特殊部隊などではサスペンダーなどに装備する場合もあった。受信機と送信機が分かれているため、どちらかを紛失したり、故障すると使用できなくなるのが難点だった。

《 AN/PRC-10 》

1951年3月に採用され、ベトナム戦争の初期までアメリカ軍と南ベトナム軍により使用された。第二次大戦時のモデルより小型化されているが、真空管を使用しているため、バッテリーは無線機本体とほぼ同じサイズになった。周波数別にPRC-8とPRC-9もある。

周波数：VHF帯FM 38 〜 54.9MHz
縦：482mm
横：76.2mm
幅：254mm
重量：4.76kg、8.39kg（バッテリーを含む）
通信距離：8km（条件により変化）

《 AN/PRC-25 》

"プリック"の愛称で呼ばれた。通話距離はショートアンテナが5km、ロングアンテナは8km。これらのアクセサリーはAN/PRC-77と共用できた。

《 AN/PRC-25,PRC-77 》

AN/PRC-25は1959年に試作が開始され、1962年に採用された。トランジスタ（一部に真空管を使用）を使用して、それまでの無線機より小型になった。1968年にパーツすべてのトランジスタ化が行われ、改良モデルはAN/PRC-77の名称で採用されている。

AN/PRC-77はパーツをトランジスタ化したことで消費電力が低くなった。そのためバッテリーの平均寿命は常温でAN/PRC-25が60時間であったのに対し、AN/PRC-77では65時間に増えた。

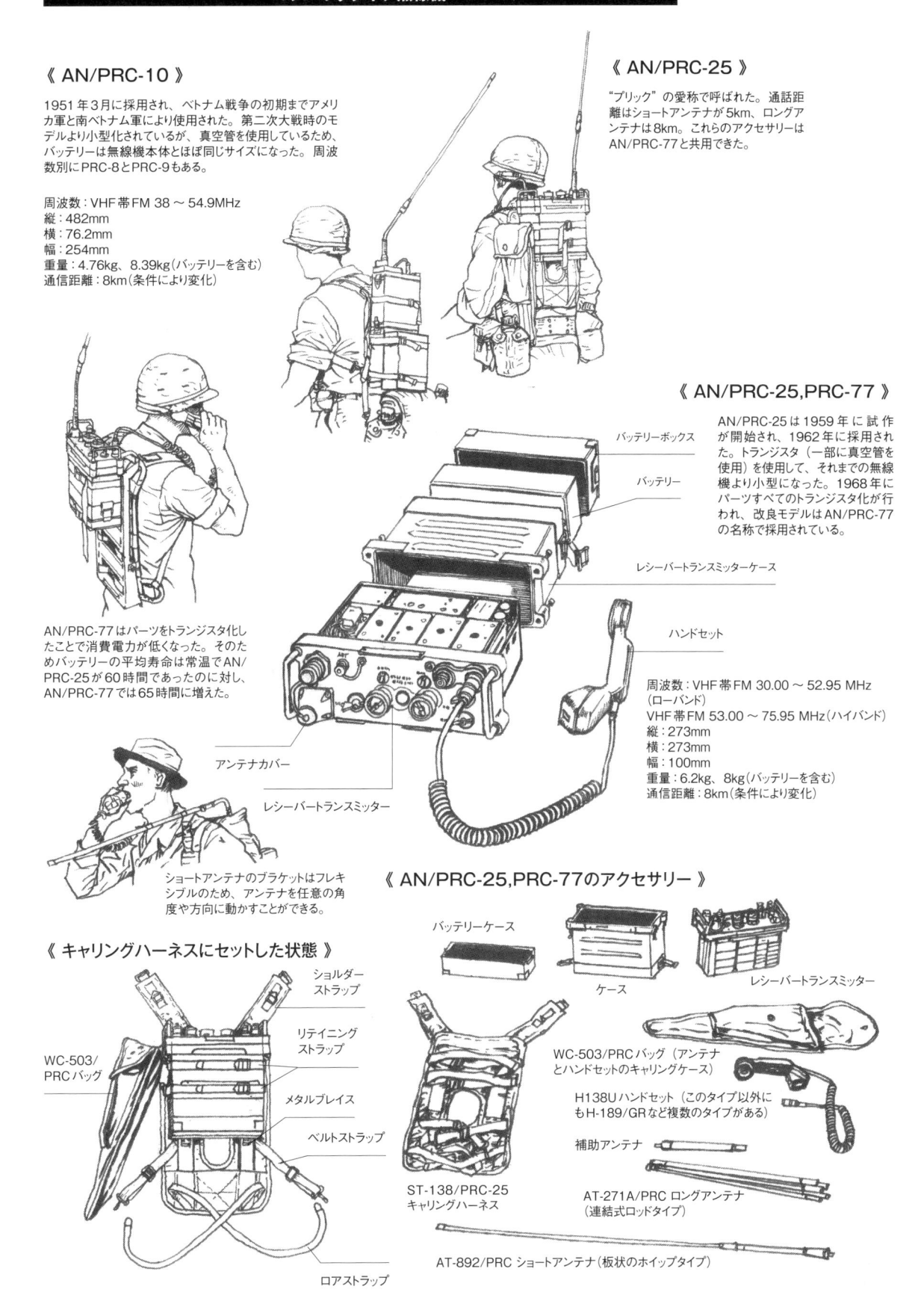

バッテリーボックス

バッテリー

レシーバートランスミッターケース

ハンドセット

周波数：VHF帯FM 30.00 〜 52.95 MHz（ローバンド）
VHF帯FM 53.00 〜 75.95 MHz（ハイバンド）
縦：273mm
横：273mm
幅：100mm
重量：6.2kg、8kg（バッテリーを含む）
通信距離：8km（条件により変化）

アンテナカバー

レシーバートランスミッター

ショートアンテナのブラケットはフレキシブルのため、アンテナを任意の角度や方向に動かすことができる。

《 キャリングハーネスにセットした状態 》

ショルダーストラップ

リテイニングストラップ

WC-503/PRCバッグ

メタルブレイス

ベルトストラップ

ST-138/PRC-25
キャリングハーネス

ロアストラップ

《 AN/PRC-25,PRC-77のアクセサリー 》

バッテリーケース

ケース

レシーバートランスミッター

WC-503/PRCバッグ（アンテナとハンドセットのキャリングケース）

H138Uハンドセット（このタイプ以外にもH-189/GRなど複数のタイプがある）

補助アンテナ

AT-271A/PRC ロングアンテナ（連結式ロッドタイプ）

AT-892/PRC ショートアンテナ（板状のホイップタイプ）

南ベトナム陸軍兵士

南ベトナム陸軍（ARVN = Army of the Republic of Viet Nam）は、1955年に創設された。11個歩兵師団と1個空挺師団、3個特殊部隊などが1975年の戦争終結までに編成され、地上兵力は最大100万人に達した。なおこの兵力には正規軍以外の地方軍や民兵も含まれている。

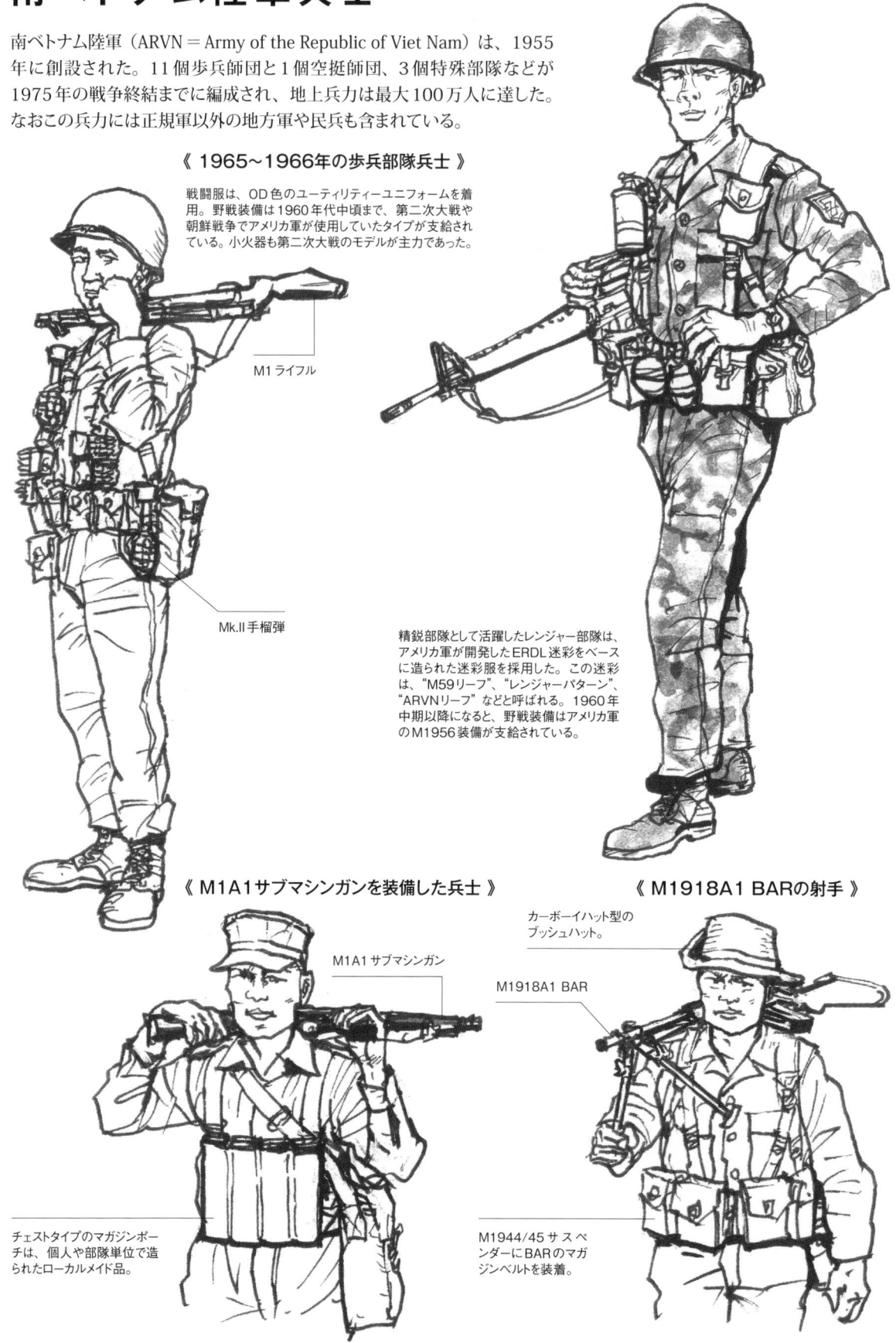

《 1965〜1966年の歩兵部隊兵士 》

戦闘服は、OD色のユーティリティーユニフォームを着用。野戦装備は1960年代中頃まで、第二次大戦や朝鮮戦争でアメリカ軍が使用していたタイプが支給されている。小火器も第二次大戦のモデルが主力であった。

M1 ライフル

Mk.II 手榴弾

精鋭部隊として活躍したレンジャー部隊は、アメリカ軍が開発したERDL迷彩をベースに造られた迷彩服を採用した。この迷彩は、"M59リーフ"、"レンジャーパターン"、"ARVNリーフ"などと呼ばれる。1960年中期以降になると、野戦装備はアメリカ軍のM1956装備が支給されている。

《 M1A1サブマシンガンを装備した兵士 》

M1A1 サブマシンガン

チェストタイプのマガジンポーチは、個人や部隊単位で造られたローカルメイド品。

《 M1918A1 BARの射手 》

カーボーイハット型のブッシュハット。

M1918A1 BAR

M1944/45 サスペンダーにBARのマガジンベルトを装着。

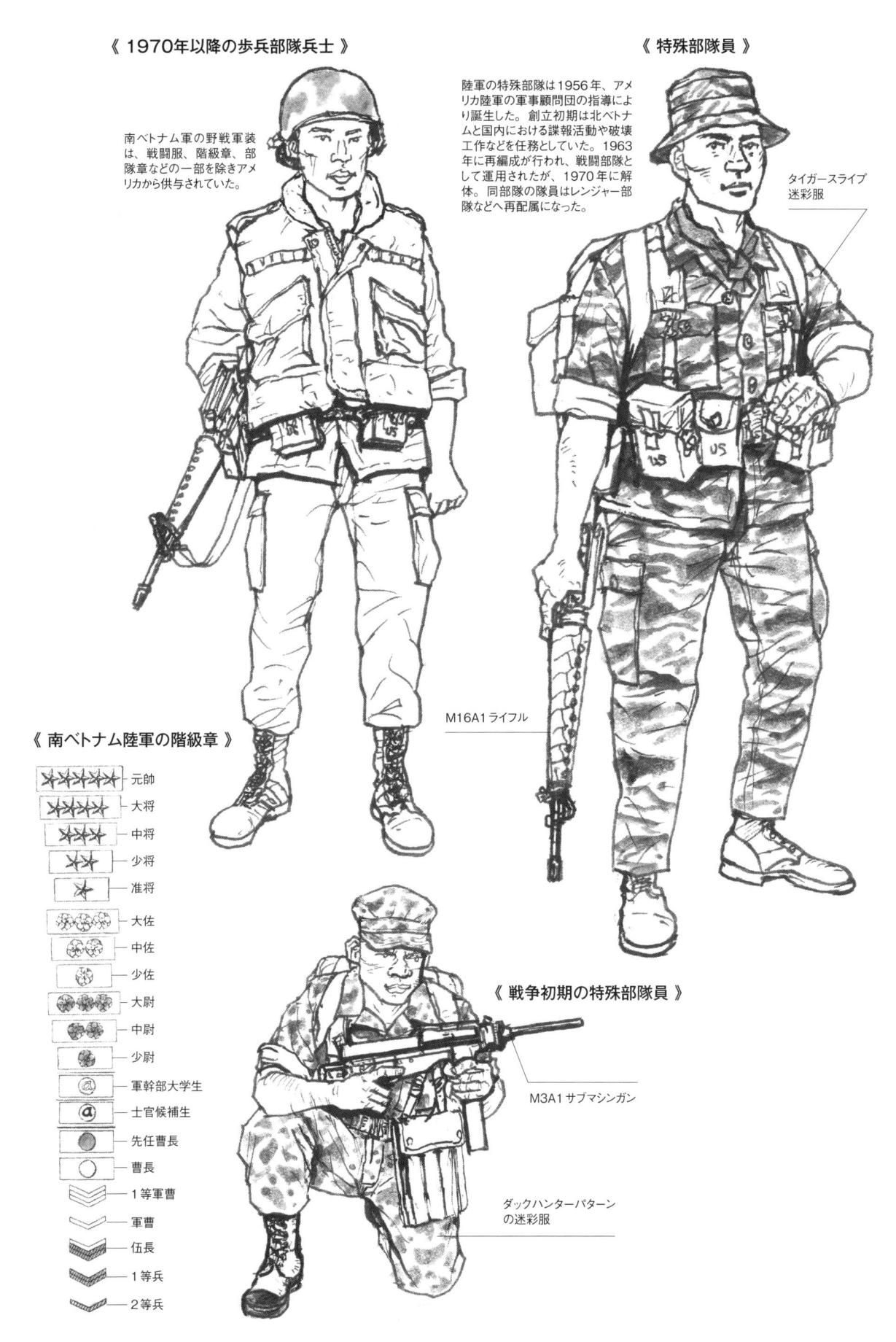

《 1970年以降の歩兵部隊兵士 》

南ベトナム軍の野戦軍装は、戦闘服、階級章、部隊章などの一部を除きアメリカから供与されていた。

《 特殊部隊員 》

陸軍の特殊部隊は1956年、アメリカ陸軍の軍事顧問団の指導により誕生した。創立初期は北ベトナムと国内における諜報活動や破壊工作などを任務としていた。1963年に再編成が行われ、戦闘部隊として運用されたが、1970年に解体。同部隊の隊員はレンジャー部隊などへ再配属になった。

タイガースライプ
迷彩服

M16A1 ライフル

《 南ベトナム陸軍の階級章 》

★★★★★	元帥
★★★★	大将
★★★	中将
★★	少将
★	准将
	大佐
	中佐
	少佐
	大尉
	中尉
	少尉
	軍幹部大学生
	士官候補生
	先任曹長
	曹長
	1等軍曹
	軍曹
	伍長
	1等兵
	2等兵

《 戦争初期の特殊部隊員 》

M3A1 サブマシンガン

ダックハンターパターン
の迷彩服

その他の国の兵士

ベトナム戦争では、アメリカ軍以外にも韓国、オーストラリア、ニュージーランド、タイ、フィリピンが軍隊を派遣した。それらの国の中では韓国軍が最も派遣規模が大きく、歩兵2個師団と海兵1個旅団を派遣している。

韓国軍

《 陸軍首都師団（猛虎師団）兵士（1965年）》　　　　《 第9師団（白馬師団）兵士（1969年）》

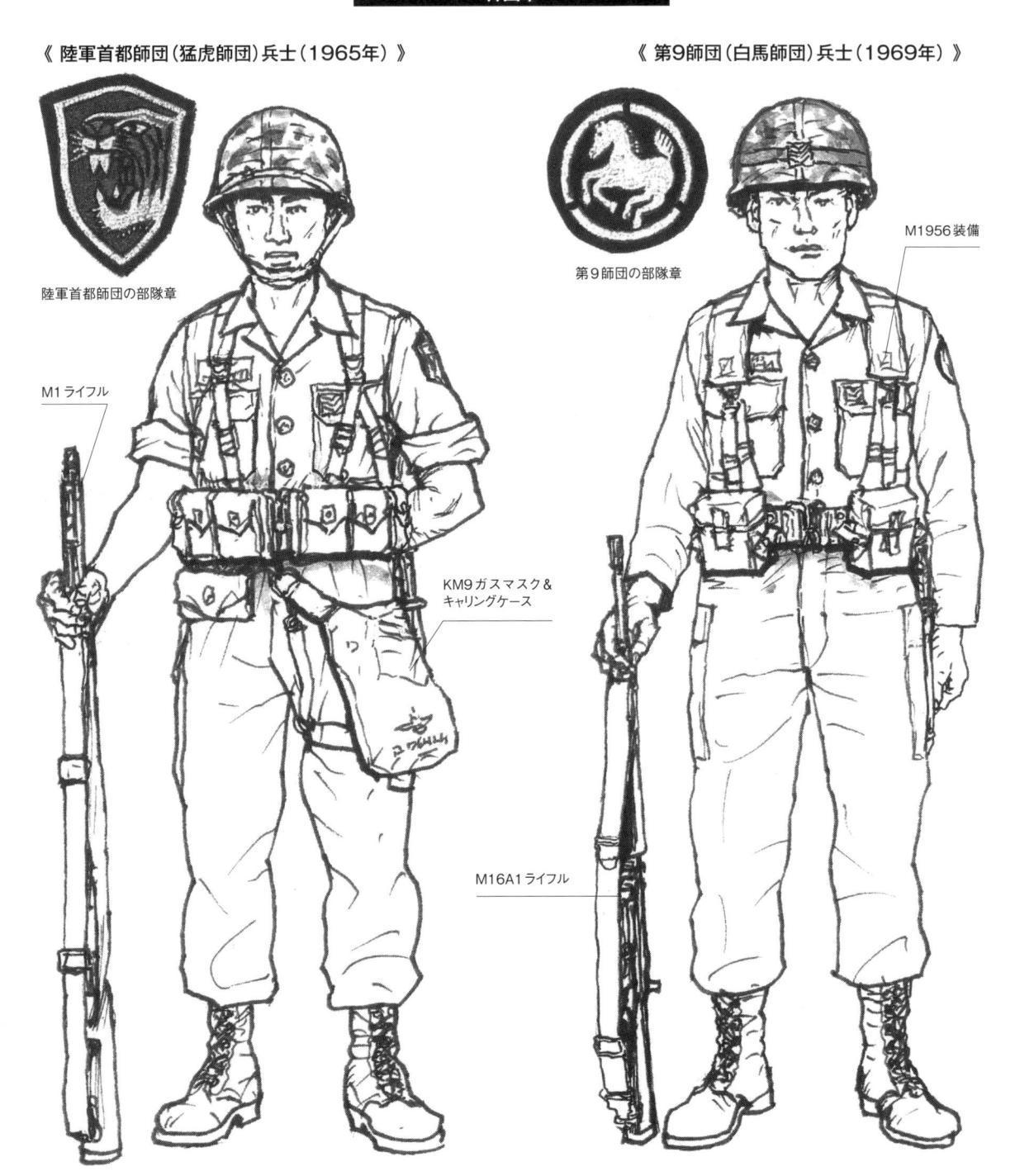

陸軍首都師団の部隊章

M1ライフル

KM9ガスマスク＆キャリングケース

第9師団の部隊章

M1956装備

M16A1ライフル

陸軍首都師団は、1965年9月に派遣された。韓国軍部隊は、朝鮮戦争の経験を活かして独自の戦術で作戦を行い、共産軍にとって最も手ごわい部隊となった。ユーティリティータイプの戦闘服は国産。戦闘装備は国産またはアメリカ製を使用している。

第9師団のベトナム派遣は、1966年9月。韓国軍は当初、自国から持参したM1ライフルやM2カービンを用いていたが、1967年以降、現地でアメリカ軍よりM16A1ライフルなど新型の小火器が支給された。

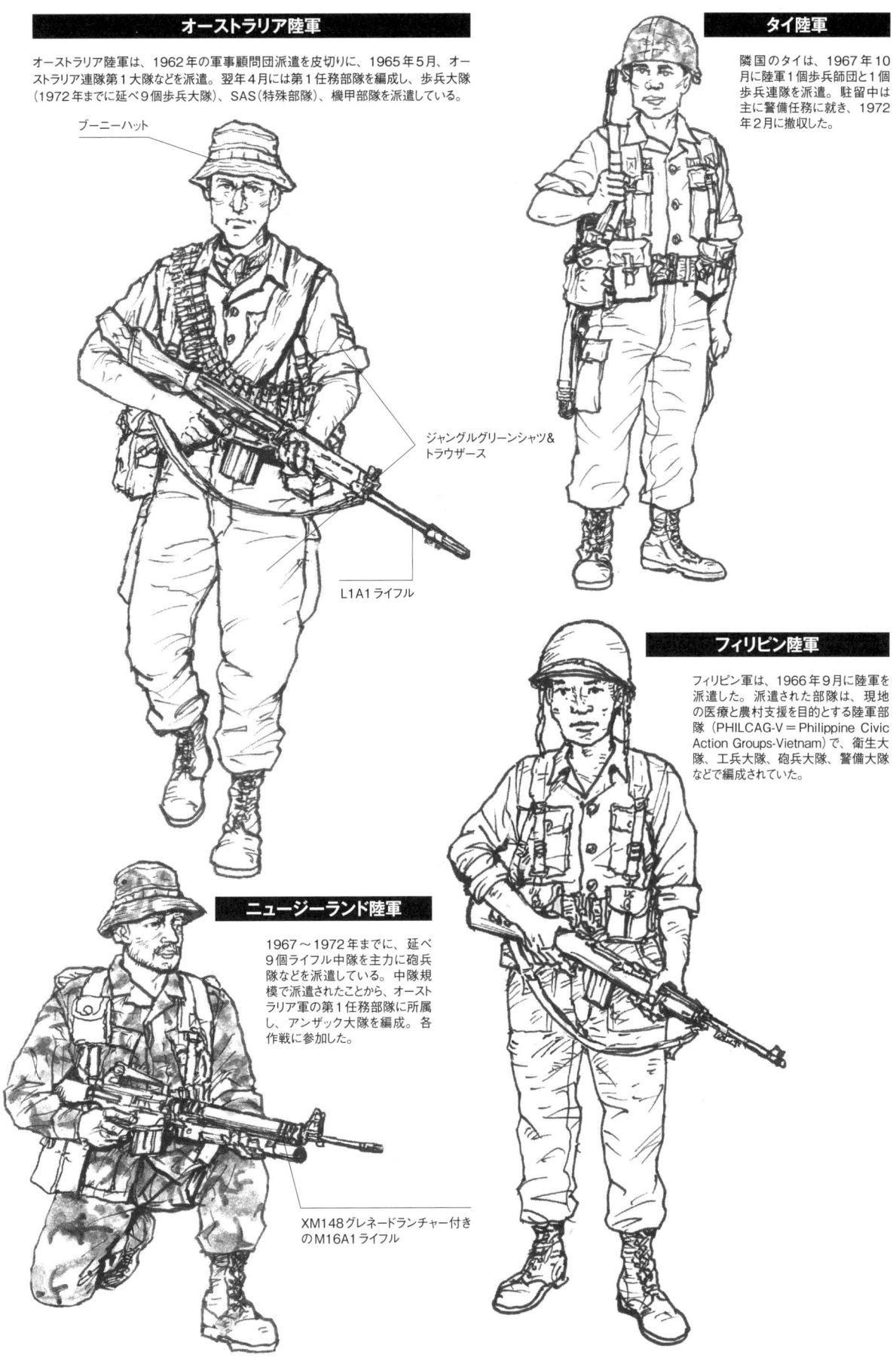

オーストラリア陸軍

オーストラリア陸軍は、1962年の軍事顧問団派遣を皮切りに、1965年5月、オーストラリア連隊第1大隊などを派遣。翌年4月には第1任務部隊を編成し、歩兵大隊（1972年までに延べ9個歩兵大隊）、SAS（特殊部隊）、機甲部隊を派遣している。

ブーニーハット

ジャングルグリーンシャツ＆トラウザース

L1A1 ライフル

タイ陸軍

隣国のタイは、1967年10月に陸軍1個歩兵師団と1個歩兵連隊を派遣。駐留中は主に警備任務に就き、1972年2月に撤収した。

フィリピン陸軍

フィリピン軍は、1966年9月に陸軍を派遣した。派遣された部隊は、現地の医療と農村支援を目的とする陸軍部隊（PHILCAG-V ＝ Philippine Civic Action Groups-Vietnam）で、衛生大隊、工兵大隊、砲兵大隊、警備大隊などで編成されていた。

ニュージーランド陸軍

1967～1972年までに、延べ9個ライフル中隊を主力に砲兵隊などを派遣している。中隊規模で派遣されたことから、オーストラリア軍の第1任務部隊に所属し、アンザック大隊を編成。各作戦に参加した。

XM148グレネードランチャー付きのM16A1 ライフル

北ベトナム軍の兵器と軍装

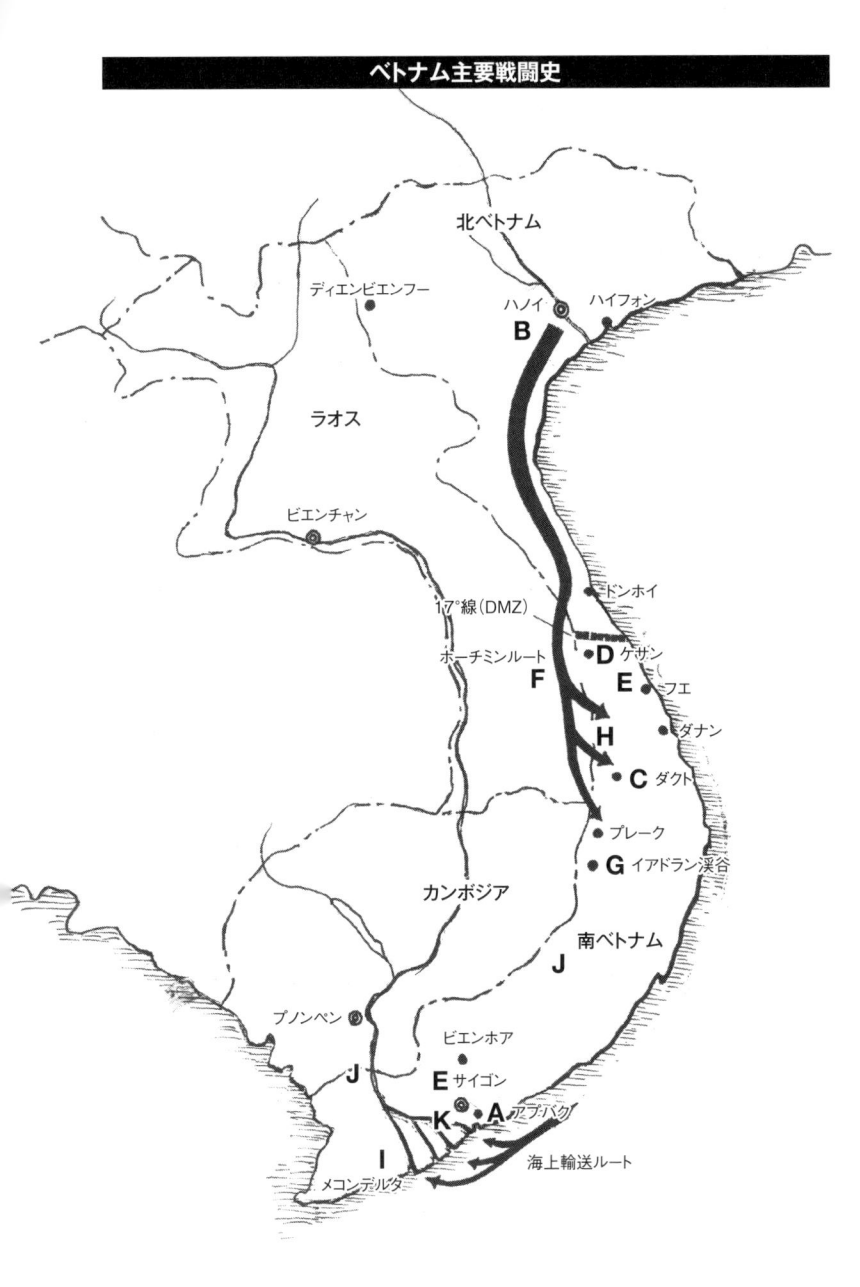

ベトナム主要戦闘史

北ベトナム
ディエンビエンフー
ハノイ　ハイフォン
B
ラオス
ビエンチャン
17°線（DMZ）　ドンホイ
ホーチミンルート　**D** ケサン
F **E** フエ
H ダナン
C ダクト
プレーク
G イアドラン渓谷
カンボジア
南ベトナム
J
プノンペン
ビエンホア
J **E** サイゴン
K **A** アプバク
I
メコンデルタ　海上輸送ルート

A　アプバクの戦闘　1963年1月2日

アメリカ軍の航空支援を受けた南ベトナム軍は、2000名の兵力で解放戦線を攻撃するヘリボーン作戦を実施。しかし、200名の解放戦線がアプバク村で待ち伏せしており、ヘリ5機を撃墜、9機に損害を与えた。救援に向かった南ベトナム軍の地上部隊も返り討ちに合い、M113装甲車3両を失い、戦いは解放戦線の勝利に終わった。

B　対北爆防空戦　1964年8月

アメリカ軍は、1964年8月のトンキン湾事件を機に北ベトナム領内の都市や軍事施設、交通インフラなどに爆撃を開始する。それに対して、北ベトナムは小火器から高射砲、地対空ミサイルと空軍の戦闘機の迎撃などで対抗した。アメリカ軍は、約8年の北爆で約200tの爆弾を投下し、空・海・海

兵隊の航空機約1000機を失ったと言われている。

C　ダクト攻防戦　1967年11月3〜23日

コントゥムの北ベトナム軍を掃討するため、ベトナム中部ダクトで行われた戦闘。アメリカ軍は第4歩兵師団と第173空挺旅団を投入。特に第173空挺旅団と北ベトナム軍第174連隊との875高地を巡る戦いは、20日間にわたる激戦となった。

D　ケサン攻防戦　1968年1月21日〜4月8日

ホーチミンルート制圧の拠点として、アメリカ海兵隊が築いたケサン基地に対する北ベトナム軍の包囲攻撃と、それに対するアメリカ軍の防衛戦。海兵隊は、77日間に及ぶ北ベトナム軍の攻撃を防いだが、最終的に攻防戦終了後の7月に海兵

隊は基地を放棄して撤退した。

E　テト攻勢　1968年1月

"テト"と呼ばれる旧正月が始まる1月30日、共産軍が開始した大攻勢。北ベトナム軍と解放戦線は、南ベトナム全土の都市や軍事施設などを一斉攻撃し、サイゴンのアメリカ大使館の一時的な占拠、フエを占領するなどしたが、2月下旬までに鎮圧された。共産軍は作戦を達成できなかったが、これがきっかけとなり、和平会談の開催、アメリカ軍の撤兵が始まることになった。

F　ホーチミンルート

北から南ベトナムに通じる共産軍の補給路。アメリカ軍はこのルートを遮断するために地上作戦や爆撃を繰り返したが、決定的な打撃を与えることができず、ルートは終戦まで活動した。

G　イアドラン渓谷の戦い　1965年11月14日〜18日

アメリカと北ベトナム正規軍初の戦闘。アメリカ第1騎兵師団は、イアドラン渓谷の北ベトナム軍を攻撃するが、北ベトナム軍の兵力を見誤り、1000名の兵力で北ベトナム軍4000名と交戦し、激戦となった。

H　サーチ・アンド・デストロイ作戦　1966年〜

1966年、アメリカ軍と南ベトナム軍は、共産軍を索敵・殲滅する"サーチ・アンド・デストロイ作戦"を開始。この作戦で最大規模になったのが1967年2月に発動された"ジャンクションシティ作戦"であった。同作戦は、複数のエリアで連動した作戦を行ったが、投入した戦力に対して解放戦線に与えた損害は低く、結局、作戦は不首尾に終わってしまった。

I　メコンデルタのゲリラ戦　1960年

ベトナム戦争が本格化する以前、解放戦線が各地に分散し、破壊工作を実施。そのため南ベトナム政府軍は弾薬、燃料を節約する羽目に陥り、各地の重要拠点が次々と解放戦線に制圧された。

J　共産軍の夏期攻勢　1974年夏

アメリカ軍のベトナムからの全面撤退と援助費の削減で、南ベトナム軍の活動は停滞。逆に北ベトナム軍は、南ベトナム領内の主要都市に対して連日砲撃を加えるなど戦闘が激化した。

K　ホーチミン作戦　1975年4月14〜30日

1975年3月、北ベトナム軍はダナン、フエを占領。その勢いに乗って南ベトナムの首都サイゴン占領を目的とした"ホーチミン作戦"を発動し、最後の戦いを開始。部隊はサイゴンに向けて途中、アプバク、ビエンホアなどを占領しながらサイゴンを包囲。4月30日、ついにサイゴンが陥落し、ベトナム戦争は終了した。

小火器

北ベトナム軍と解放戦線が使用した小火器は、ソ連及び中国製を主力に、鹵獲した日本、フランス、アメリカ製だった。少数ながら国産品も造られている。

ピストル

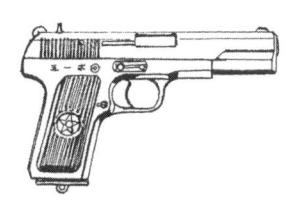

《 51式自動拳銃 》

TT1930/33を中国がノックダウン生産したモデル。1954年にはライセンス生産した54式も製造。

《 マカロフPM 》

口径：9mm
弾薬：9x18mmマカロフ弾
装弾数：ボックスマガジン8発
作動形式：オートマチック
全長：161.5mm
銃身長：93.5mm
重量：730g

TT1930/33の後継モデルとして1951年に採用。TT1930/33より小型化するため、使用弾薬は新たに開発した9mmマカロフ弾を使用。

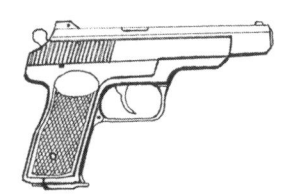

《 スチェッチンAPS 》

ソ連軍が戦車搭乗員などの護身用として1951年に採用したマシンピストル。フルオート射撃が可能で、ホルスターを兼ねた着脱式のストックが付属。

口径：9mm
弾薬：9x18mmマカロフ弾
装弾数：ボックスマガジン20発
作動形式：セミ/フルオートマチック切り替え
全長：225mm
銃身長：140mm
重量：1220g
発射速度：600〜750発/分

《 Mle1935A 》

1937年にフランス軍が採用した軍用ピストル。ベトナムではフランス植民地軍や警察が使用。ベトミン軍はフランス軍から鹵獲して装備している。

口径：7.65mm
弾薬：7.65mm×20mmフレンチロング弾
装弾数：ボックスマガジン8発
作動形式：オートマチック
全長：195mm
銃身長：110mm
重量：730g

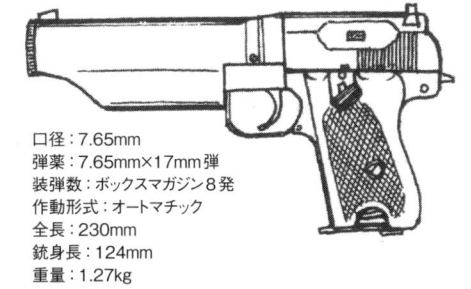

口径：7.65mm
弾薬：7.65mm×17mm弾
装弾数：ボックスマガジン8発
作動形式：オートマチック
全長：230mm
銃身長：124mm
重量：1.27kg

《 64式微声拳銃 》

中国製の特殊ピストル。サイレンサーは銃身と一体化しており、弾速の遅い専用の7.65mm×17mm弾を用いる。消音効果を高めるため、スライドロックを搭載。北ベトナム軍特殊部隊や解放戦線が夜襲や要人暗殺に使用した。

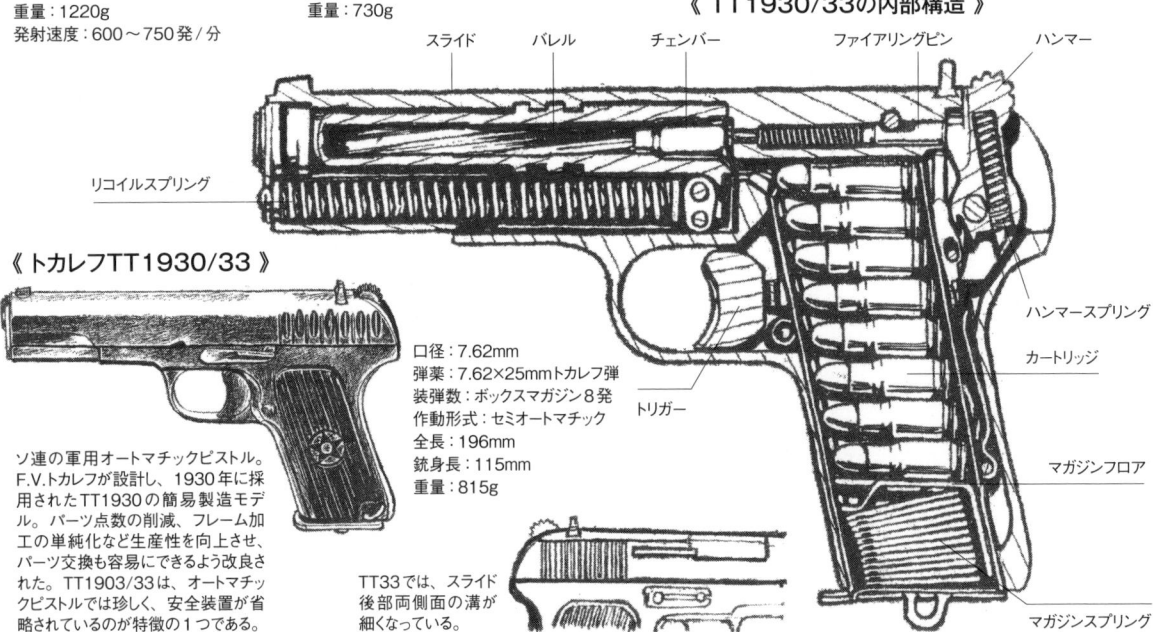

《 TT1930/33の内部構造 》

スライド／バレル／チェンバー／ファイアリングピン／ハンマー／リコイルスプリング／ハンマースプリング／カートリッジ／トリガー／マガジンフロア／マガジンスプリング

《 トカレフTT1930/33 》

口径：7.62mm
弾薬：7.62×25mmトカレフ弾
装弾数：ボックスマガジン8発
作動形式：セミオートマチック
全長：196mm
銃身長：115mm
重量：815g

ソ連の軍用オートマチックピストル。F.V.トカレフが設計し、1930年に採用された TT1930 の簡易製造モデル。パーツ点数の削減、フレーム加工の単純化など生産性を向上させ、パーツ交換も容易にできるよう改良された。TT1903/33は、オートマチックピストルでは珍しく、安全装置が省略されているのが特徴の1つである。

TT33では、スライド後部両側面の溝が細くなっている。

サブマシンガン

《 MP40 》

ドイツ製。ソ連が第二次大戦から戦後にかけて鹵獲したものを供与した。

口径：9mm
銃身長：250mm
弾薬：9×19mmパラベラム弾
装弾数：ボックスマガジン32発
作動形式：フルオートマチック
全長：833mm、630mm（ストック折り畳み時）
重量：4.027kg
発射速度：500発／分

《 PPSh-41 》

第二次大戦後の余剰品をソ連軍が供与。

口径：7.62mm
使用弾薬：7.62×25mmトカレフ弾
装弾数：ボックスマガジン35発、ドラムマガジン71発
全長：840mm
銃身長：270mm
重量：3.63kg
発射速度：700発／分

《 PPS-43 》

PPSh-41と同様にソ連から供与された。

口径：7.62mm
弾薬：7.62×25 mmトカレフ弾
装弾数：ボックスマガジン35発
全長：615mm、830mm（ストック延長時）
銃身長：241mm
重量：3kg
発射速度：650発／分

口径改修の際に北ベトナムで作られた、特殊作戦用のMAT-49サイレンサーモデル。

《 MAT-49 》

フランス軍から鹵獲してインドシナ戦争から装備。インドシナ戦争後、北ベトナム軍は弾薬を統一するため、PPSh-41と同じ7.62mm弾仕様に改造を施した。

口径：9mm
弾薬：9x19mmパラベラム弾
装弾数：ボックスマガジン20発、32発
作動形式：フルオートマチック
全長：460mm、720mm（ストック延長時）
銃身長：230mm
重量：3.5kg
発射速度：600発／分

《 K-50M 》

北ベトナム製のサブマシンガン。50式短機関銃をベースに改造を行い、MAT-49のデザインも取り入れて国産化された。

MAT-49のフロントサイトを流用。

プレス加工のフレーム

木製グリップはAK-47タイプ。

収縮式ストック

口径：7.62mm
弾薬：7.62×25 mmトカレフ弾
装弾数：ボックスマガジン35発
作動形式：フルオートマチック
全長：571mm、756mm（ストック延長時）
銃身長：269mm
重量：4.4kg
発射速度：700発／分

K-50Mは、ゲリラ戦を行う解放戦線向けに造られたといわれている。

《 50式短機関銃 》

PPSh-41を中国でライセンス生産したモデル。ソ連製と比べると、リアサイトの位置やグリップ部分の形状に違いがある。マガジンは、バナナ型を使用した。

故障が少なく、堅牢なソ連製PPSh-41、その中国ライセンス生産型50式短機関銃は、ベトナムのジャングル戦に適した優れた武器だった。

ソ連製マガジン

中国製マガジン

ライフル

《 九九式小銃 》

口径：7.7mm
弾薬：7.7×58mm(九九式普通実包)
装弾数：5発
作動形式：ボルトアクション
全長：1258mm
銃身長：797mm
重量：4.1kg

第二次大戦後、武装解除した日本軍から入手するなど、主にインドシナ戦争時に使用されている。

《 Kar98k 》

口径：7.92mm
弾薬：7.92×57mm
装弾数：5発
作動形式：ボルトアクション
全長：1100mm
銃身長：600mm
重量：4.85kg

ドイツ製。ソ連から供与されて、戦争初期には北ベトナム軍の後方部隊や解放戦線に配備された。

《 SKSカービン 》

口径：7.62mm
弾薬：7.62x39mm弾
装弾数：10発
作動形式：セミオートマチック
全長：1021mm
銃身長：521mm
重量：3.85kg

ソ連製のオートマチックライフル。AK-47の供与開始前に活躍した。同型の中国製56式半自動小銃も使用されている。

《 Mle1936(MAS36) 》

7.5mm口径ライフルとして、1936年に制定されたフランス軍の軍用ライフル。

口径：7.5mm
弾薬：7.5×54mm
装弾数：5発
作動形式：ボルトアクション
全長：1020mm
銃身長：575mm
重量：3.75kg

《 Mle1936CR39 》

空挺部隊用にストックをアルミ製折り畳み式にしたモデル。

全長：625mm、883mm(ストック延長時)
銃身長：450mm
重量：3.74kg

固定用レバー

アルミ製ストック

ストックは下方に180°回転して折り畳む。

M1/M2カービンはインドシナ戦争からベトナム戦争まで、使用が続けられたアメリカ製小火器の1つであった。

《 M1/M2カービン 》

M1及びM1A1、さらにM2カービンは、フランス軍や南ベトナム政府軍から鹵獲して使用。ベトナム戦争では、主に解放戦線が装備していた。

M1A1の折り畳みストック。

《 モシンナガンM1891/30 》

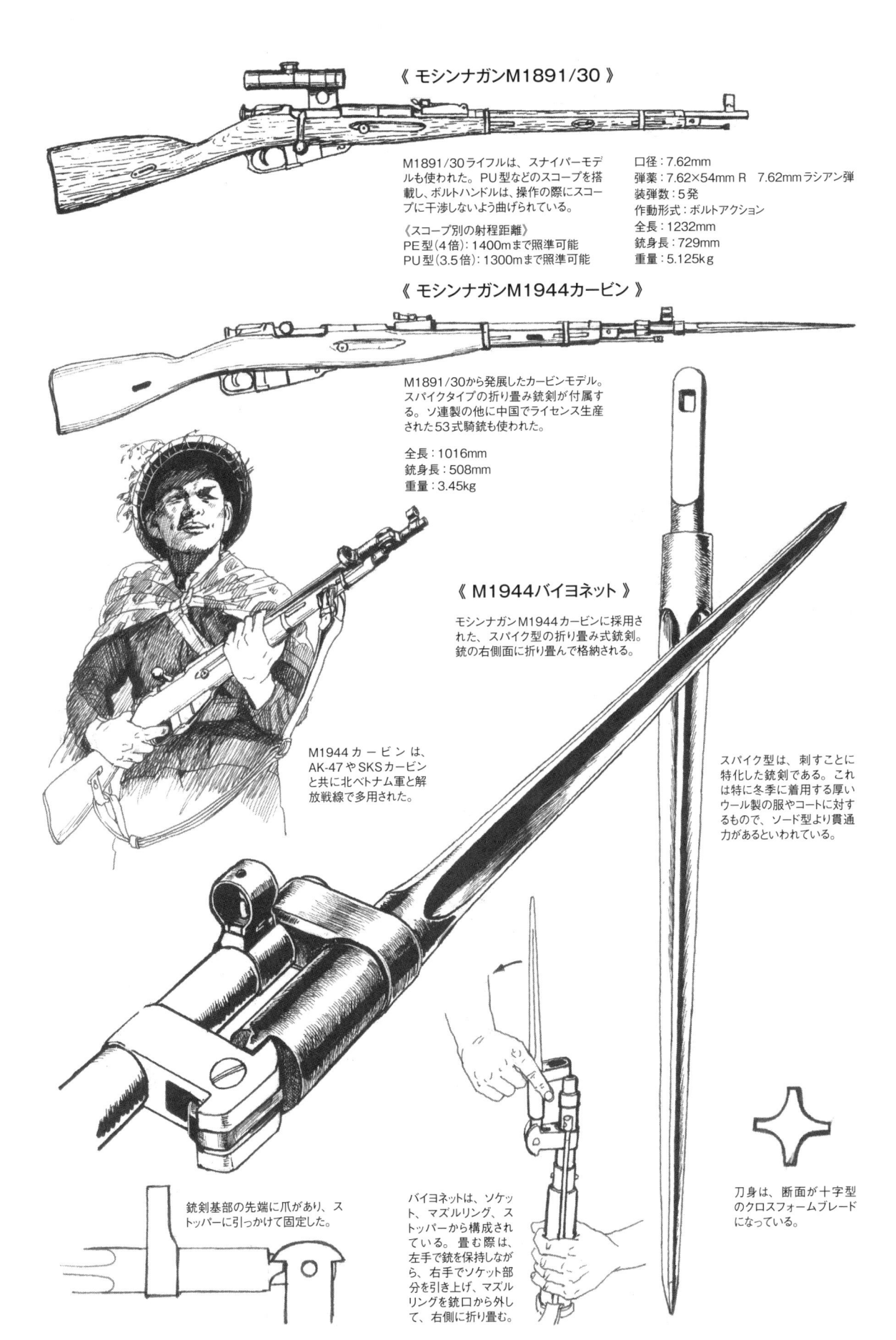

M1891/30ライフルは、スナイパーモデルも使われた。PU型などのスコープを搭載し、ボルトハンドルは、操作の際にスコープに干渉しないよう曲げられている。

《スコープ別の射程距離》
PE型（4倍）：1400mまで照準可能
PU型（3.5倍）：1300mまで照準可能

口径：7.62mm
弾薬：7.62×54mm R　7.62mmラシアン弾
装弾数：5発
作動形式：ボルトアクション
全長：1232mm
銃身長：729mm
重量：5.125kg

《 モシンナガンM1944カービン 》

M1891/30から発展したカービンモデル。スパイクタイプの折り畳み銃剣が付属する。ソ連製の他に中国でライセンス生産された53式騎銃も使われた。

全長：1016mm
銃身長：508mm
重量：3.45kg

M1944カービンは、AK-47やSKSカービンと共に北ベトナム軍と解放戦線で多用された。

《 M1944バイヨネット 》

モシンナガンM1944カービンに採用された、スパイク型の折り畳み式銃剣。銃の右側面に折り畳んで格納される。

スパイク型は、刺すことに特化した銃剣である。これは特に冬季に着用する厚いウール製の服やコートに対するもので、ソード型より貫通力があるといわれている。

銃剣基部の先端に爪があり、ストッパーに引っかけて固定した。

バイヨネットは、ソケット、マズルリング、ストッパーから構成されている。畳む際は、左手で銃を保持しながら、右手でソケット部分を引き上げ、マズルリングを銃口から外して、右側に折り畳む。

刀身は、断面が十字型のクロスフォームブレードになっている。

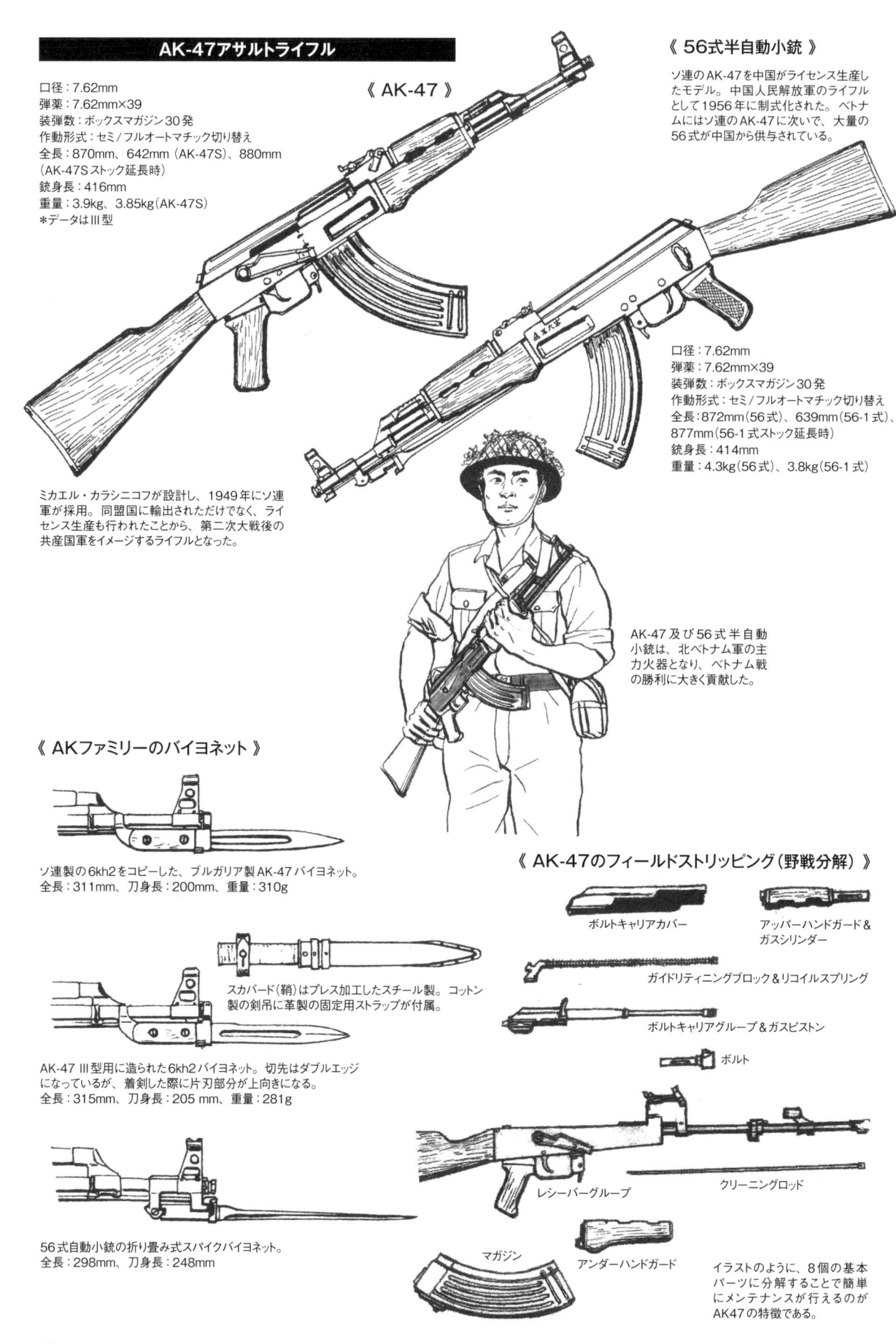

AK-47アサルトライフル

口径：7.62mm
弾薬：7.62mm×39
装弾数：ボックスマガジン30発
作動形式：セミ／フルオートマチック切り替え
全長：870mm、642mm（AK-47S）、880mm
（AK-47Sストック延長時）
銃身長：416mm
重量：3.9kg、3.85kg（AK-47S）
＊データはIII型

《 AK-47 》

ミカエル・カラシニコフが設計し、1949年にソ連軍が採用。同盟国に輸出されただけでなく、ライセンス生産も行われたことから、第二次大戦後の共産軍国をイメージするライフルとなった。

《 56式半自動小銃 》

ソ連のAK-47を中国がライセンス生産したモデル。中国人民解放軍のライフルとして1956年に制式化された。ベトナムにはソ連のAK-47に次いで、大量の56式が中国から供与されている。

口径：7.62mm
弾薬：7.62mm×39
装弾数：ボックスマガジン30発
作動形式：セミ／フルオートマチック切り替え
全長：872mm（56式）、639mm（56-1式）、
877mm（56-1式ストック延長時）
銃身長：414mm
重量：4.3kg（56式）、3.8kg（56-1式）

AK-47及び56式半自動小銃は、北ベトナム軍の主力火器となり、ベトナム戦の勝利に大きく貢献した。

《 AKファミリーのバイヨネット 》

ソ連製の6kh2をコピーした、ブルガリア製AK-47バイヨネット。
全長：311mm、刀身長：200mm、重量：310g

スカバード（鞘）はプレス加工したスチール製。コットン製の剣吊に革製の固定用ストラップが付属。

AK-47 III型用に造られた6kh2バイヨネット。切先はダブルエッジになっているが、着剣した際に片刃部分が上向きになる。
全長：315mm、刀身長：205mm、重量：281g

56式自動小銃の折り畳み式スパイクバイヨネット。
全長：298mm、刀身長：248mm

《 AK-47のフィールドストリッピング（野戦分解） 》

ボルトキャリアカバー

アッパーハンドガード＆ガスシリンダー

ガイドリティニングブロック＆リコイルスプリング

ボルトキャリアグループ＆ガスピストン

ボルト

レシーバーグループ

クリーニングロッド

マガジン

アンダーハンドガード

イラストのように、8個の基本パーツに分解することで簡単にメンテナンスが行えるのがAK47の特徴である。

AK-47のバリエーション

プレス加工とスチールブロックを組み合わせて造られたレシーバー。

《 AK-47 I型 》

1947年に制式化された最初のモデル。

プラスチック製のグリップ。

《 AK-47 II型 》

1953年に再設計された改良モデル。

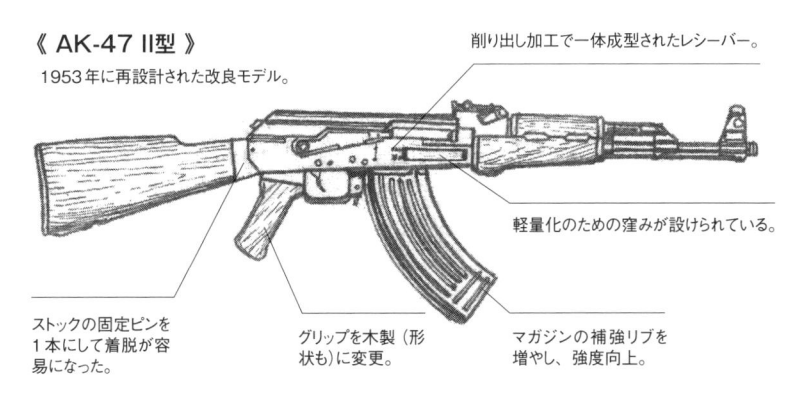

削り出し加工で一体成型されたレシーバー。

軽量化のための窪みが設けられている。

ストックの固定ピンを1本にして着脱が容易になった。

グリップを木製（形状も）に変更。

マガジンの補強リブを増やし、強度向上。

《 折り畳み式メタルストック 》

AK-47S II型

AK-47S III型

《 AK-47 III型 》

さらに製造工程を省力化したAK-47の最終モデル。

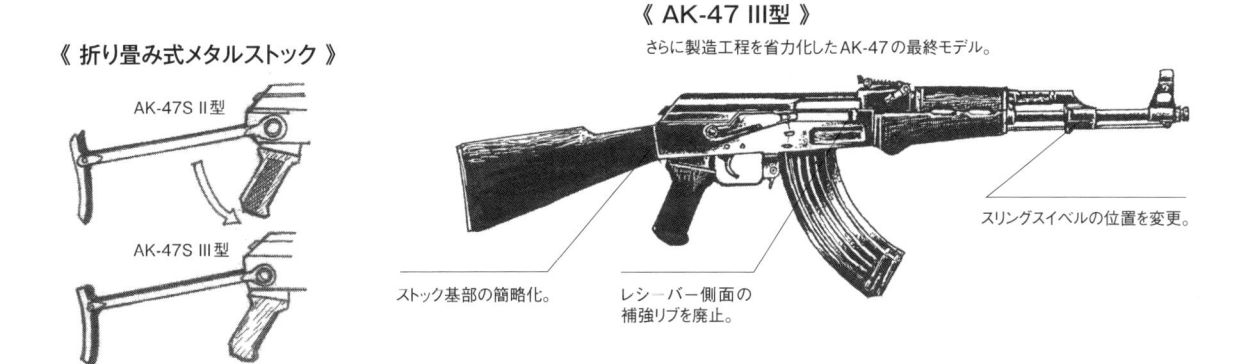

スリングスイベルの位置を変更。

ストック基部の簡略化。

レシーバー側面の補強リブを廃止。

《 56式自動小銃 》

中国製AK-47 III型のライセンス生産モデル。

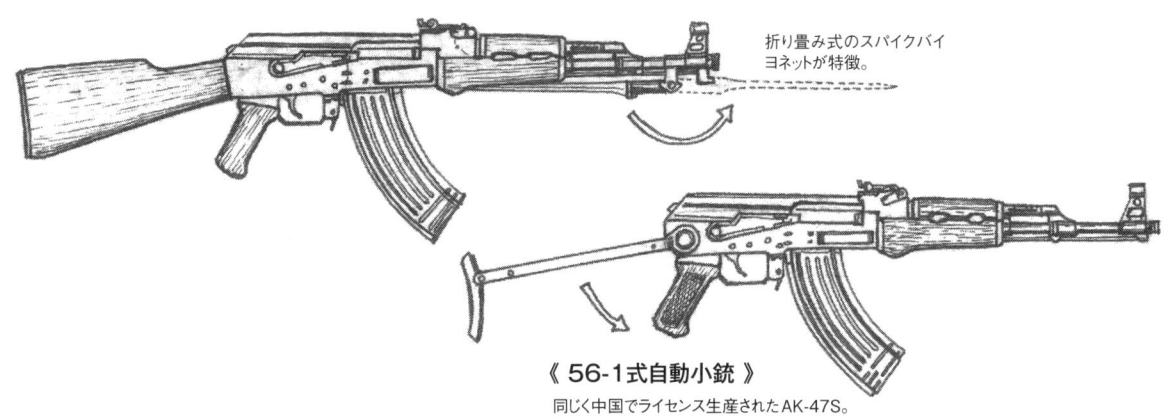

折り畳み式のスパイクバイヨネットが特徴。

《 56-1式自動小銃 》

同じく中国でライセンス生産されたAK-47S。

軽機関銃

《 MG34 》

第二次大戦ドイツの傑作機関銃MG34
もソ連から北ベトナムに供与され、北ベ
トナム軍によって使用されている。

口径：7.92mm
弾薬：7.92×57mm（8mmモーゼル弾）
装弾数：ベルト給弾50発〜、ドラムマガジン給弾50発、75発
作動形式：セミ/フルオートマチック切り替え
全長：1219mm
銃身長：627mm
重量：12.1kg
発射速度：800〜900発/分

当時の報道写真などを見ると、北ベトナム軍はMG34をトライ
ポッドに搭載し、対空火器としても使用していたことが分かる。

《 ZB26 》

口径：7.92mm
弾薬：7.92×57mm（8mmモーゼル弾）
装弾数：ボックスマガジン20発
作動形式：フルオートマチック
全長：1165mm
銃身長：600mm
重量：9.65kg
発射速度：550発/分

チェコスロバキアのブルーノ
社が1924年に開発した軽機
関銃。1930年代中国
でもライセンス生産された

《 DPM 》

ソ連で開発されたDP-28軽機関銃の改良モデル。
中国も53式軽機関銃として採用している。

口径：7.62mm
弾薬：7.62×54mm R
装弾数：パンマガジン47発
作動形式：フルオートマチック
全長：1270mm
銃身長：605mm
重量：12.2kg
発射速度：600発/分

《 RPD 》

AK-47と同じ7.62mm弾を使用す
る軽機関銃。分隊支援火器として
歩兵部隊に配備された。1型から
5型までのバリエーションがある。

バイポッド

装弾数100発の
ドラムマガジン

もちろん、ドラムマガジンなしでも射
撃できる。

口径：7.62mm
弾薬：7.62x39mm弾
装弾数：ドラムマガジン・ベルト給弾100発
作動形式：フルオートマチック
全長：1037mm
銃身長：521mm
重量：7.5kg、8.9kg（弾薬とドラムマガジンを含む）
発射速度：650〜750発/分

マガジンの内部に装填機
構はなく、ベルトリンク付
きの弾薬を収納するだけ。
弾薬箱の機能も有する。

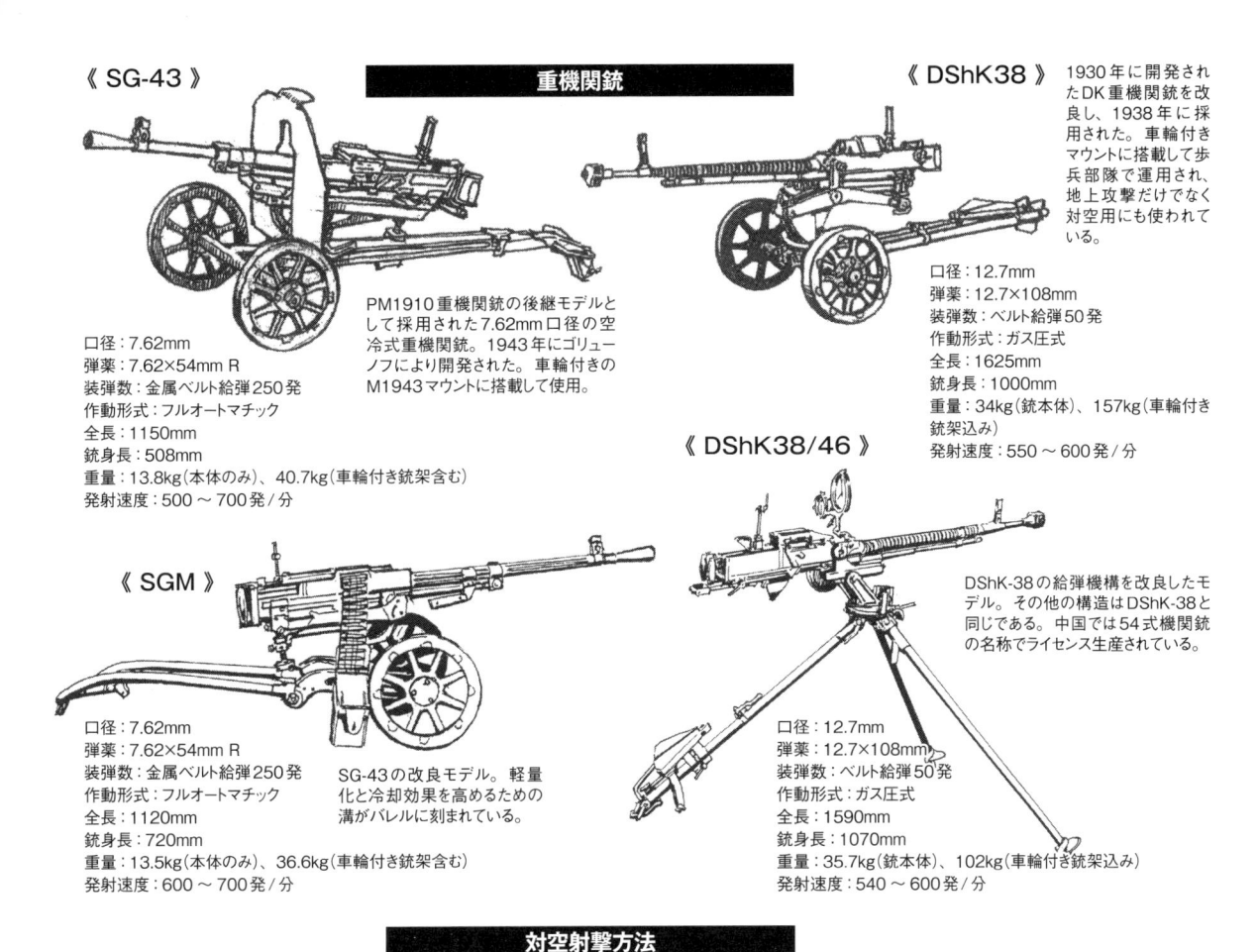

《 SG-43 》

重機関銃

口径：7.62mm
弾薬：7.62×54mm R
装弾数：金属ベルト給弾250発
作動形式：フルオートマチック
全長：1150mm
銃身長：508mm
重量：13.8kg（本体のみ）、40.7kg（車輪付き銃架含む）
発射速度：500〜700発／分

PM1910重機関銃の後継モデルとして採用された7.62mm口径の空冷式重機関銃。1943年にゴリューノフにより開発された。車輪付きのM1943マウントに搭載して使用。

《 SGM 》

口径：7.62mm
弾薬：7.62×54mm R
装弾数：金属ベルト給弾250発
作動形式：フルオートマチック
全長：1120mm
銃身長：720mm
重量：13.5kg（本体のみ）、36.6kg（車輪付き銃架含む）
発射速度：600〜700発／分

SG-43の改良モデル。軽量化と冷却効果を高めるための溝がバレルに刻まれている。

《 DShK38 》

1930年に開発されたDK重機関銃を改良し、1938年に採用された。車輪付きマウントに搭載して歩兵部隊で運用され、地上攻撃だけでなく対空用にも使われている。

口径：12.7mm
弾薬：12.7×108mm
装弾数：ベルト給弾50発
作動形式：ガス圧式
全長：1625mm
銃身長：1000mm
重量：34kg（銃本体）、157kg（車輪付き銃架込み）
発射速度：550〜600発／分

《 DShK38/46 》

口径：12.7mm
弾薬：12.7×108mm
装弾数：ベルト給弾50発
作動形式：ガス圧式
全長：1590mm
銃身長：1070mm
重量：35.7kg（銃本体）、102kg（車輪付き銃架込み）
発射速度：540〜600発／分

DShK-38の給弾機構を改良したモデル。その他の構造はDShK-38と同じである。中国では54式機関銃の名称でライセンス生産されている。

対空射撃方法

《 ライフルの対空射撃姿勢 》

情況により各姿勢で対応するが、地形や建物などを利用するサポーテッドポジションが最も安定した射撃を行える。

〔サポーテッドポジション〕

〔フォックスホールポジション〕

〔ニーリングポジション〕

〔スタンティングポジション〕

木の股を利用。

塀を上部利用。

《 軽機関銃の対空射撃（中国軍教本より） 》

弾薬手がサポートし、2人1組で行う。航空機の高度に合わせ、射撃姿勢を変える。

《 対空射撃における射撃計算公式 》

未来修正量（m）＝航空機の速度（m/秒）×弾丸の飛翔時間（秒）

現在の対空火器の主力である20〜30mmクラスの機関砲は、レーダーと射撃管制装置で、目標を自動的に追尾して照準・射撃するが、小銃や機関銃は上記の射撃計算公式に基づき、目視照準になるため、経験と勘が必要になる。

高度と速度によって違うが、移動する敵機の前方を射撃する。

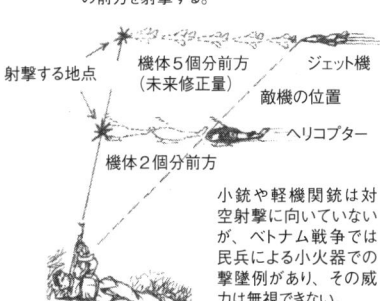

射撃する地点
機体5個分前方（未来修正量）
ジェット機
敵機の位置
ヘリコプター
機体2個分前方

小銃や軽機関銃は対空射撃に向いていないが、ベトナム戦争では民兵による小火器での撃墜例があり、その威力は無視できない。

携帯型対戦車兵器

ジャングル戦で装甲車両を運用したアメリカ軍と南ベトナム軍に対して、北ベトナム軍と解放戦線は携帯型の対戦車兵器で対抗した。

RPG-2

ドイツ軍のパンツァーファーストをベースにソ連軍が開発した携帯型対戦車兵器。バズーカなどのロケットランチャーとは異なる無反動砲方式の擲弾発射器。ソ連製以外に、コピー生産された北ベトナム製のB-50と中国製の56式ロケットランチャーも使用された。

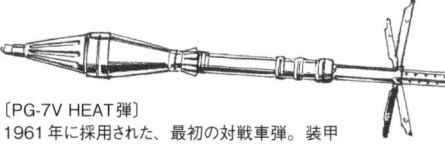

〔PG-2 HEAT弾〕
成形炸薬の弾頭と発射薬で構成されており、最大200mm厚の装甲板を貫徹する。

弾頭直径：82mm
重量：1.84kg

口径：40mm
弾薬：PG-2 HEAT弾（対戦車榴弾）
装弾数：1発
全長：650mm
重量：2.83kg（弾頭なし）
有効射程：100～150m

RPG-7

RPG-2の発展モデル。簡易的な構造であったRPG-2に対して、破壊力や射程距離の性能向上だけでなく、光学照準器を搭載して命中精度を高めている。

口径：75mm
弾薬：PG-7V HEAT弾（ベトナム戦争当時）
装弾数：1発
全長：2100mm
砲身長：1700mm
重量：6.3kg（光学照準器除く）
最大射程：約1000m

〔PG-7V HEAT弾〕
1961年に採用された、最初の対戦車弾。装甲貫徹能力は最大500mm。

弾頭直径：85mm
重量：1.84kg

《 PPG-7の構造 》

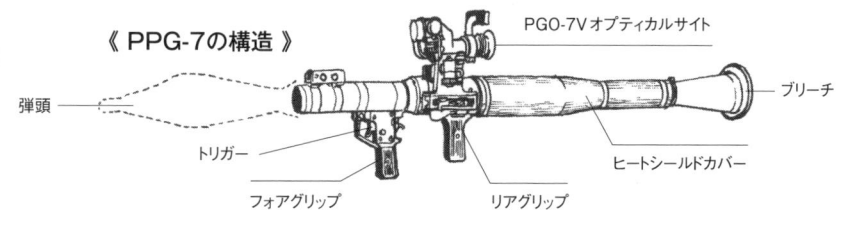

PGO-7Vオプティカルサイト
ブリーチ
弾頭
トリガー
フォアグリップ
リアグリップ
ヒートシールドカバー

RPG-7のバリエーション

《 69式-1ロケットランチャー 》

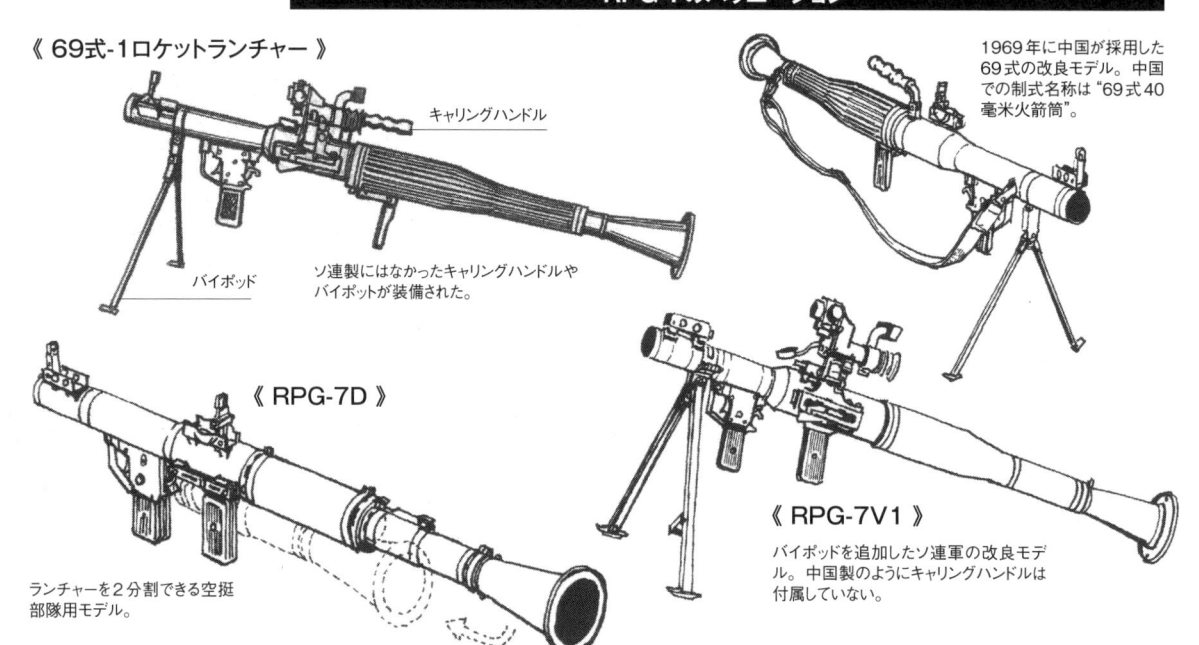

キャリングハンドル
バイポッド
ソ連製にはなかったキャリングハンドルやバイポットが装備された。

1969年に中国が採用した69式の改良モデル。中国での制式名称は"69式40毫米火箭筒"。

《 RPG-7D 》

ランチャーを2分割できる空挺部隊用モデル。

《 RPG-7V1 》

バイポッドを追加したソ連軍の改良モデル。中国製のようにキャリングハンドルは付属していない。

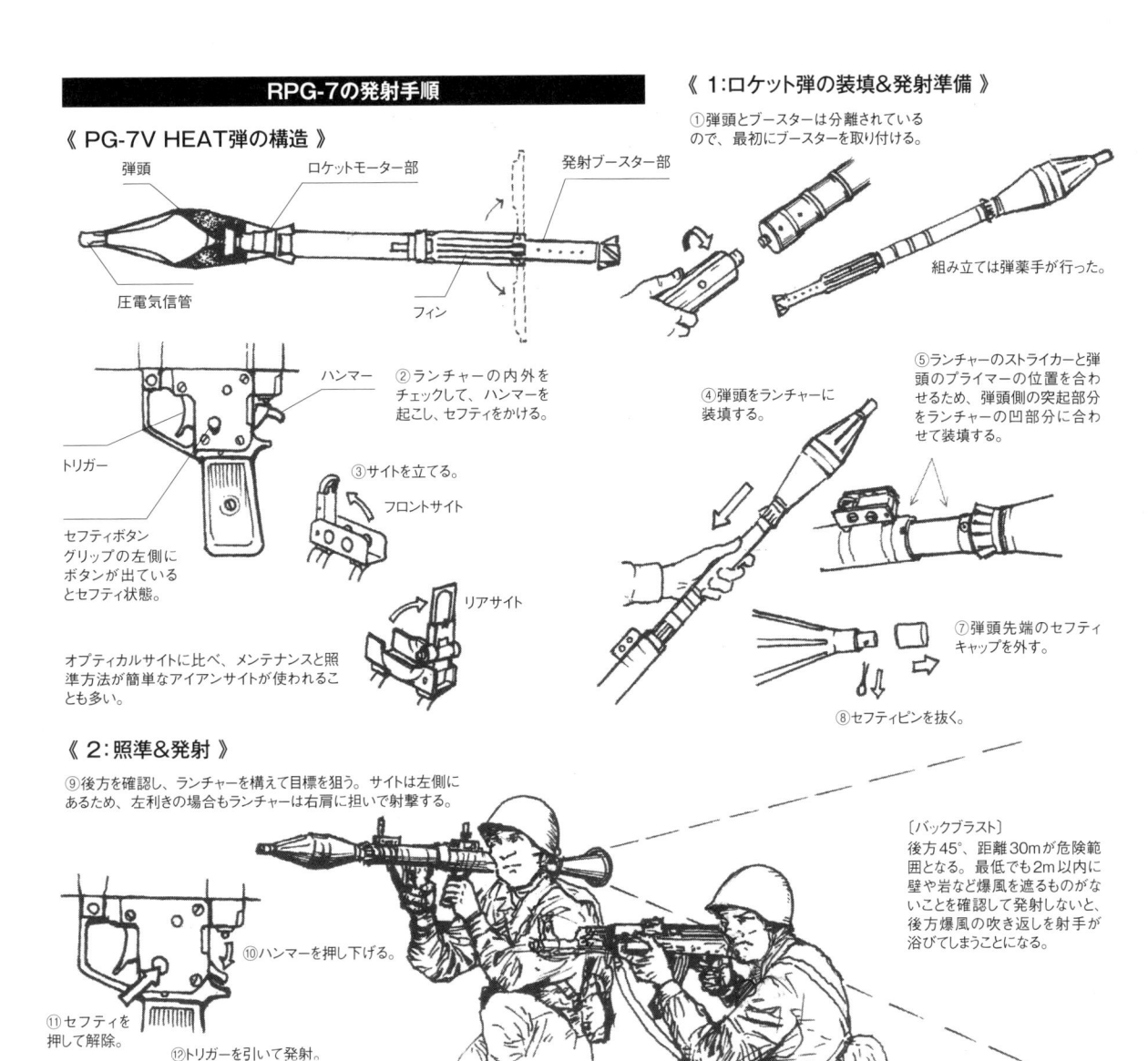

RPG-7の発射手順

《 PG-7V HEAT弾の構造 》

弾頭　　　ロケットモーター部　　　発射ブースター部

圧電気信管　　　フィン

② ランチャーの内外を
チェックして、ハンマーを
起こし、セフティをかける。

ハンマー

トリガー

③ サイトを立てる。

フロントサイト

セフティボタン
グリップの左側に
ボタンが出ている
とセフティ状態。

リアサイト

オプティカルサイトに比べ、メンテナンスと照
準方法が簡単なアイアンサイトが使われるこ
とも多い。

《 1:ロケット弾の装填＆発射準備 》

① 弾頭とブースターは分離されている
ので、最初にブースターを取り付ける。

組み立ては弾薬手が行った。

④ 弾頭をランチャーに
装填する。

⑤ ランチャーのストライカーと弾
頭のプライマーの位置を合わ
せるため、弾頭側の突起部分
をランチャーの凹部分に合わ
せて装填する。

⑦ 弾頭先端のセフティ
キャップを外す。

⑧ セフティピンを抜く。

《 2:照準＆発射 》

⑨ 後方を確認し、ランチャーを構えて目標を狙う。サイトは左側に
あるため、左利きの場合もランチャーは右肩に担いで射撃する。

⑩ ハンマーを押し下げる。

⑪ セフティを
押して解除。

⑫ トリガーを引いて発射。

〔バックブラスト〕
後方45°、距離30mが危険範
囲となる。最低でも2m以内に
壁や岩など爆風を遮るものがな
いことを確認して発射しないと、
後方爆風の吹き返しを射手が
浴びてしまうことになる。

RPGの射撃は2名で行う。弾薬手は射手を援護する。

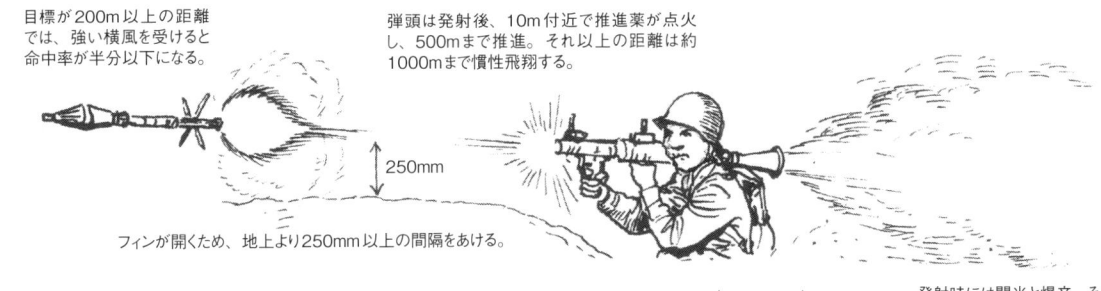

目標が200m以上の距離
では、強い横風を受けると
命中率が半分以下になる。

弾頭は発射後、10m付近で推進薬が点火
し、500mまで推進。それ以上の距離は約
1000mまで慣性飛翔する。

250mm

フィンが開くため、地上より250mm以上の間隔をあける。

発射時には閃光と爆音、そ
してバックブラストが埃を巻
き上げる。そのため射撃
後は敵に発見されやすいの
で、すぐに場所を移動する。

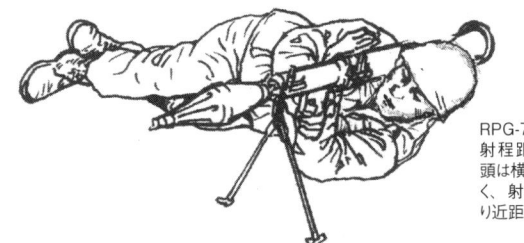

バイポッド付きの68式は、プローンポジションを取れば、
より安定して射撃できる。

RPG-7は、約1000mの
射程距離を有するが、弾
頭は横風の影響を受けやす
く、射撃距離は可能な限
り近距離が良いとされる。

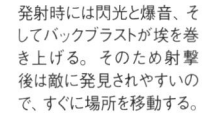

〔RPGの弱点〕
目標に着弾した際の圧力で信管が作動するため、ワイヤーネッ
トなどに当たり、圧力が緩衝されると、起爆せずに不発にな
ることがあった。

151

手榴弾

北ベトナム軍と解放戦線が使用した手榴弾は、国産、ソ連、中国、アメリカ製など多岐にわたる。また、ここで紹介している対人型の他に対戦車手榴弾などもある。

RGD-5

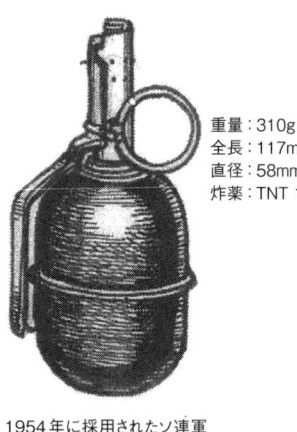

重量：310g
全長：117mm
直径：58mm
炸薬：TNT 110g

1954年に採用されたソ連軍の対人用破片型手榴弾。

《 RGD-5の構造 》

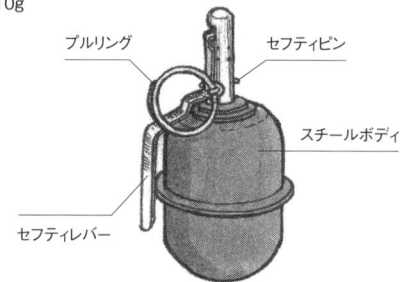

プルリング
セフティピン
スチールボディ
セフティレバー

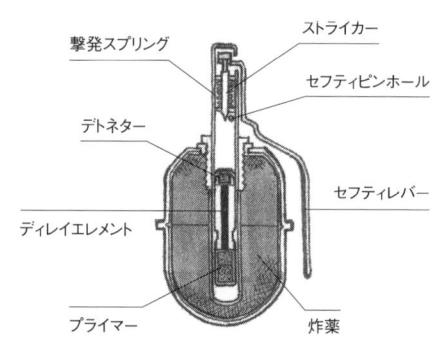

撃発スプリング
ストライカー
セフティピンホール
デトネーター
セフティレバー
ディレイエレメント
プライマー
炸薬

《 RGD-5の投擲方法 》

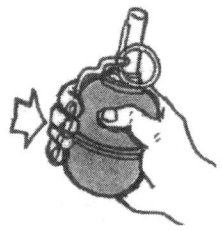

①レバーとボディをしっかり握る。

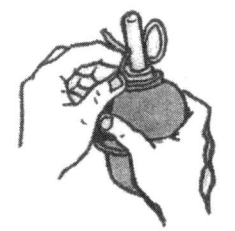

②セフティピンを伸ばす。

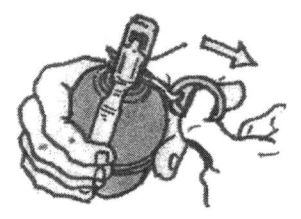

③プルリングを引き抜く。

④目標に投擲。

発火後、3〜4秒で爆発する。

67式木柄手榴弾

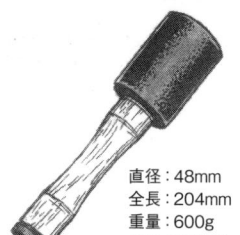

直径：48mm
全長：204mm
重量：600g
炸薬：TNT38g

中国製の破片型手榴弾。殺傷半径は7m。

安全キャップをねじって開け、防湿紙を破り、プルコードを取り出し、右手の小指にはめて力いっぱい投げる。

敵と接近している場合は、左手または口でプルコード引き抜けば素早く投げられることが可能だ。

《 67式木柄手榴弾の構造 》

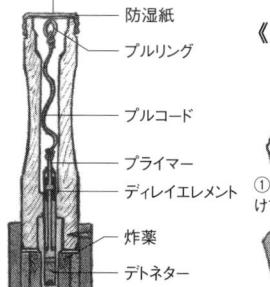

セフティキャップ
防湿紙
プルリング
プルコード
プライマー
ディレイエレメント
炸薬
デトネーター
ボディ

《 67式木柄手榴弾の投擲方法 》

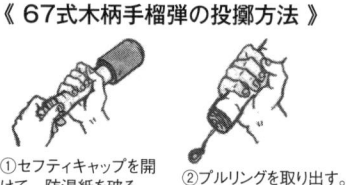

①セフティキャップを開けて、防湿紙を破る。

②プルリングを取り出す。

③右手の小指にリングをはめる。

④目標に向けて投擲する。

その他の手榴弾

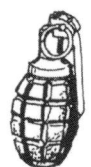

《 北ベトナム製の破片型手榴弾 》

デザインと発火方式は、アメリカ軍のMk.IIをコピーしたものが多かった。

《 柄付き手榴弾 》

北ベトナム製の破片型で、柄の部分は中国製より短い。ヒューズは摩擦式で発火させる。

《 Mk.II手榴弾 》

第二次大戦から使用されているアメリカ製破片手榴弾。

《 ミルスNo.36M 》

第二次大戦から使用されているイギリス製破片手榴弾。

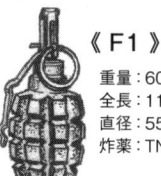

《 F1 》

重量：600g
全長：117mm
直径：55mm
炸薬：TNT 60g

フランス軍のF1手榴弾をベースに、ソ連で1941年から製造された破片型手榴弾。有効殺傷範囲は半径20〜30m。

《 RG-42 》

重量：420g
全長：127mm
直径：58mm
炸薬：TNT 200g

第二次大戦中の1942年にソ連軍が制式化した攻撃型手榴弾。

火砲など

迫撃砲

《 31式60mm迫撃砲 》

アメリカのM2 60mm迫撃砲をベースに中華民国において1940年代に造られた迫撃砲。

口径：60mm
砲身長：675mm
重量：20.2kg
最大射程：1530m

口径：120mm
砲身長：1862mm
重量：280kg
最大射程：6000m

《 M1938 120mm迫撃砲 》

1936年、ソ連軍に制式採用された重迫撃砲。ドイツ軍は、独ソ戦の際に鹵獲した本砲をコピーした12cm GrW42を採用している。戦後は共産国に供与されて、ベトナムでも使われた。

《 BM37(M1937)82mm迫撃砲 》

第二次大戦時のソ連軍の主力中口径迫撃砲。口径が82mmであるため、敵から鹵獲した81mm迫撃砲弾も使用可能であった。戦後は共産国に輸出され、中国は53式迫撃砲の名称でライセンス生産している。

口径：82mm
砲身長：1122mm
重量：56kg
最大射程：3040m

M1938迫撃砲を車両輪送用の牽引車に搭載した状態。

《 MT-13(M-43) 160mm重迫撃砲 》

口径：160mm
砲身長：3030mm
重量：1.27t
最大射程：5150m

北ベトナム軍が使用した最大のソ連製迫撃砲。砲身が長く、砲弾を砲口から装填できないため、砲身を支持する軸を中心に砲口を下げて砲尾から砲弾を装填した。

多連装ロケット砲

《 63式107mmロケット砲 》

口径：107mm
弾薬：107mmロケット弾
装填数：12発
全長：2600mm(牽引時)
全幅：1400mm
全高：1100mm
砲架：12連装牽引式
重量：385kg、613kg(ロケット弾装填時)

中国が開発し、1963年に制式化した12連装ロケットランチャー。電気発火式により、7～9秒で12発を斉射可能。ロケット弾は、榴弾(HE)、破片榴弾(HE-Frag)、煙幕弾(白燐弾)の3種類用意されていた。

対戦車ミサイル

《 9M14マリュートカ 》

ソ連が開発した有線誘導式の対戦車ミサイル。NATOのコードネームはAT-3サガー。ベトナム戦争で初めて実戦使用され、1972年には南ベトナム軍のM48戦車などを撃破している。

直径：125mm
全長：864m
重量：10.9kg
最大射程：3000m
最大装甲貫徹力：400mm

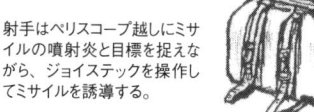

射手はペリスコープ越しにミサイルの噴射炎と目標を捉えながら、ジョイステックを操作してミサイルを誘導する。

無反動砲

《 56式75mm無反動砲 》

口径：75mm
弾薬：75mm無反動砲弾
装弾数：1発
全長：2100mm
砲身長：1700mm
全高：780mm
重量：34kg、52kg(トライポッドを含む)
最大射程：6000m
貫徹力：150mm / 30°、180mm / 0°

アメリカ軍M20無反動砲の中国コピーモデル、52式無反動砲を軽量化した改良モデル。

《 B-10無反動砲 》

口径：82mm
弾薬：82mm無反動砲弾
砲身長：1659mm
全長：1677mm
重量：87.6kg
最大射程：4500m

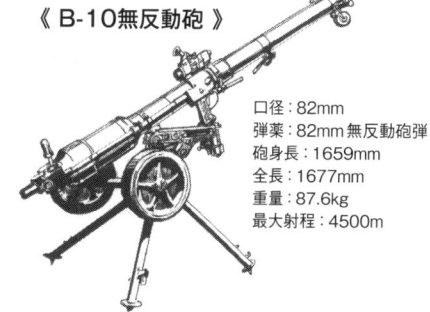

〔9S415誘導装置〕

〔発射台とミサイル〕

運搬用だけでなくミサイルの発射台にもなる。

ソ連が1954年に開発した滑腔砲身の無反動砲。折り畳み式のトライポッドには移動用の車輪が付く。北ベトナムには1965年に供与されている。

地雷

北ベトナム軍は、ソ連、中国、フランス、アメリカ製など各国の地雷を使用。特に対人地雷は多種多様なものが効果的に用いられた。人を傷付けることを目的にしている対人地雷の効果は、人的な被害だけでなく、攻撃された側の将兵に心理的な影響を与える。ゲリラ戦を行った解放戦線は、ジャングルだけでなく、様々な場所に対人地雷を設置して、アメリカ軍を悩ました。

解放戦線が最も使用した罠は手榴弾とワイヤーを組み合わせたタイプで、簡単な仕掛けだったが、高い効果をもたらした。

我々アメリカ兵は、ライフルの銃身に下げたレーションの缶切りが、トラップワイヤーに引っ掛かることで、危険を探知した。

張力作動式対人地雷

信管から張られたワイヤーを引くと起爆するタイプ。

《 POMZ-2 》

ソ連以外の共産国で作られた代表的な地雷。起爆用のヒューズは2種類あり、MUVは安全ピンに約900gの力が加わるとピンが抜けて発火する。UPMはワイヤーを張る箇所がヒューズ先端と側面にあり、先端は約1.1〜3.9kg、側面は3.6〜6.3kgの張力に対応しており、ワイヤーが外れたり、切断されると起爆する。

直径：58mm
全高：132mm
重量：1.9kg
本体材質：鉄

《 PMD-6 》

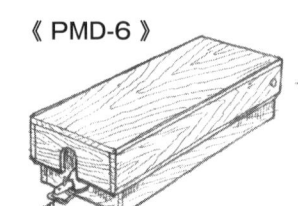

縦：187mm
横：88.9mm
全高：63.5mm
重量：396g
本体材質：木

ソ連製で、木製のため地雷探知機に反応しにくい。

《 北ベトナムの改造地雷 》

アメリカ軍のクラスター爆弾BLU-24/Bの不発弾を利用し、解放戦線が現地改造した対人地雷。

直径：95mm
重量：726g
本体材質：鉄

《 M62 》

縦：117mm
横：45mm
全高：53mm
重量：385g
本体材質：鉄

ハンガリー製の対人地雷。

空中炸裂型対人地雷

空中炸裂型の地雷は、信管に接触したり、張られたワイヤーに引っ掛かると、外層ケースから内装ケースが射出されて、1m以上の空中で爆発、破片を飛散させる。

《 OZM-3 》

ソ連製。

直径：76.2mm
全高：119mm
重量：3.2kg
本体材質：鉄、プラスチック

《 M2A4 》

アメリカ製。

直径：104mm
全高：244mm
重量：2.9kg
本体材質：鉄

《 PP-Mi-Sr 》

チェコスロバキア製。

直径：226mm
全高：137mm
重量：3.2kg
本体材質：鉄

《 M16/A1 》

アメリカ製。

直径：102mm
全高：198mm
重量：3.7kg
本体材質：鉄

《 M26 》

アメリカ製。

直径：78mm
全高：144mm
重量：997g
本体材質：アルミダイキャスト

指向性型対人地雷

一定方向に爆発するタイプ。電気信管を使用した遠隔操作の他、ワイヤーを利用して張力作動式にもできる。一番効果がある対人地雷といわれている。

《 M18A1クレイモア 》

アメリカ製。

横：215mm
縦：82mm
厚さ：35mm
重量：1.58kg
本体材質：プラスチック

《 DH-10 》

ベトナム製。

直径：457mm
厚さ：100mm
重量：9kg
本体材質：鉄

《 MDH-C40 》

ベトナム製。

縦：85mm
横：228mm
厚さ：46mm
重量：1.6kg
本体材質：プラスチック

《 MON-50 》

ソ連製。

横：226mm
縦：155mm
厚さ：66mm
重量：2kg
本体材質：プラスチック

圧力作動式対人地雷

圧力作動式は、地雷を踏んだり、接触して信管に圧力を加えたり、圧力が解放されて作動する構造の一般的なタイプ。

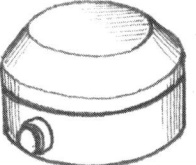

《 PMK-40 》

ソ連製。

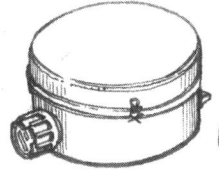

《 MN 》

ソ連製。

《 PMN 》

ソ連製。

直径：114mm
全高：55.8mm
重量：816g
本体材質：ベークライト

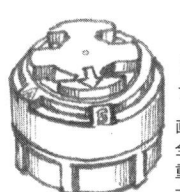

《 M14 》

アメリカ製。
直径：55.5mm
全高：39.6mm
重量：127g
本体素材：プラスチック

《 M25 》

カナダ軍C3A1をアメリカがライセンス生産したもの。
直径：51mm
全高：76mm
重量：80g
本体素材：鉄

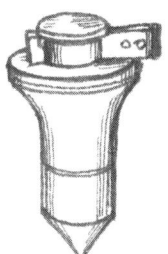

《 M3 》

アメリカ製。
縦：135mm
横：89mm
全高：135mm
重量：589g
本体材質：鉄

《 モデル1948 》

フランス製。
縦：106mm
横：99mm
全高：63.5mm
重量：589g
本体材質：アスファルト素材

対戦車地雷

《 8型多用途地雷 》

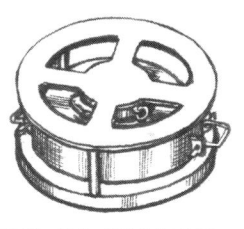

中国製の対人/対戦車兼用地雷。

直径：228mm
全高：101mm
重量：5.4kg
本体材質：金属製

《 M15対戦車地雷 》

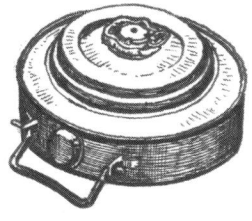

共産軍は、南ベトナム軍やアメリカ軍から鹵獲して使用した。

直径：333mm
全高：150mm
重量：13.6kg
本体材質：金属製

地雷の作動方式

〔圧力式〕
最も一般的なもので、踏むと起爆。

〔引っ掛け式〕
ワイヤーを引っ張ると起爆。

〔ワイヤー切断式〕
引っ掛け式と思わせ、ワイヤーを切断すると起爆

〔スプリング式〕
信管発火装置を押さえているものを取り除くと起爆。

〔振動式〕
車両の振動により起爆。

〔磁気感知式〕
車両の金属に反応し起爆。

〔無線式〕
遠隔操作で起爆。

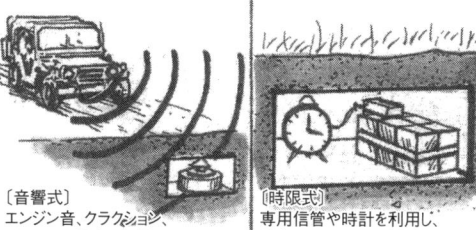

〔音響式〕
エンジン音、クラクション、サイレンに反応し起爆。

〔時限式〕
専用信管や時計を利用し、設定した時間に起爆。

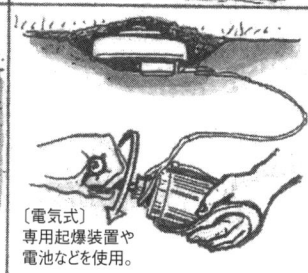

〔電気式〕
専用起爆装置や電池などを使用。

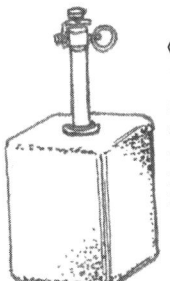

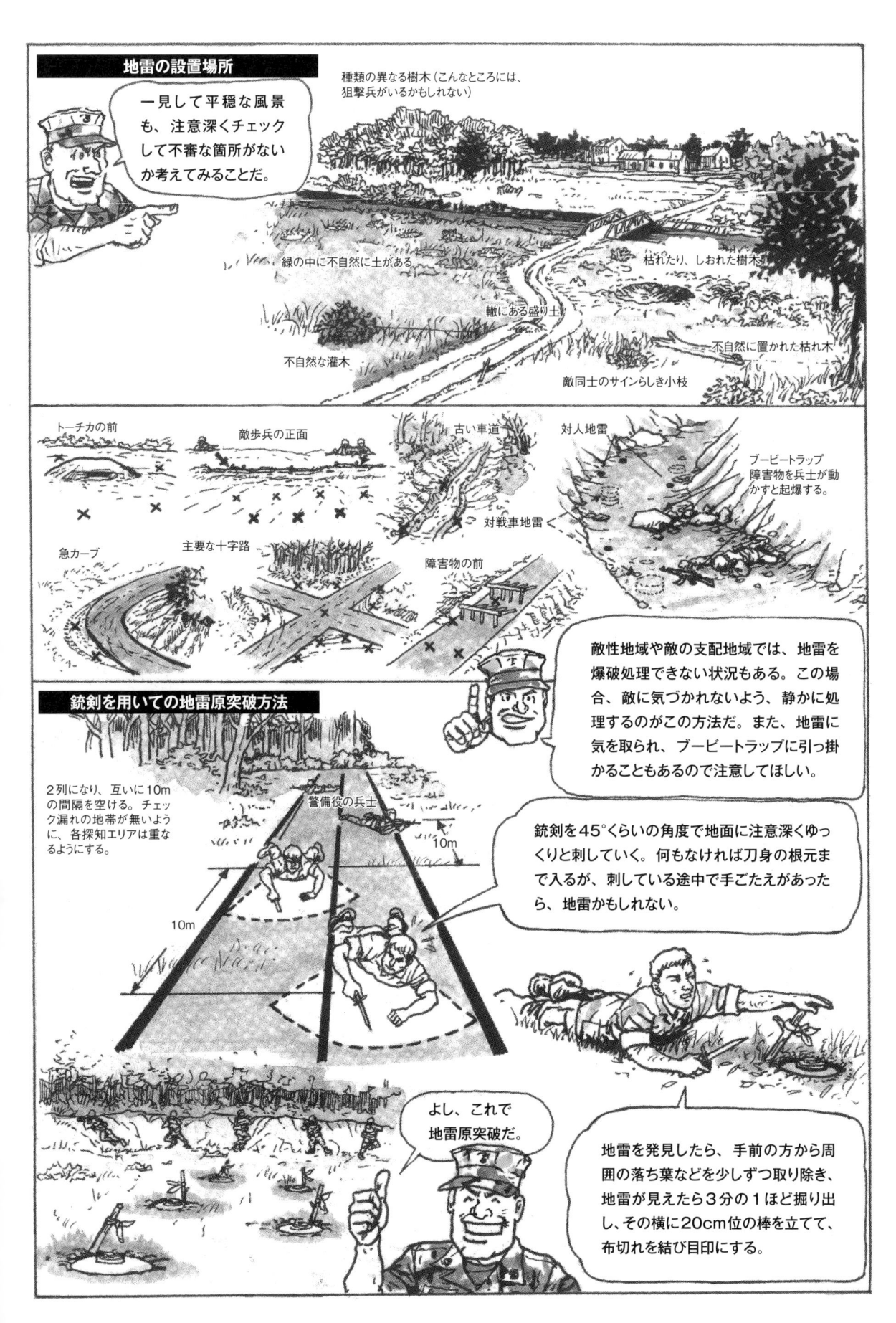

地雷の探知と撤去

地雷を探知するには地雷に関する十分な知識を持ち、常に細心の注意が必要とされる。各種の兆候を発見し、速やかに地雷の探知と適切な処理を取ること。

地雷の処理には次のような方法があります。

下の地雷処理戦車を前進させて、誘爆させる。これが最も手っ取り早い方法だけどね。

間接探知

視察による方法

動的徴候
・敵が避けて行動する地域
・地雷監視員らしき者の存在
・現地住民の言動など

静的徴候
・土地のわずかな陥没
・土の変色、地面の亀裂
・地雷設置に用いた材料の存在

航空写真の判読情報などを利用

直接探知

地雷探知棒及び探知機を使用

爆薬を使用

導火線や手榴弾などにより地雷を誘爆させる。

機械または家畜を利用

無人車両や無線(有線)誘導の車両を走らせる。地雷探知犬を使用する。または、牛馬などを地雷原予想地へ追いやって地雷を誘爆させる。

《 地雷処理戦車 》

地雷探知機を使用。発見次第、銃撃などで処理する。

《 地雷原偵察班 》

探知兵
地雷標識係
指揮官（将校または下士官）
リール
30m
警備兵
予備兵
走行テープ
後方警備及び連絡兵

《 地雷原突破班 》

探知機兵
地雷標識係
走行テープ
指揮官（下士官）
除去兵
除去確認兵
通信兵
予備兵

センサー部分を高く持ち上げすぎると感度が鈍くなってしまう。

地雷探知棒やナイフなども使用。地面に対して45°の角度で探りを入れる。

《 AN/PRS-3地雷探知機 》

センサープレートを下げ過ぎると、地面に接触してプレートの破損や地雷に接触する恐れがある。

鉄・非鉄金属製の地雷が探知できた。

北ベトナム軍の部隊編成と階級

北ベトナム軍の制式名称は"ベトナム人民軍"といい、陸・海・空軍に分かれている。ベトナム戦争中、その戦力は年ごとに変動したが、1973年当時の兵力は陸軍約50万名、海軍約4000名、空軍約12000名であった。主力となった陸軍は、正規軍だけでなく、地方部隊と民兵（20万〜40万名）で編成されており、南ベトナムに進攻した規模は平均4個師団だったと言われている。また、中国とソ連もベトナムに派兵を行い、中国は、輸送と防空支援などに関係する陸・海・空軍部隊を1965〜1973年までに、延べ29個師団を派兵。ソ連は、軍事顧問として延べ8000名の軍人を派遣し、教官として兵器の操作方法やMiG戦闘機の訓練に就いたといわれている。

北ベトナム陸軍の階級

区分	階級／階級章		補職の基準
兵	★	兵二	隊員
	★★	兵一	
下士官	★	下士	副分隊長
	★★	中士	分隊長
	★★★	上士	
准士官		准尉	副小隊長
尉官	★	少尉	副中隊長
	★★	中尉	中隊政治委員
	★★★	上尉	中隊長
	★★★★	大尉	副大隊長 大隊長 大隊政治委員
佐官	★	少佐	
	★★	中佐	副連隊長 大隊長 連隊政治委員
	★★	上佐	
	★★★★	大佐	副師団長 師団長師団政治委員 軍司令官 軍区政治委員
将官	☆	少将	
	☆☆	中将	副総参謀長 総政治部長
	☆☆☆	上将	
	☆☆☆☆	大将	総参謀長 総司令官 国防部長

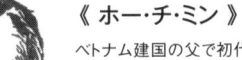

《 ホー・チ・ミン 》

ベトナム建国の父で初代国家主席。民族自立と国家独立を掲げて国民を指導した。1969年9月2日、ベトナムの南北統一を見ることなく79歳で死去。

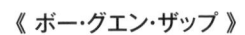

《 ボー・グエン・ザップ 》

1930年代より独立運動に関わり、1945年の独立宣言後の臨時政府では内務大臣や国防大臣を歴任した。インドシナ戦争ではベトナム軍の総司令官として作戦を指揮。ベトナム戦争においても引き続き総司令官を務め、北ベトナムを勝利に導いた。

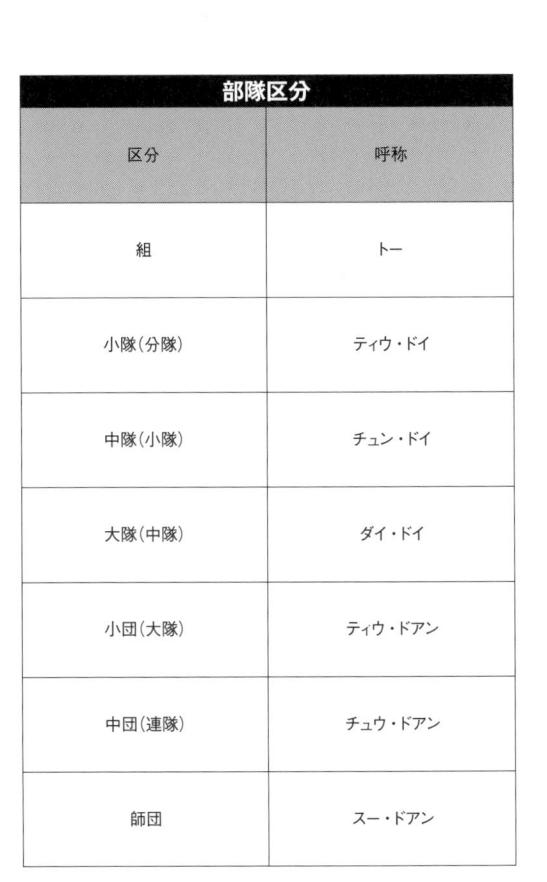

部隊区分

区分	呼称
組	トー
小隊（分隊）	ティウ・ドイ
中隊（小隊）	チュン・ドイ
大隊（中隊）	ダイ・ドイ
小団（大隊）	ティウ・ドアン
中団（連隊）	チュウ・ドアン
師団	スー・ドアン

北ベトナム軍の軍装

軍服

北ベトナム軍の軍服は、1940年代のベトミン軍時代に最初の軍服が制定されている。その後、1950年代には、中国人民解放軍などの影響を受けたデザインの軍服に替わり、ベトナム戦争時の軍服は58式と呼ばれる1958年に制定されたタイプだった。この58式は1980年に新型へ変わるまで使用が続けられている。

《 58式制服 》

将校用勤務服。カーキ色のウールギャバジンの生地で造られ、デザインは中国人民解放軍の制服に類似している。他に同じデザインのコットン生地で造られた野戦用もある。

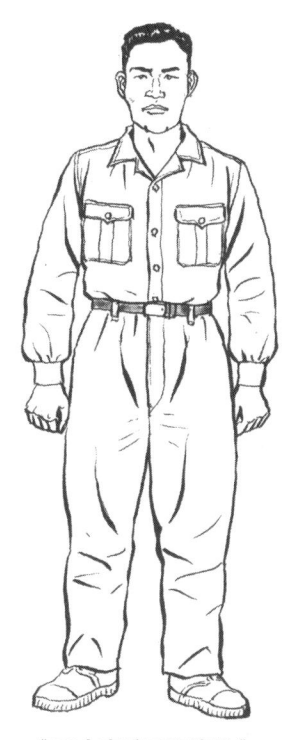

《 下士官兵用野戦服 》

上衣は2ポケットのシャツスタイル。

《 防空部隊兵士 》

高射砲や機関砲を扱う防空部隊の将兵にはヘルメットが支給された。

《 装甲車両搭乗員 》

戦闘服は歩兵と同じものを使用した。戦車帽はソ連からの供与品。

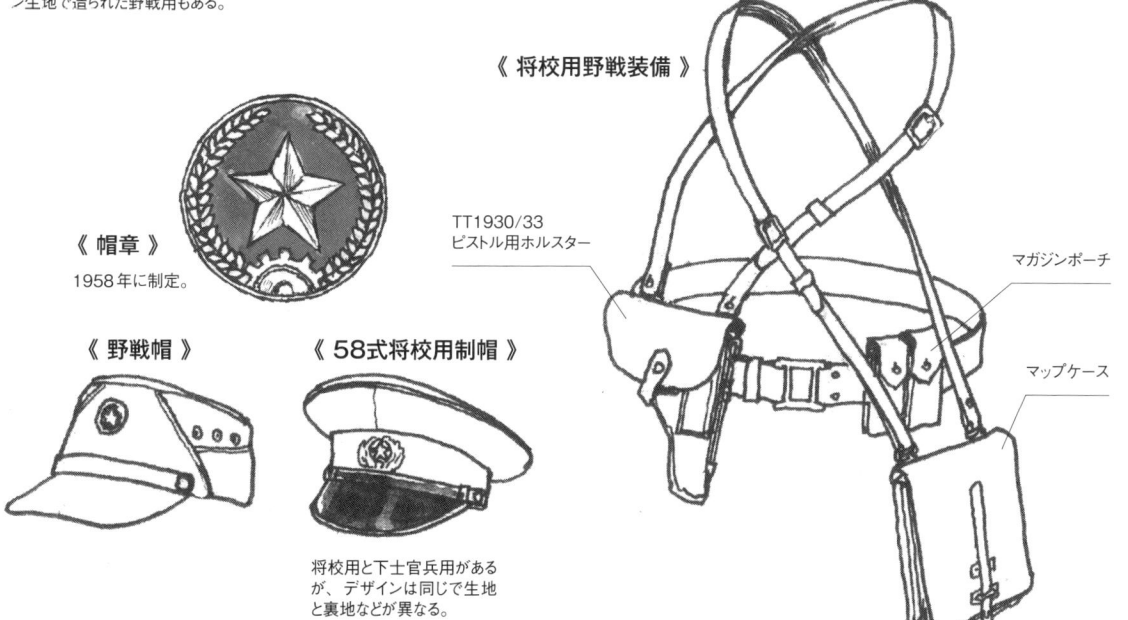

《 帽章 》

1958年に制定。

《 野戦帽 》

《 58式将校用制帽 》

将校用と下士官兵用があるが、デザインは同じで生地と裏地などが異なる。

《 将校用野戦装備 》

TT1930/33
ピストル用ホルスター

マガジンポーチ

マップケース

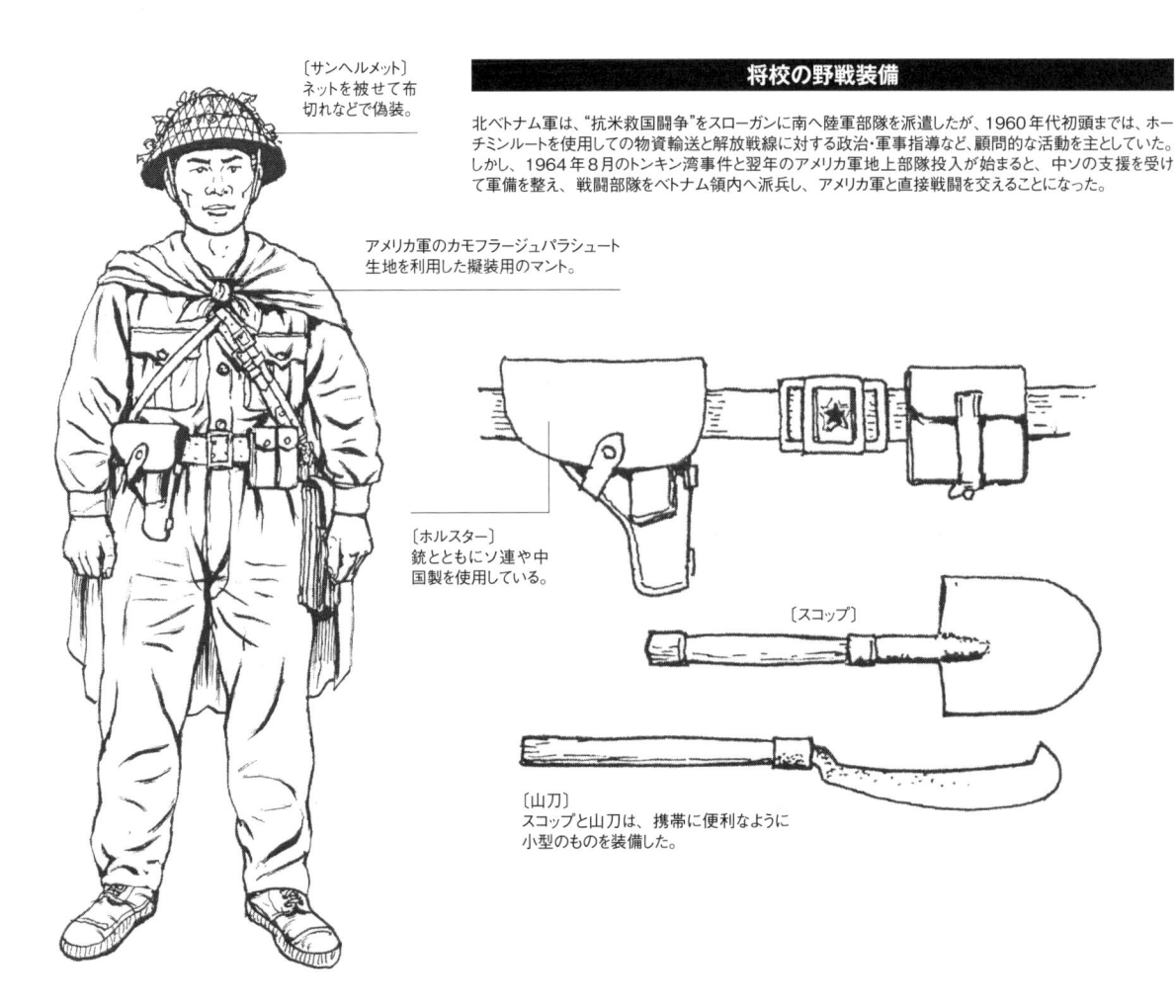

将校の野戦装備

北ベトナム軍は、"抗米救国闘争"をスローガンに南へ陸軍部隊を派遣したが、1960年代初頭までは、ホーチミンルートを使用しての物資輸送と解放戦線に対する政治・軍事指導など、顧問的な活動を主としていた。しかし、1964年8月のトンキン湾事件と翌年のアメリカ軍地上部隊投入が始まると、中ソの支援を受けて軍備を整え、戦闘部隊をベトナム領内へ派兵し、アメリカ軍と直接戦闘を交えることになった。

〔サンヘルメット〕
ネットを被せて布切れなどで偽装。

アメリカ軍のカモフラージュパラシュート生地を利用した擬装用のマント。

〔ホルスター〕
銃とともにソ連や中国製を使用している。

〔スコップ〕

〔山刀〕
スコップと山刀は、携帯に便利なように小型のものを装備した。

下士官/兵の野戦装備

《 行軍軍装の軽機関銃射手 》

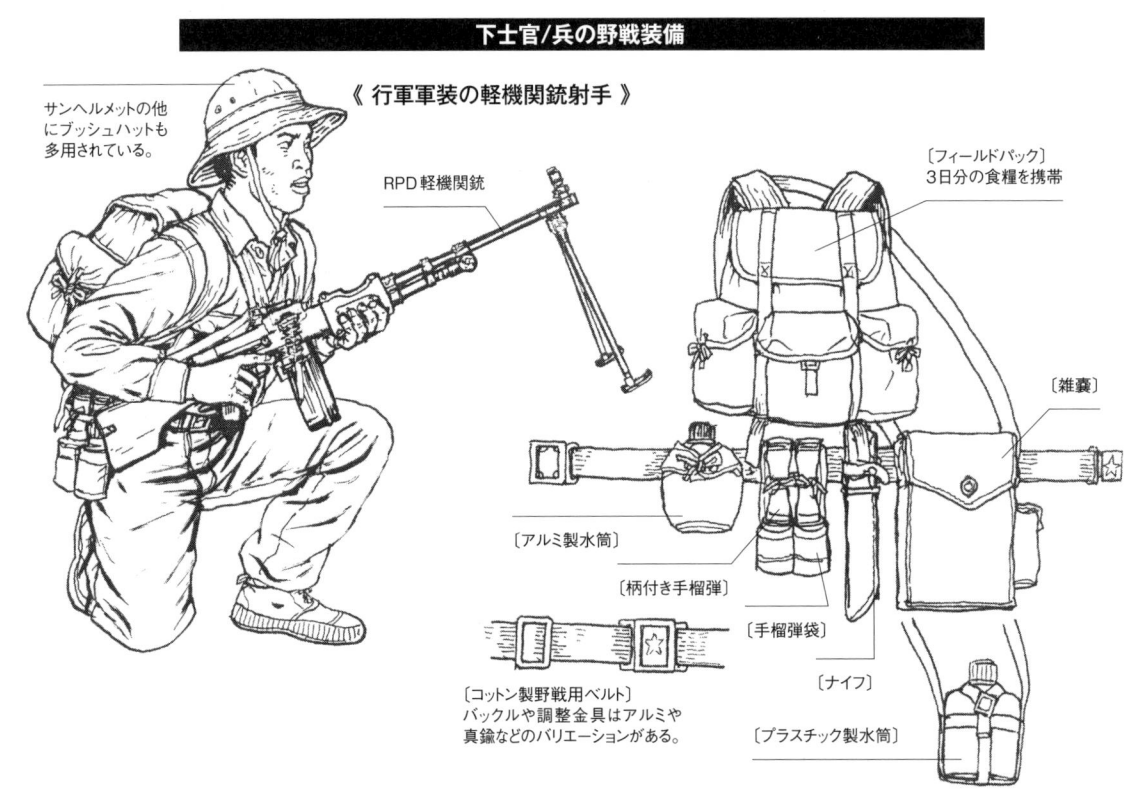

サンヘルメットの他にブッシュハットも多用されている。

RPD 軽機関銃

〔フィールドパック〕
3日分の食糧を携帯

〔雑嚢〕

〔アルミ製水筒〕

〔柄付き手榴弾〕

〔手榴弾袋〕

〔ナイフ〕

〔コットン製野戦用ベルト〕
バックルや調整金具はアルミや真鍮などのバリエーションがある。

〔プラスチック製水筒〕

ヘッドギア

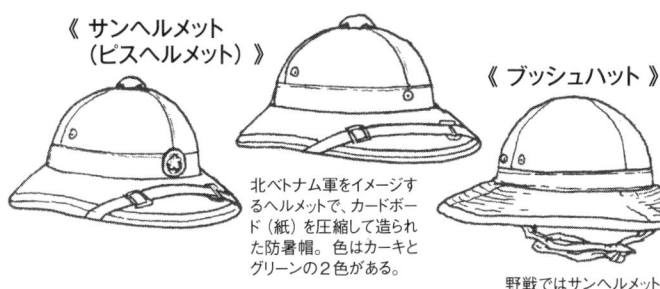

《 サンヘルメット（ピスヘルメット）》

北ベトナム軍をイメージするヘルメットで、カードボード（紙）を圧縮して造られた防暑帽。色はカーキとグリーンの2色がある。

《 ブッシュハット 》

野戦ではサンヘルメットとともに多用された。

《 野戦帽 》

これもサンヘルメットとともに多用された。

《 スチールヘルメット 》

ソ連を中心にヨーロッパの共産国から供与。陸軍では主に防空部隊、海軍では艦艇の砲手などが使用した。

AK-47ライフルを装備した一般兵士

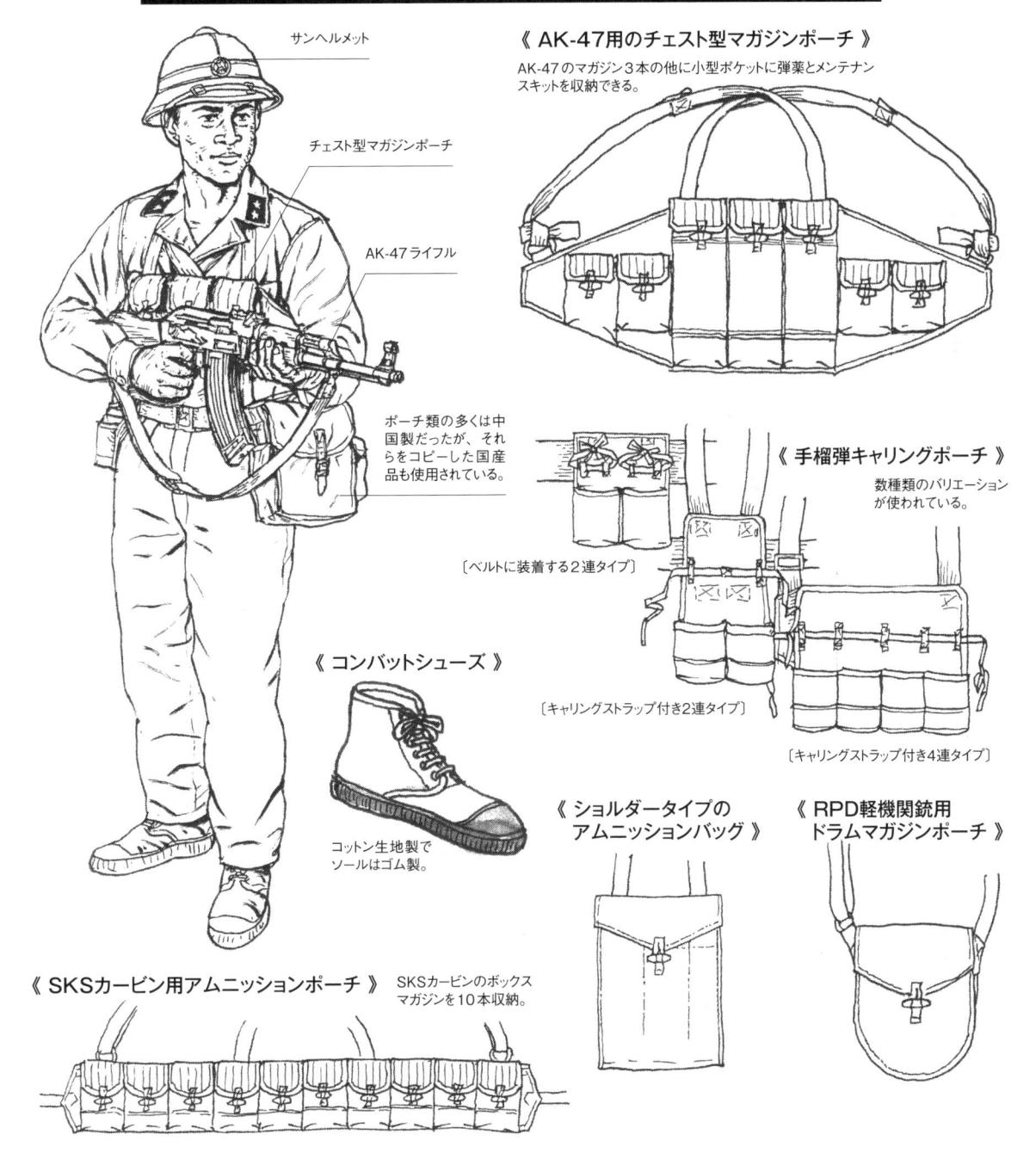

サンヘルメット

チェスト型マガジンポーチ

AK-47ライフル

《 AK-47用のチェスト型マガジンポーチ 》

AK-47のマガジン3本の他に小型ポケットに弾薬とメンテナンスキットを収納できる。

ポーチ類の多くは中国製だったが、それらをコピーした国産品も使用されている。

《 手榴弾キャリングポーチ 》

数種類のバリエーションが使われている。

〔ベルトに装着する2連タイプ〕

〔キャリングストラップ付き2連タイプ〕

〔キャリングストラップ付き4連タイプ〕

《 コンバットシューズ 》

コットン生地製でソールはゴム製。

《 ショルダータイプのアムニッションバッグ 》

《 RPD軽機関銃用ドラムマガジンポーチ 》

《 SKSカービン用アムニッションポーチ 》

SKSカービンのボックスマガジンを10本収納。

南ベトナム解放民族戦線（NLF）

インドシナ戦争後、誕生した南ベトナムでは共主主義者に対する取り締まり、キリスト教の優遇政策と仏教徒への弾圧、政府高官の汚職や貧富の格差問題などの不安定な政情が続いていた。また、共産勢力のテロや民衆の反政府運動の多発と、それに対する政府の弾圧が繰り返されるという状況にあった。政府の弾圧に対抗すべく、共産主義者を主流に学生、労働者、知識人、宗教家、民族主義者などの様々なグループが集合し、統一戦線を組織化する。そして1960年12月10日に結成されたのが、"南ベトナム解放民族戦線（National Liberation Front ＝ NLF、以下、解放戦線）"である。組織は、最高機関の幹部会と中央委員会により運営されたが、実質的には北ベトナム政府の指示により活動していくことになる。解放戦線の活動は、農村部などを拠点に反政府・反米の宣撫工作と南ベトナム軍やアメリカ軍基地への襲撃、パトロール隊への待ち伏せ攻撃、都市部での爆弾テロや南ベトナム政府官僚と軍人の暗殺・誘拐、諜報だった。その勢力は、1960年の結成時の約6万名から終戦の1975年までには45万名までに拡大した。アメリカ軍の兵力がピークに達した1968年時点での戦闘部隊の戦力は約10万名だったといわれている。

解放戦線の兵士

《 行軍時の兵士 》

北から送られてくる物資は武器・弾薬が優先された。そのため、食料などの支給は少なく長距離移動の際には、解放戦線の勢力下にある農村で食料を調達した。

《 女性兵士 》

女性が戦闘に直接かかわることはあまりなかったが、ホーチミンルートの整備やブービートラップの仕掛けを行ったり、都市部ではクラブのホステスやアメリカ軍基地にメイドとして入り込み、情報収集などを行っている。

《 戦闘装備を身に付けた兵士 》

1966年以降、北ベトナムの本格的な支援が始まり、同時に中国やソ連からの物資も南に送られるようになると、兵器や装備も北ベトナム軍と同様に援助品が中心となった。

《 SKSカービン用アムニッションポーチ 》

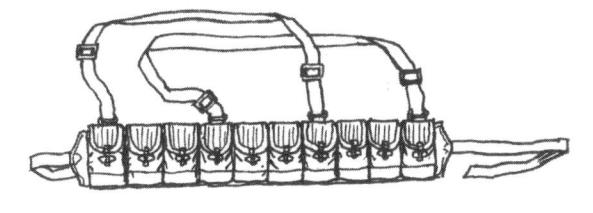

ゲリラ戦を行うため、服装は農民の場合、日常着用している農民服姿であることが多い。この農民服は解放戦線だけでなく、北ベトナム軍の特殊部隊も使用した。

《 葉笠（ノンラー） 》

農民服とともに解放戦線の"ベトコンゲリラ"をイメージするベトナムの伝統的な笠。実際は、ブッシュハットや迷彩カバーをかけた籐製のサンヘルメットの使用が多かった。

《 M1カービン 》

《 MAT-49 》

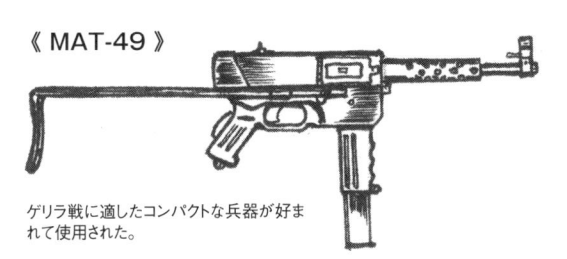

ゲリラ戦に適したコンパクトな兵器が好まれて使用された。

《 ホーチミンサンダル 》

古タイヤを再利用して造られたゴム製のサンダル。

《 戦闘時のスタイル 》　　　　**《 行軍時のスタイル 》**

中国製50式衝鋒槍（サブマシンガン）とチェスト型マガジンポーチを装備。

パラシュート生地のマント

攻撃の際は、行動しやすいように武器と弾薬のみの軽装で行う。また、足音を立てないように裸足になることもあった。

アメリカ軍の迷彩パラシュート生地は、偽装用のマントとして使われたり、短冊状にカットしてサンヘルメットに装着された。M79グレネードランチャーなどの最新兵器も南ベトナム軍やアメリカ軍から鹵獲して使用している。

アムニッションポーチ

MAT-49

米袋

レインコート

リュックサック

水筒

リュックなどに着替えの下着や衣類の他、糧食として米（約20kg）、塩、肉や魚の乾物を携帯した。

163

解放戦線の地下トンネル

解放戦線（ベトコン）のトンネル陣地は、インドシナ戦争で初めて構築された。ベトナム戦争でも拠点になる地域に多くの陣地が構築され、特に"鉄の三角帯"と呼ばれたクチ地区には総延長200kmに及ぶ地下トンネルで繋がった陣地が造られている。地下トンネルの施設は、地上に面した位置に、施設への出入口、射撃ポスト、指揮所、通気口が設置され、いずれも敵に発見されないよう擬装されていた。地下には防空壕、外科手術が行える救急施設、弾薬庫、休息所などの設備が設けられており、各施設は通路で連絡されていた。トンネル内は敵の攻撃を防ぐため上下左右に蛇行した複雑に入り組んだ構造で、また、侵入した敵の動きを阻止するトラップも設置されていた。

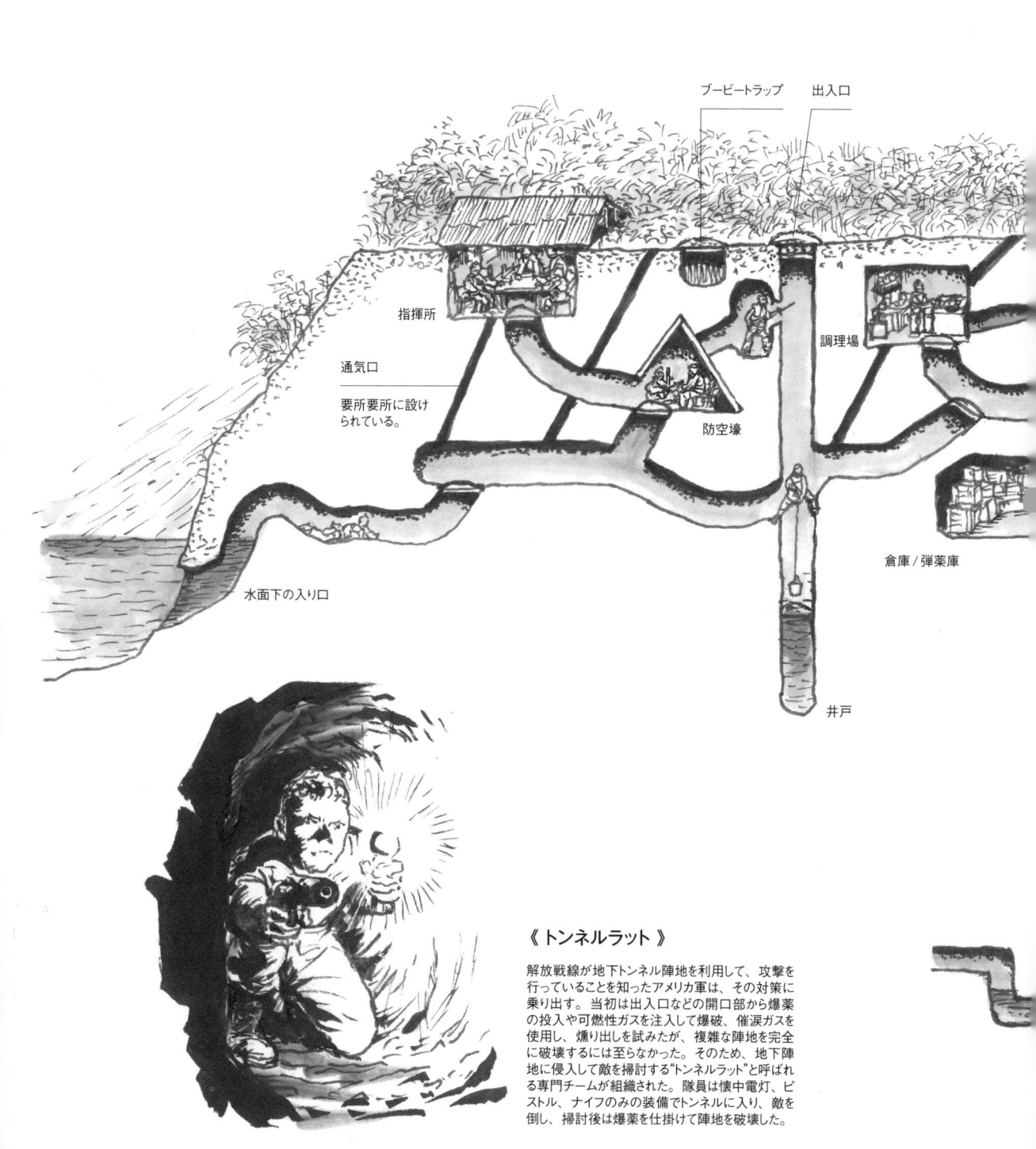

ブービートラップ　　出入口

指揮所

通気口

要所要所に設け
られている。

防空壕

調理場

倉庫/弾薬庫

水面下の入り口

井戸

《 トンネルラット 》

解放戦線が地下トンネル陣地を利用して、攻撃を行っていることを知ったアメリカ軍は、その対策に乗り出す。当初は出入口などの開口部から爆薬の投入や可燃性ガスを注入して爆破、催涙ガスを使用し、燻り出しを試みたが、複雑な陣地を完全に破壊するには至らなかった。そのため、地下陣地に侵入して敵を掃討する"トンネルラット"と呼ばれる専門チームが組織された。隊員は懐中電灯、ピストル、ナイフのみの装備でトンネルに入り、敵を倒し、掃討後は爆薬を仕掛けて陣地を破壊した。

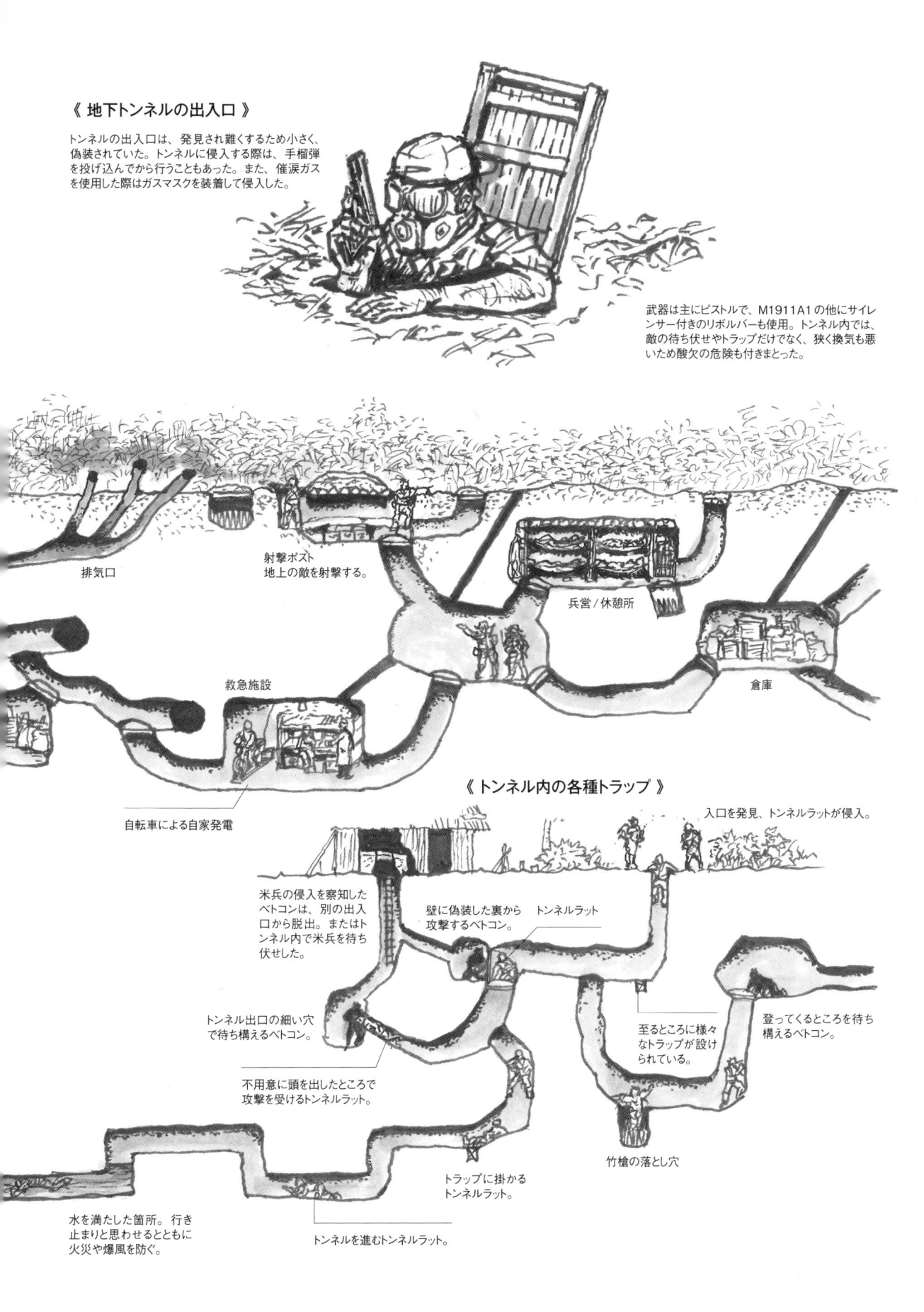

《 地下トンネルの出入口 》

トンネルの出入口は、発見され難くするため小さく、偽装されていた。トンネルに侵入する際は、手榴弾を投げ込んでから行うこともあった。また、催涙ガスを使用した際はガスマスクを装着して侵入した。

武器は主にピストルで、M1911A1 の他にサイレンサー付きのリボルバーも使用。トンネル内では、敵の待ち伏せやトラップだけでなく、狭く換気も悪いため酸欠の危険も付きまとった。

排気口

射撃ポスト
地上の敵を射撃する。

兵営／休憩所

倉庫

救急施設

自転車による自家発電

《 トンネル内の各種トラップ 》

入口を発見、トンネルラットが侵入。

米兵の侵入を察知したベトコンは、別の出入口から脱出。またはトンネル内で米兵を待ち伏せした。

壁に偽装した裏から攻撃するベトコン。

トンネルラット

トンネル出口の細い穴で待ち構えるベトコン。

至るところに様々なトラップが設けられている。

登ってくるところを待ち構えるベトコン。

不用意に頭を出したところで攻撃を受けるトンネルラット。

竹槍の落とし穴

水を満たした箇所。行き止まりと思わせるとともに火災や爆風を防ぐ。

トラップに掛かるトンネルラット。

トンネルを進むトンネルラット。

ベトナム戦：空と海の戦い

北ベトナム軍の対空兵器

アメリカ軍の北爆が1964年8月に始まった。この北爆から祖国を守るため、北ベトナム軍は中国、ソ連の支援を受けて防空網を整備する。防空の主役となったのは機関砲、高射砲、そして当時最新鋭のレーダー誘導地対空ミサイルなどの対空兵器であった。

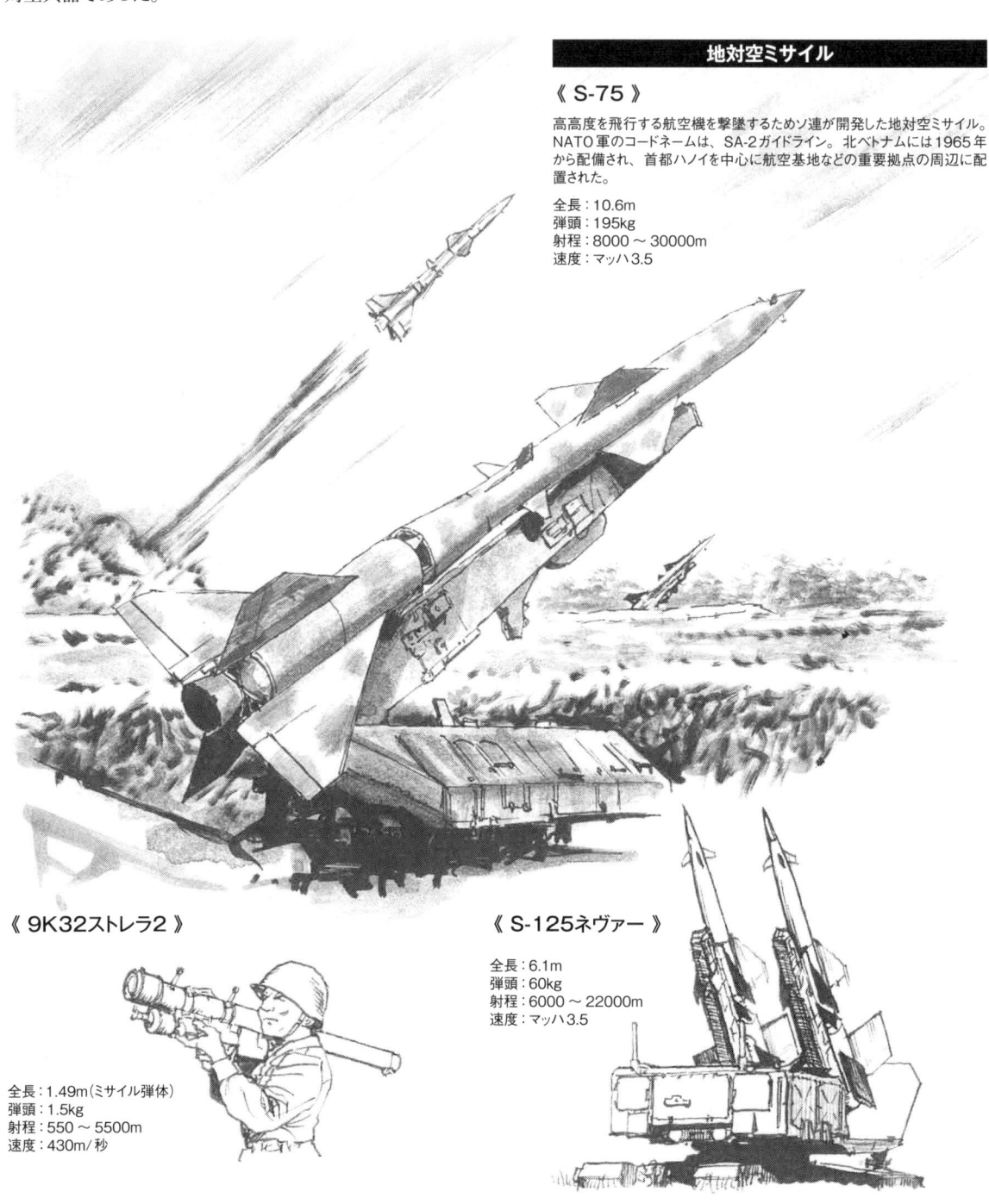

地対空ミサイル

《 S-75 》

高高度を飛行する航空機を撃墜するためソ連が開発した地対空ミサイル。NATO軍のコードネームは、SA-2ガイドライン。北ベトナムには1965年から配備され、首都ハノイを中心に航空基地などの重要拠点の周辺に配置された。

全長：10.6m
弾頭：195kg
射程：8000〜30000m
速度：マッハ3.5

《 9K32ストレラ2 》

全長：1.49m(ミサイル弾体)
弾頭：1.5kg
射程：550〜5500m
速度：430m/秒

《 S-125ネヴァー 》

全長：6.1m
弾頭：60kg
射程：6000〜22000m
速度：マッハ3.5

ソ連から供与された携帯式地対空ミサイル。NATOコードネームは、SA-7Aグレイル。航空機の熱源を捉えるパッシブ赤外線ホーミング式で追尾し、目標を破壊する。

ソ連が中・高高度用の防空兵器として開発した地対空ミサイル。NATOコードネームはSA-3ゴア。発射基は2連、3連、4連装の固定式。北ベトナムには1973年頃に供与されている。

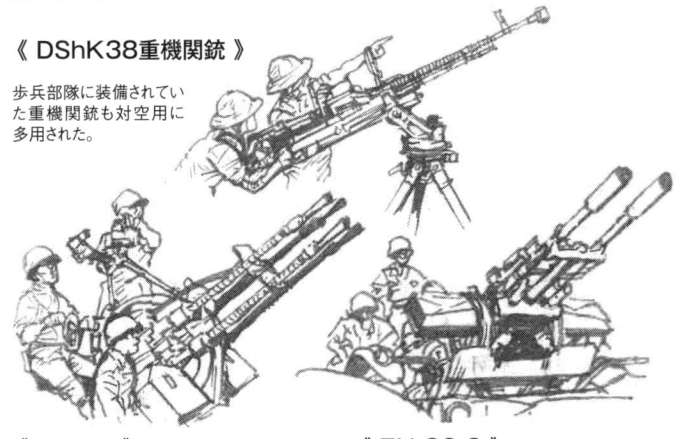

《 DShK38重機関銃 》

歩兵部隊に装備されていた重機関銃も対空用に多用された。

《 ZPU-4 》

KPV重機関銃を対空マウントに搭載した4連装対空機関銃。低空域の防衛に使用された。他に2連装のZPU-2も使用されている。

口径：14.5mm
弾薬：14.5x114mm弾
装弾数：ベルト給弾1200発（1挺）
重量：1.8t
最大射程：8000m（地上）
最大射程高度：5000m
有効射程高度：1400m
発射速度：600発／分（1挺）

《 ZU-23-2 》

23mm口径の2A14機関砲2門の連装高射機関砲。ZPU-4とともに低高度の防空に活躍した。

口径：23mm
弾薬：23x152mmB弾
装弾数：ベルト給弾50発
重量：1.8t
有効射程：2500m（地上）、2000m（高度）
有効射程：1400m（高度）
発射速度：400発／分

《 2cm Flak38 》

Flak38は、1940年にドイツ軍が採用した高射機関砲。初期の援助でソ連から供与された鹵獲兵器の一つである。

口径：20mm
弾薬：20×138mmB弾
装弾数：ボックスマガジン20発
全長：4.08m
砲身長：1.3m
重量：450kg
最大射程：4800m（地上）、3700m（高度）

口径：37mm
弾薬：37×252mmSR弾
装弾数：クリップ給弾5発
全長：5.5m
砲身長：2.73m
重量：2.1t
最大射程：9500m（地上）、6700m（高度）
有効射程：4000m（高度）

《 61-K（M1939）》

1938年にソ連で開発された低／中高度用の37mm対空機関砲。北ベトナムに展開した中国人民解放軍の防空部隊も同砲を国産化した55式を装備して対空戦闘を行っている。

口径：57mm
弾薬：57×348mm SR弾
装弾数：クリップ給弾4発
全長：8.5m
砲身長：4.4m
重量：4.6t
最大射程：4000m（光学照準）、6000m（レーダー照準）

《 S-60 》

低／中高度用の57mm対空機関砲。レーダー管制射撃が可能な機関砲で、索敵レーダーと射撃管制装置の組み合わせにより最大8門の管制射撃が行えた。

《 52-K/ KS-12 》

口径：85mm
弾薬：85×629mm R弾
装弾数：1発
全長：7.05m
砲身長：4.7m
重量：4.5t
最大射程：15650m（地上）、10500m（高度）

52-Kは、ソ連軍が1939年に採用した85mm高射砲。KS-12は、1944年の改良後のモデル。高度1500〜7000mの目標に対して使用された。

《 KS-19 》

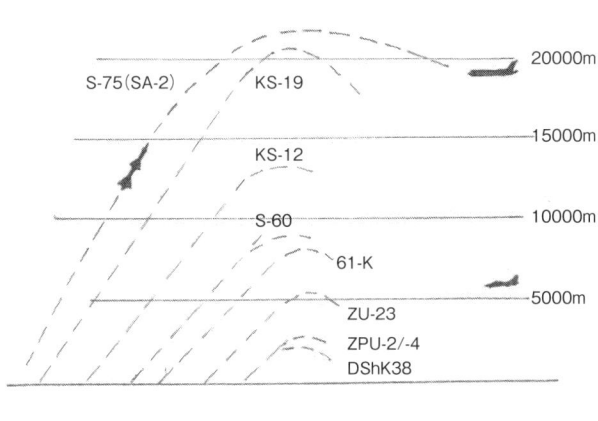

口径：100mm
弾薬：100×695 mm R弾
装弾数：1発
全長：7.05m
砲身長：4.7m
重量：4.5t
最大射程：21000m（地上）、12700m（高度）

北ベトナム軍が装備した最大の高射砲。高度1900〜8000mの中／高高度空域をカバーする。毎分15発の発射速度を活かしてアメリカ軍の航空機へ強力な弾幕を張った。

《 対空砲の最大射程（有効射程は約1/3から1/2）》

S-75（SA-2）　KS-19　20000m
KS-12　15000m
S-60　10000m
61-K
ZU-23　5000m
ZPU-2/-4
DShK38

ヘリボーン作戦

空中機動部隊第1騎兵師団

歴戦の部隊である第1騎兵師団は1965年8月にベトナムに派遣された。同師団はヘリコプターを活用した空中機動戦術を行う第11空中強襲師団（1963年2月創設のテスト師団）から、1965年7月に改編されたばかりの新鋭空中機動師団となっていた。部隊は3個騎兵大隊を基幹として、1万5787名の兵力に434機の航空機（内6機はOV-1）を装備。ヘリコプターを中心に行動するため車両は1600両と、歩兵師団の半分であった。派遣から約1カ月後の10月、イアドラン渓谷の戦いを皮切りに、ベトナムから撤退するまで、数々のヘリボーン作戦を実施していくことになる。

《 サーチ・アンド・デストロイ作戦 》

第1騎兵師団では空中機動を活用し、下記のような要領で作戦を実施した。

①航空騎兵偵察隊が空中索敵を行い、敵を発見する。

②発見した敵に対して、騎兵大隊をヘリボーンにより当該エリアに投入。地上パトロールを実施する。

③空中斥候が敵を発見、あるいは地上パトロール隊が接敵したら、攻撃部隊をヘリボーンで空輸して攻撃を開始する。

④情況に応じて空中砲兵（榴弾砲はヘリで空輸）を投入して支援砲撃を実施する。

　空陸一体の高い機動力をもたらしたヘリボーン作戦は共産軍にとって脅威となり、彼らはその対策が整うまで積極的な攻撃を避けていた。

第1騎兵師団の部隊章

《 クレージーホース作戦 》

空中機動中隊

ヘリボーン

ヘリボーン

航空支援

航空支援

砲兵陣地

ビィンディン省の山岳地帯とジャングルで1966年5月16日から6月5日まで実施された"クレージーホース作戦"では、山間部で発見した解放戦線1個連隊に対する包囲攻撃が実行された。第1騎兵師団は敵正面に待ち伏せ部隊を配置、そして敵の後方に空中機動中隊を投入して包囲が完了すると攻撃を開始した。攻撃には砲兵隊と空軍の航空支援も加わり、猛烈な砲爆撃から脱出しようとした解放戦線は、待ち伏せ部隊の攻撃も受けて大損害を被り、撤退していった。この戦いは、山岳地におけるヘリボーン運用の有効性を実証した作戦となったのである。

ベトナム戦争では、ヘリコプターが主要作戦機として本格的に投入された。アメリカ軍は、1940年代から当時の最新鋭機までの様々な機種を投入して用途別に運用している。

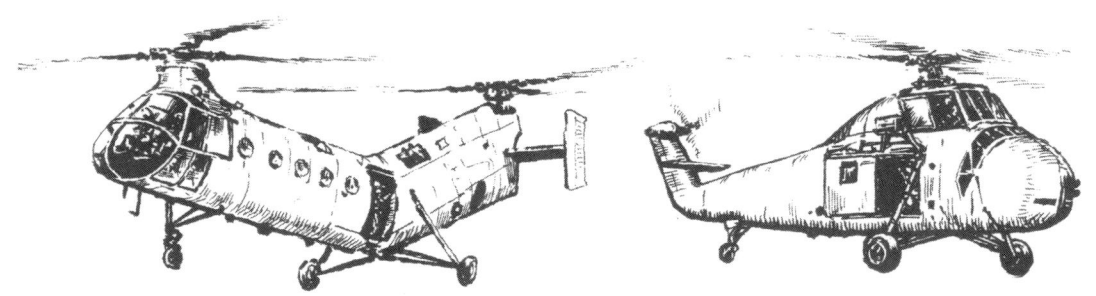

《 ボーイングバートル（バイアセッキ）CH-21ショーニー 》

南ベトナム軍支援のため、1962年に軍事顧問団として派遣されたアメリカ陸軍のヘリコプター輸送中隊が使用した大型輸送ヘリコプター。兵員22名を輸送できた。

《 シコルスキーHUS-1（CH-34）シーホーク 》

海兵隊が使用した人員・貨物輸送ヘリコプター。輸送兵員数は12名。

《 ベルUH-1Bイロコイス 》

陸軍が最初に採用したA型の改良モデルで、1961年3月から運用を開始した。乗員3名の他、兵員7名が搭乗可能。ベトナムでは主にガンシップとして使用された。

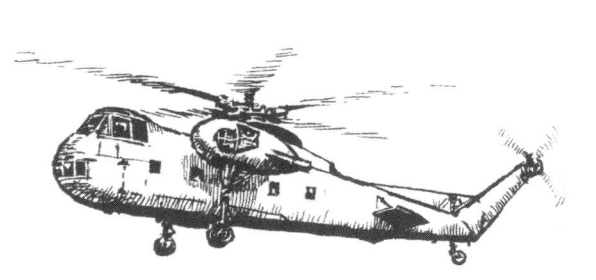

《 シコルスキーCH-37Cモハービ 》

海兵隊の要求により開発された輸送ヘリコプター。1956年に配備され、兵員26名の輸送が可能な当時西側最大の大型ヘリコプターだった。ベトナムではその大きなパワーを生かして、墜落したヘリコプターの回収任務も行っている。

《 ボーイングバートルCH-46Dシーナイト 》

HUS-1に替わり、1961年に採用された海兵隊の新型輸送ヘリコプター。乗員3名の他、25名の兵員または約2.2tの貨物を搭載できる。

《 ベルUH-1Hイロコイス 》

ベトナム戦の陸軍主力ヘリコプター。1400馬力エンジンを搭載し、機体を延長したことで初期生産型よりもキャビンスペースが広くなり、搭乗可能な兵員数は11名に増えた。

《 ジャングルキャノピー・プラットホームシステム 》

ヘリコプターの簡易ヘリポートをジャングルの樹木の上に設置するシステム。長さ60m、幅6mのスチールネットを十字に張り、その上に5.4mのプラットホームを設置する。プラットホームにはパワーホイストが付属しており、人員や貨物の降下と負傷者を引き上げることができた。

《 ボーイングバートルCH-47Aチヌーク 》

アメリカ陸軍が1962年に採用した大型輸送ヘリコプター。約14tの積載量を持ち、105mm榴弾砲などの重量物の輸送も可能であった。

《 シコルスキーCH-54スカイクレーン 》

固定キャビンを持たない特徴あるデザインの重貨物輸送ヘリコプター。約9.1tの積載量を活かして、陸路ではいけない場所へ陣地構築資材、ブルドーザー、155mm榴弾砲などを輸送した。

《 シコルスキーCH-53シースタリオン 》

CH-37の後継機として海兵隊が採用した大型輸送ヘリコプター。機内に38名の兵員または貨物5.9tを積載可能。空軍もHH-53Bスーパージョリーグリーンジャイアントとして採用し、捜索救難任務に使用した。

《 シコルスキーHH-3Eジョリーグリーンジャイアント 》

空軍の航空救難飛行隊が使用した大型ヘリコプター。長時間の捜索救難飛行に対応するため、機体左右のスポンソンには増槽を装備した。

《 ベルOH-58カイオワ 》

OH-13Gの後継機種として1968年にアメリカ陸軍が採用した観測ヘリコプター。偵察任務の他にヘリボーン作戦時には指揮管制任務にも使用された。

《 ヒューズOH-6カイユース 》

ヘリコプターを使用した空中機動戦術に合わせて、それまでの固定翼観測機に替わる機体として採用された観測ヘリコプター。ヘリボーン作戦の際には、小型で軽快に飛行できる性能を活かして索敵と観測を行って成果を上げている。

《 ベルOH-13Gスー 》

初飛行は1945年という古い機種。アメリカ軍は1947年に採用し、朝鮮戦争では偵察・観測や負傷者搬送に活躍した。ベトナムでは1965年から第1騎兵師団の航空偵察小隊がOH-6やOH-58が配備されるまで運用した。

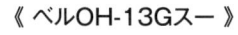

《 ヒラーOH-23Dレイヴン 》

朝鮮戦争から陸軍が使用していた小型観測ヘリコプター。1968年1月時点で174機がベトナムで使用されていた。

《 UH-1Cイロコイス・ガンシップ 》

ガンシップの運用に適するようB型を改造したUH-1のバリエーション。

24連装2.75in
ロケットランチャー

40mm
グレネードランチャー

《 ベルAH-1Gコブラ 》

ヘリボーン作戦において、護衛、地上部隊の支援、偵察などを専用に行う目的で開発された世界初の攻撃ヘリコプター。機首には7.62mmミニガンと40mmグレネードランチャーを搭載。機体左右のスタブウイングには各2カ所にハードポイントが設けられ、ロケット弾ポッドやミニガンポッドなど700kgまでの各種兵装を装備できる。

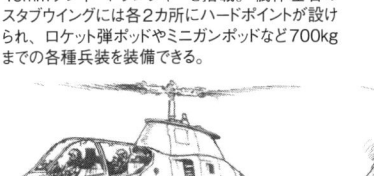

《 ボーイングバートル
ACH-47チヌーク・ガンシップ 》

機体が大型だけに多数の兵器を装備。搭載兵装は機首にM5アーマメントサブシステム、胴体左右の側面にそれぞれ1基のロケット弾ポッドとXM M24A1（M24A1 20mm機関砲）、キャビンにM60機関銃またはM2重機関銃5挺などである。重武装のため"ガンズアゴーゴー（Guns A Go Go)"の愛称で呼ばれた。

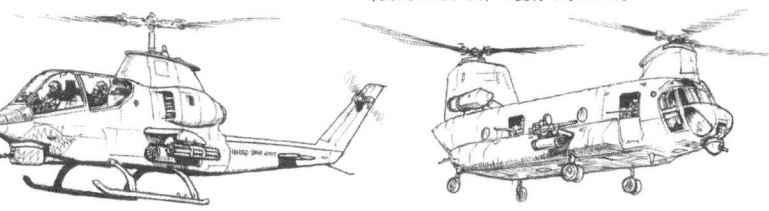

ヘリコプターの搭載兵装

ガンシップと攻撃ヘリコプター用としてマウント、照準装置、コントロールユニットなどで構成される専用の兵器システムが開発され、ヘリの種類や任務に合わせた兵器が搭載された。

《 M5アーマメントサブシステム 》

UH-1シリーズやACH-47の機首に搭載する40mmグレネードランチャーのシステム。リモートコントロール式のガンポッドに内蔵されたグレネードランチャーと302連ドラムマガジンで構成される。

《 M21アーマメントサブシステム 》

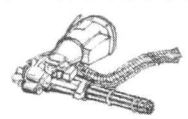

M134 7.62mmミニガン用。弾薬はアムニッションチューブを通して機内の弾薬箱から供給された。

《 M16アーマメントサブシステム 》

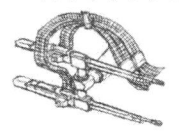

M60C機関銃2連装用。給弾はM21と同様に機内から行う。

《 UH-1D搭載M134 》

UH-1Dのキャビンに搭載されたM134 7.62mmミニガン。

《 M31
アーマメントサブシステム 》

M24A1 20mm機関砲用のシステム。機関砲はガンポッドに収納。

《 M157 7連装2.75inロケット弾ポッド 》

M3を除き、各ロケット弾ポッドは、M16またはM21アーマメントサブシステムに搭載可能だった。

M159 19連装2.75inロケットポッド（左）/M158 7連装2.75inロケットポッド（右）

《 M3 27連装2.75in
ロケット弾ポッド 》

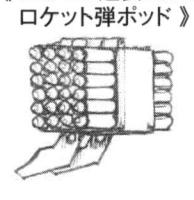

《 M26
アーマメントサブシステム 》

BGM-71 TOW対戦車ミサイルの3連装ランチャーとコクピットの照準装置で構成されるシステム。

《 M22
アーマメントサブシステム 》

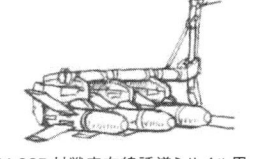

AGM-22B対戦車有線誘導ミサイル用のシステム。AGM-22Bはフランスが開発したSS11対戦車ミサイルのアメリカ陸軍名称。ミサイルの誘導は手動で行う。

アメリカ空軍/海軍のヘリコプター

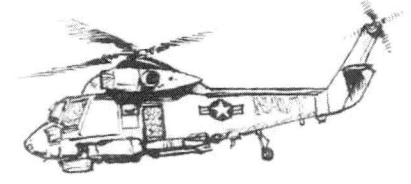

《 カマンHH-43Bハスキー 》

空軍が採用した独特な交差反転式ローター構造を持つヘリコプター。消火・捜索救難任務で運用した。

《 カマンH-2シースプライト 》

海軍の汎用艦載ヘリコプター。1962年の配備後、救難、対潜哨戒など用途別に複数のバリエーションが造られている。

《 シコルスキーSH-3シーキング 》

1961年に採用された海軍の大型哨戒ヘリコプター。機体底部と左右のスポンソンはフロート型をしており、着水も可能。

アメリカ軍の航空作戦

■ローリングサンダー作戦 1965年3月2日〜1968年10月31日

アメリカ空軍・海軍・海兵隊の航空機によるベトナム戦争中に行われた最大規模の航空作戦。北ベトナムの航空基地、兵舎、対空陣地、橋梁、鉄道操車場、発電所、ホーチミンルートなどを目標に作戦は4期に分けて行われ、30万回以上の出撃により、約64万3000tの爆弾が投下された。この作戦により、アメリカ軍は約900機の航空機と745人の搭乗員を失い、北ベトナム側の人的損害は72000人の民間人を含む死傷者数90000人と見積もられている。

アメリカ空軍機

ノースアメリカンF-100Cスーパーセイバー

世界初の実用超音速戦闘機。ベトナムでは戦闘爆撃機として運用。F-105やF-4ファントムIIの配備が進むと北爆任務から外されるが、4門の20mm機関砲と約3tの爆弾搭載能力を生かして南ベトナム領内での近接航空支援に活躍した。

リパブリックF-105Dサンダーチーフ

北爆の主力となった戦闘爆撃機。ベトナム戦争ではD、F、G型が使用された。出撃機数と回数の多さから戦闘や事故などで300機以上がベトナムで失われている。兵装搭載量は6.4t。

《 爆撃機 》

マーチンB-57Bキャンベラ

イギリスのキャンベラB.2をマーチン社でライセンス生産した戦術爆撃機。主にホーチミンルートの攻撃に使用された。兵装搭載量は2.7t。

《 戦闘機/戦闘爆撃機 》

マクドネルF-4Cファントム II

F-4は同時代の戦闘機より空中戦での格闘戦性能に優れ、約7tの兵装搭載能力も有していた。そのため爆撃機の護衛だけでなく、爆撃任務にも使用された。

ジェネラルダイナミックスF-111

マッハ2.5以上の高速飛行が可能な戦闘爆撃機として開発された世界初の実用可変翼機。1967年7月に部隊への配備が始まり、1968年3月、ベトナムで実戦投入された。戦闘爆撃機に分類されるが、大きな機体サイズとその重量により空戦性能が低く、爆撃任務のみに使用された。兵装搭載量は14.3t。

《 電子戦機 》

ダグラスFB-66

B-66デストロイヤー戦術爆撃機を改修して造られた電子戦機。電子妨害装置が搭載され、敵のレーダーや地対空ミサイルの誘導電波などを無力化して、爆撃隊を支援した。

《 偵察機 》

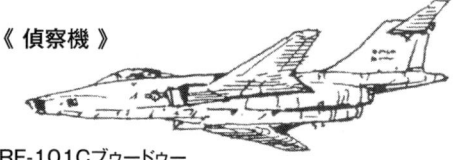

RF-101Cブードゥー

爆撃機の長距離護衛戦闘機として開発が始まり、後に戦闘爆撃機と偵察機として採用。ベトナムでは偵察機タイプが運用されている。

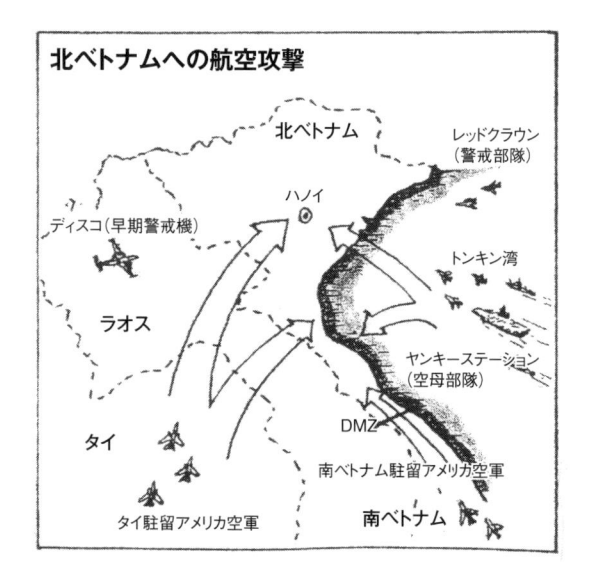

北ベトナムへの航空攻撃

北ベトナム
レッドクラウン（警戒部隊）
ハノイ
ディスコ（早期警戒機）
トンキン湾
ラオス
ヤンキーステーション（空母部隊）
DMZ
南ベトナム駐留アメリカ空軍
タイ
タイ駐留アメリカ空軍
南ベトナム

ロッキードEC-121ウォーニングスター

空軍と海軍で使用された早期警戒機。機体上部と下部にレーダーを搭載し、トンキン湾とラオスから、北ベトナム上空の早期警戒と監視を行った他、北爆へ向かう攻撃隊への航空管制も行った。

《 戦闘機 》

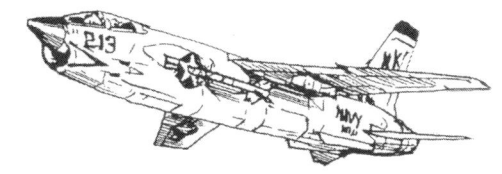

マクドネルF-4BファントムII
海軍 / 海兵隊が採用した最初のモデル。空軍と同様に護衛と爆撃任務に使用した。

チャンスヴォートF-8クルセイダー
攻撃機の護衛任務の他、北爆や近接航空任務を行った。

《 攻撃機 》

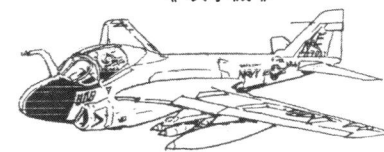

ダグラスA-4スカイホーク
小型の機体でありながら4.4tの兵装搭載量を持つ攻撃機。トンキン湾事件後、初の北爆任務に出撃。北ベトナムで最初に撃墜されたのも本機である。

グラマンA-6イントルーダー
通常の爆撃だけでなく、低空侵入と精密攻撃能力を持つ全天候型攻撃機。兵装搭載量は約8.1t。

ダグラスA-1スカイレーダー
朝鮮戦争から活躍した攻撃機。レシプロエンジン機のため、北爆の出撃回数は少なかったが、救難捜索ヘリの護衛や近接支援攻撃に活躍した。派生型も含めてアメリカ軍だけでなく南ベトナム空軍も使用。兵器搭載量は3.1t。

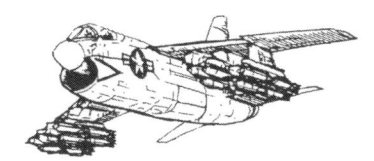

ダグラスA-3スカイウォーリア
海軍の大型攻撃機。開発当時、小型化されていなかった核爆弾を搭載できる艦上攻撃機として開発。本機の空軍モデルがB-66である。

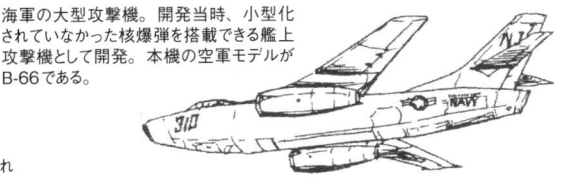

チャンスヴォートA-7コルセアII
A-4スカイホークの後継機としてF-8クルセイダーをベースに開発された亜音速攻撃機。空軍もF-100の後継機として採用した。

《 電子戦機 》

ダグラスEKA-3B
A-3スカイウォーリアをベースとした電子戦・空中給油機。

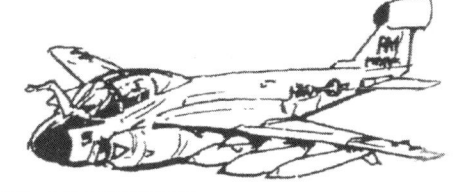

グラマンEA-6Bプラウラー
各種電子妨害装置を搭載して北ベトナム軍の防空システムを妨害し、北爆の支援に当たった。また、対レーダーミサイルAGM-45を搭載して敵のレーダー攻撃も可能だった。

《 早期警戒機 》

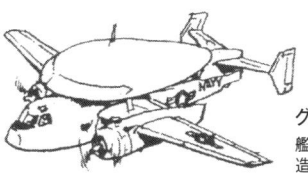

グラマンE-1Bトレーサー
艦上輸送機TF-1をベースに造られた艦上早期警戒機。

ダグラスEF-10B（F3D-2Q）
全天候型戦闘機F-3Dの電子戦機型。ベトナムでは1969年まで使用された。

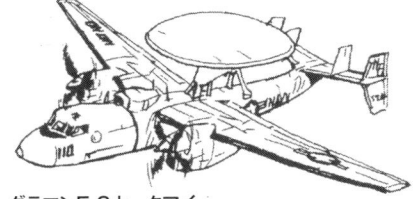

グラマンE-2ホークアイ
E-1Bより高性能な大型レーダーを搭載するため開発された艦上早期警戒機。最初の量産モデルA型は1965年にベトナムに派遣された。

《 偵察機 》

ノースアメリカンRA-5Cビジランティ
A-5攻撃機を改修した偵察機型。高速性能を活かして、北ベトナムへの偵察任務に就いた。

■ラインバッカー作戦

ラインバッカーI 1972年5月9日～10月23日　ラインバッカーII 1972年12月18～29日

ラインバッカーIは、北ベトナムの攻勢を阻止するため補給路を断つ目的の作戦として発動された。続くラインバッカーIIでは、行き詰っていた和平交渉の席に北ベトナムを就かせるためハノイとハイフォンを中心に爆撃を行った。これらの航空作戦がアメリカ軍最後の大規模航空作戦になった。

アメリカ軍航空機

《 戦闘機/戦闘爆撃機 》

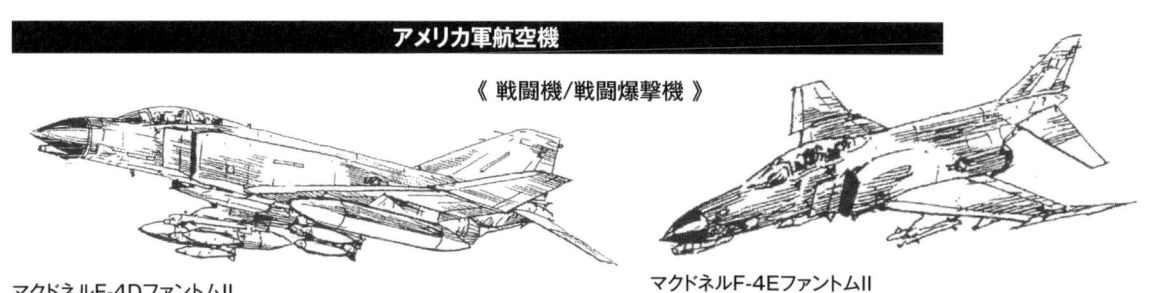

マクドネルF-4Dファントム II
機首部分の延長、主翼スラットの追加、アフターバーナー交換などの改修モデル。

マクドネルF-4Eファントム II
電子機器性能の向上と機首下部への20mmバルカン砲の搭載、誘導爆弾が運用可能になるなど、空中戦と対地攻撃能力を向上させたモデル。

リパブリックF-105Gサンダーチーフ
地対空ミサイル陣地攻撃のワイルドウィールズ部隊が使用。

《 爆撃機 》

ボーイングB-52D/Gストラトフォートレス
ラインバッカーII作戦では、延べ150機が700回の出撃を行い、ハノイやハイフォンを猛爆した。最大爆弾搭載量は約16t。

《 空中給油機 》

ボーイングKC-135ストラトタンカー
グアム島から飛来するB-52には、空中給油は不可欠であった。

ロッキードKC-130F
空中給油は空軍だけでなく、海軍と海兵隊も行った。KC-130Fは給油ホースを主翼左右のポッドから伸ばして2機同時に給油が行うことができた。

《 偵察機 》

ロッキードRS-71ブラックバード
超音速で高高度飛行が可能な戦略偵察機。アジア地域では沖縄を基地に偵察飛行を行った。

ロッキードU-2
21000m以上の高高度飛行が可能な戦術偵察機。1960年代は空軍だけでなくCIAの偵察任務にも就いていた。

北ベトナム空軍機

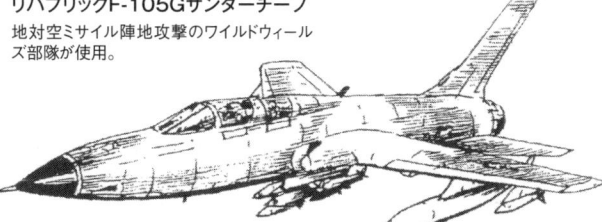

MiG-21フィッシュベッド
最高速度マッハ2の戦闘機。短射程空対空ミサイルと30mm機関砲2門を搭載して、F-4ファントムIIと互角の戦闘を行った。

北ベトナムの飛行場

フクエン
ジアラム（ハノイ国際空港）
ディエンビエンフー
イエンバン
キャットビー
ホアラク
ケプ
ハノイ
ハイフォン
クエンバイ
バクマイ
キエンアン
パインオン
ビン
ドンホイ

戦闘機常駐
戦闘機発着可能
★ 補助飛行場

MiG-17フレスコ
北ベトナム空軍の主力戦闘機。アメリカ軍の戦闘機より性能は劣ったが、空中戦では機動性を活かして格闘戦によりアメリカ軍機を撃墜している。

マクドネルRF-4
RF-101偵察機に替わり、使用されたF-4ファントムIIの偵察機型。

MiG-19ファーマー
ソ連軍初の実用超音速戦闘機。そのスピードとアメリカ軍より高い格闘性能を活かして迎撃任務で活躍した。

ライアンモデル147ライトニングバグ
無線誘導式の無人戦術偵察機。対空火器による偵察機の損害を押さえるため投入された。

地上攻撃機

軽攻撃機（COIN機）

ゲリラ戦などの不正規戦に対応するため第二次大戦後に登場したのがCOIN機（Counter Insurgency）とよばれる軽攻撃機である。COIN機は対地攻撃、観測、偵察、輸送など多目的機で、高性能の電子機器などは搭載していないので、製造コストは低く、操縦も高度な訓練を必要としないという利点がある。ベトナム戦争では、アメリカ空軍、海兵隊、南ベトナム空軍が地上攻撃、前線航空管制などの任務に運用した。

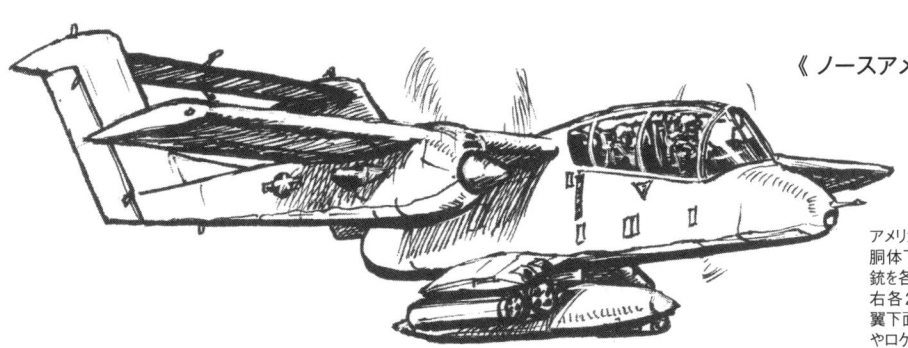

《 ノースアメリカンOV-10ブロンコ 》

全長：13.41m
全幅：12.19m
最高速度：463km/h
最大航続距離：927km
乗員：2名

アメリカ空軍と海兵隊が採用したCOIN機。胴体下部左右のスポンソンにM60C機関銃を各2挺（合計4挺）搭載。スポンソン（左右各2カ所）、胴体中央1カ所、左右主翼下面1カ所にハードポイントを備え、増槽やロケット弾ポッド、爆弾などを装備できる。

《 OV-10のカーゴスペース 》

OV-10は機体後部にカーゴスペースが設けられていたので、輸送任務も行うことができた。

貨物1.4t

衛生兵1名と担架2基

空挺装備の兵士5名

《 ノースアメリカンYAT-28E 》

アメリカ空軍の要求により、T-28Dを強化したCOIN機として1963年に開発された試作機。ターボプロップエンジンを搭載し、12.7mm機関銃2挺の他に2.7tの搭載量を持つハードポイントが左右主翼下面に各6カ所設けられた。1963年2月に初飛行を行ったが、OV-10の採用により1965年に開発は中止となった。

《 セスナA-37ドラゴンフライ 》

T-37練習機を改造して造られた軽攻撃機。機体形状は練習機型と同じであるが、エンジンの換装、コクピットや燃料タンクの防弾化、固定武装の搭載などの改造が施された。アメリカ空軍は1965年、ベトナムでの試験運用後に制式採用し、近接航空支援やFAC（前線航空管制）任務に使用。南ベトナム空軍には187機が供与された。固定武装は7.62mmミニガン1挺、左右主翼下面に各8カ所のハードポイントを持ち、約2.7tの爆弾やロケット弾ポッド、増槽を装備できた。

全長：9.79m
全幅：11.71m
最高速度：770km/h
最大航続距離：1480km
乗員：2名

《 ノースアメリカンT-28Dトロージャン 》

練習機のエンジンを換装し、左右の主翼下面各3カ所にハードポイントを増設したCOIN機仕様。固定武装はなく、兵装搭載量は540kg。南ベトナム空軍が使用。

全長：10.06m
全幅：12.22m
最高速度：552km/h
最大航続距離：1710km
乗員：2名

特殊爆弾

ベトナム戦争では、北爆で大量の爆弾が投下されたが、通常爆弾以外に攻撃目標に対応した様々な種類の爆弾が戦場に投入された。

《 誘導方法 》

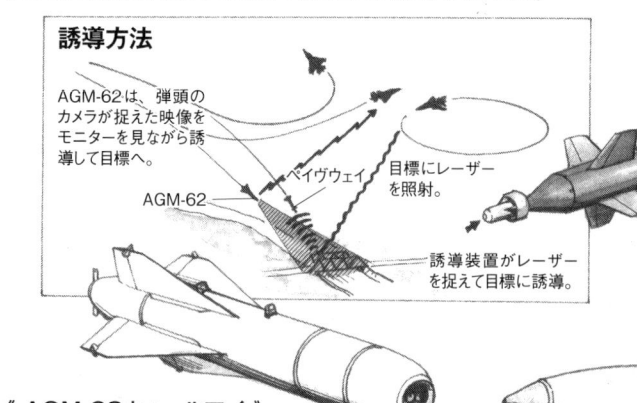

AGM-62は、弾頭のカメラが捉えた映像をモニターを見ながら誘導して目標へ。

ペイヴウェイ

AGM-62

目標にレーザーを照射。

誘導装置がレーザーを捉えて目標に誘導。

《 レーザー誘導爆弾ペイヴウェイI 》

ペイヴウェイは、レーザー誘導装置と連動する動翼から構成されるシステムで、既存の航空機搭載通常爆弾に装置を取り付けて使用。爆弾は投下されると滑空しながら、投下機自身または僚機から目標へ照射されるレーザーを弾頭先端の装置が感知して爆弾を目標まで誘導した。装置は500〜3000ポンドまでの4種類の爆弾に搭載されて使用されている。

《 AGM-62ウォールアイ 》

アメリカ海軍が開発したTV誘導爆弾。弾頭先端に搭載されたカメラの映像を搭乗員が、コクピットのモニターで捉えて滑空する爆弾を目標まで誘導する。ウォールアイI（510kg）とウォールアイII（1060kg）の2種類が造られ、橋梁などのピンポイント爆撃に使用。

《 Mk.82スネークアイ 》

低空爆撃の際に投下機が爆弾の爆発に巻き込まれないよう、Mk.82通常爆弾に落下スピードを減速させる高抵抗フィンを取付けたモデル。フィンは投下後に十字に開いて減速する。

《 BLU-82Bデイジーカッター 》

ジャングル内にヘリコプターの離着陸場を開設するため造られた大型爆弾。全長3.5m、直径1.37m、重量は6.8tのサイズと重さから、C-130やC-123輸送機からパラシュートを利用して投下された。弾体が地表で爆発するように弾頭の先端には延長信管が付けられている。

《 ナパーム弾 》

ナフサに粘着剤となるナパーム剤を使用した油脂焼夷弾。1発で広範囲を焼き払うことができたので、ジャングル内や解放戦線の拠点とされた村などの攻撃に使用された。

《 SUU-7シリーズディスペンサー 》

内部に直径70mmの装填パイプ19本を備えたクラスター爆弾撒布用ディスペンサー。搭載するクラスター爆弾の種類により複数のモデルがあり、BLU-3/B対人爆弾用にはCBU-2/A（装弾数360個）またはCBU-2B/A（装弾数409個）ディスペンサーが使用された。

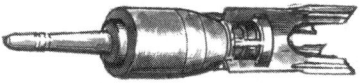

対人用の小型爆弾。その形状からパイナップル爆弾とも呼ばれる。ディスペンサーから撒布されると、弾体の姿勢を安定させるため6枚のフィンが開き落下、着弾の衝撃で起爆して目標を破壊した。

《 CBU-99/B （MK118 MOD.0）ロックアイII 》

対戦車用クラスター爆弾。SUU-75/Bディスペンサーに247個が収められ、投下後に空中散布される。

《 BLU-26/Bグアバ 》

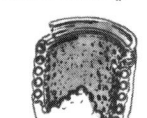

ボール爆弾と呼ばれる球状の対人クラスター爆弾。ヒューズは着発、時限、高度別に設定することが可能で、起爆すると600個のスチールペレットが飛散する。

《 BLU-3/B 》

弾体には250個のスチールペレットを内蔵。

《 SUU-30H/Bディスペンサー 》

内部には、655個のCBU-99/Bが内装され、投下後にディスペンサーが開き、平地では幅300m、長さ1000mの範囲に損害を与えることができた。

《 BLU-43ドラゴントゥース 》

負傷を目的とした、重量60g、全長75mm、幅45mm、炸薬6gの小型の対人用地雷。CBU-28/AまたはCBU-37/Aディスペンサーにより一度の投下で4800個が撒布された。

《 M83バタフライボム 》

第二次大戦でドイツ軍が使用した対人クラスター爆弾をアメリカ軍がコピーしたモデル。撒布されると外殻が開き不規則なコースを描いて落下する。外殻が開いた形状からバタフライボム（蝶々爆弾）といわれる。

化学戦と電子戦

枯葉剤の散布

■ランチハンド作戦

アメリカ軍は解放戦線の拠点一掃を目的に、ベトコンの潜むジャングルに枯葉剤を散布して隠れ蓑を失くし、食料の供給源である田畑の植物を枯らすため"ランチハンド作戦"を発動した。1962年8月〜1972年10月まで行われた作戦により、薬剤72300㎡が合計170万ヘクタールの面積に撒布された。枯葉剤は、C-123輸送機やヘリコプターなどから空中散布されたが、C-123の4機編隊の場合、幅250m、長さ1.5kmの範囲が薬剤で覆われ、散布後2〜3日でその効果が表れたという。作戦は南ベトナム領内で実施されたが、特にサイゴン北西の鉄の三角地帯や"おうむのくちばし地区"など、カンボジア国境に近い解放戦線拠点に対して集中的に散布されている。散布された薬剤は複数の種類があったが、中でもエージェントオレンジ（オレンジ剤）は猛毒のダイオキシンを含んでいたため、被害は植物だけでなく農民や家畜、撒布した側のアメリカ軍搭乗員や整備員までに及び、後遺症で苦しむことになった。

無人偵察機

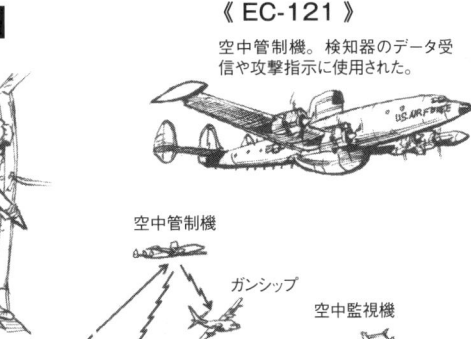

《 モデル147無人偵察機ライトニングバグ 》

無人標的器ファイアビーから発展して開発された無人偵察機。DC-130輸送機から空中発射され、無線誘導により目標上空を飛行しながら写真を撮影する。その後、回収地点でパラシュートを開いて降下し、回収装置を付けたCH-3ヘリコプターが空中で回収した。

《 ACOUSID III （Acoustic and Seismic Intrusion Detector）》

音を拾う高性能マイクと振動センサーを搭載した検知器。音声は約400m、車両の振動は約1000mの範囲で探知する。可動期間は約30日。投下された検知器は地面に刺さるようにデザインされている。敵に発見されにくいよう本体には迷彩塗装が施されていた。

電子感センサー

アメリカは、北ベトナム軍の侵入を防ぐため、DMZやラオス、カンボジア国境地域で多数の電子装置を設置して敵の動きを感知する"イグルー・ホワイト作戦"を1968年1月〜1973年2月まで展開した。この作戦では空中投下型の各種検知器が使用され、ホーチミンルートでの人や車両の動きを監視した。

検知器は戦闘機や観測機、ヘリコプターを利用して目的地に投下された。

《 EC-121 》

空中管制機。検知器のデータ受信や攻撃指示に使用された。

空中管制機

ガンシップ

空中監視機

攻撃機

監視センター

検知器

移動する敵部隊

監視システムは、空陸一体で行われた。検知器が音や振動を感知するとデータを無線で上空の空中監視機に送信。データを受信した空中監視機は、監視センターにデータをリレーし、監視センターは空中管制機に攻撃要請を連絡。空中管制機の指令で出動した航空機が対象地区を攻撃するという手順が採られた。

ガンシップ

ロッキードAC-130Eペイブイージス

アメリカ空軍は、ヘリコプターとは別に固定翼機を利用したガンシップを開発する。そして改良を重ねてスタンドオフ機能を向上させるためAC-130へと大型化していった。その強力な火力と正確な射撃で昼夜を問わず、ジャングルに潜む共産軍を掃射した。

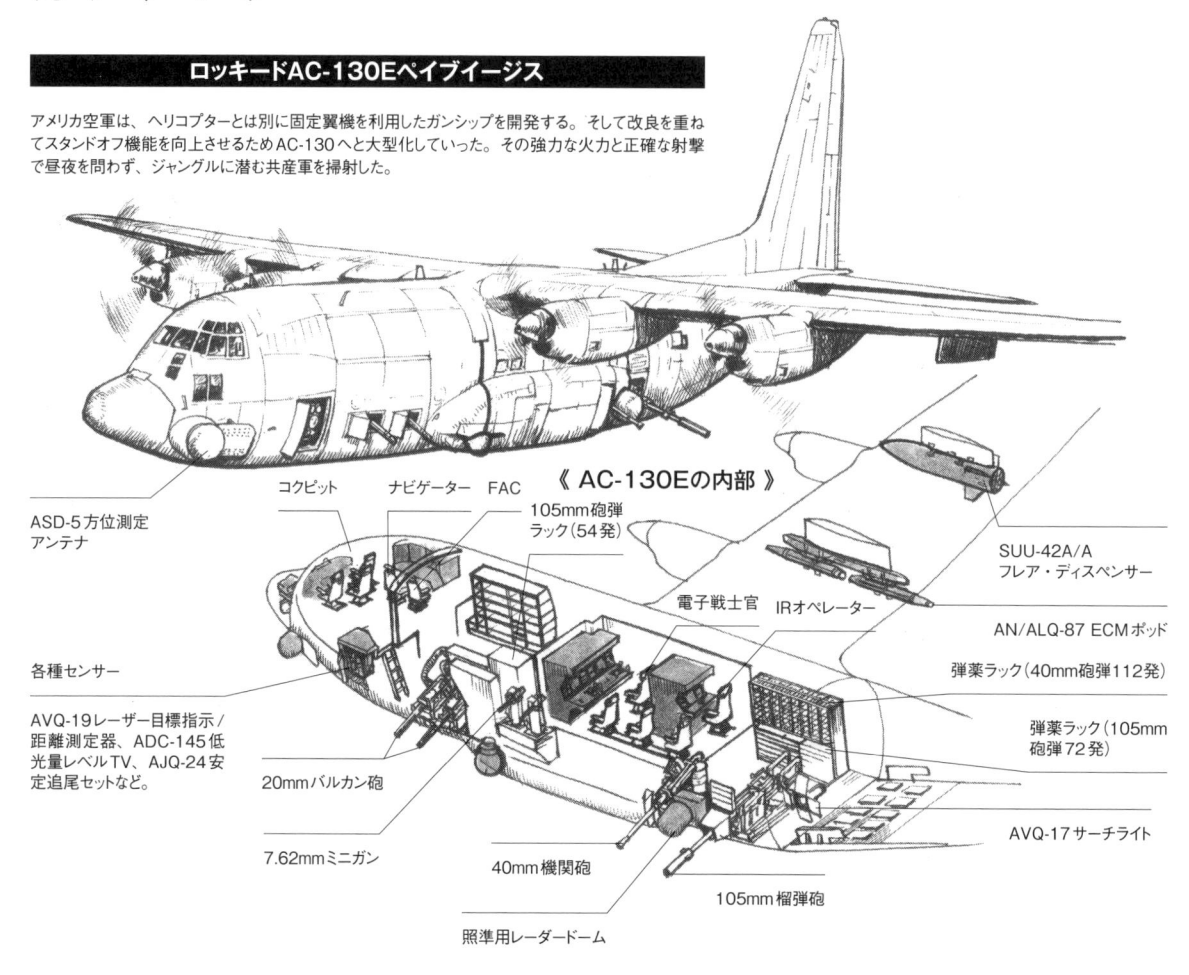

《 AC-130Eの内部 》

ASD-5方位測定
アンテナ

コクピット　　ナビゲーター　FAC

105mm砲弾
ラック（54発）

電子戦士官　IRオペレーター

SUU-42A/A
フレア・ディスペンサー

AN/ALQ-87 ECMポッド

弾薬ラック（40mm砲弾112発）

各種センサー

弾薬ラック（105mm
砲弾72発）

AVQ-19レーザー目標指示/
距離測定器、ADC-145低
光量レベルTV、AJQ-24安
定追尾セットなど。

20mmバルカン砲

7.62mmミニガン

40mm機関砲

105mm榴弾砲

AVQ-17サーチライト

照準用レーダードーム

搭載兵器

《 GAU-2/A 7.62mmミニガン 》

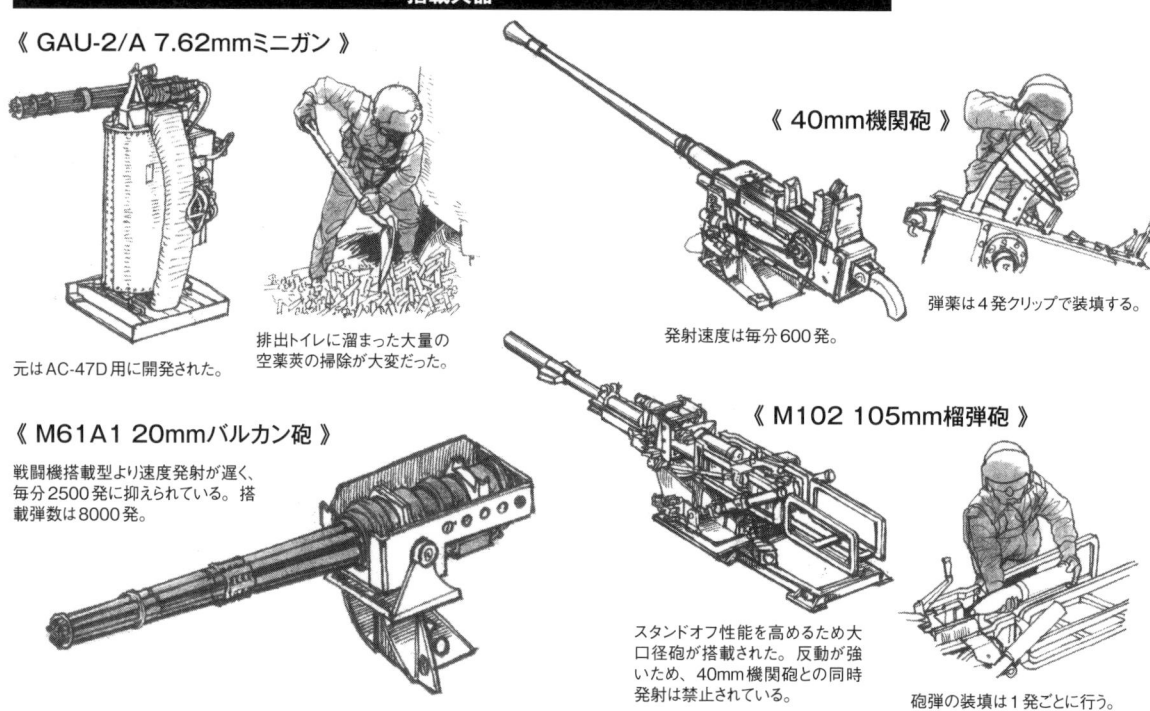

元はAC-47D用に開発された。

排出トイレに溜まった大量の
空薬莢の掃除が大変だった。

《 40mm機関砲 》

弾薬は4発クリップで装填する。

発射速度は毎分600発。

《 M61A1 20mmバルカン砲 》

戦闘機搭載型より速度発射が遅く、
毎分2500発に抑えられている。搭
載弾数は8000発。

《 M102 105mm榴弾砲 》

スタンドオフ性能を高めるため大
口径砲が搭載された。反動が強
いため、40mm機関砲との同時
発射は禁止されている。

砲弾の装填は1発ごとに行う。

ガンシップの変遷

《 ダグラスAC47-Dスプーキー/パフ・マジック・ザ・ドラゴン 》

C-47輸送機を改造して造られた最初のタイプ。7.62mmミニガン×3挺装備

《 AC47-D武装強化型 》

搭載する7.62mmミニガンを11挺に増やし、火力を強化。

《 フェアチャイルドAC-119Gシャドー 》

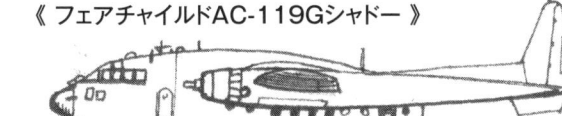

夜間戦闘性能を高め、弾薬搭載量を多くするため、C-119輸送機に機種が変更された。7.62mmミニガン×4挺装備。

《 フェアチャイルドAC-199Kスティンガー 》

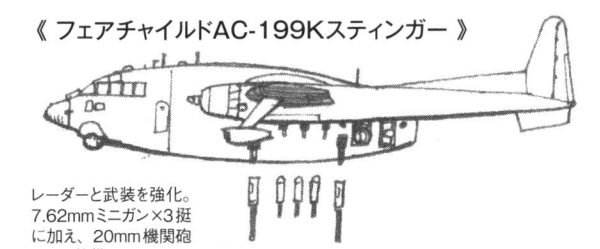

レーダーと武装を強化。7.62mmミニガン×3挺に加え、20mm機関砲×2門装備。

《 AC-130のハンター・キラー戦術 》

初期のモデルは夜間センサーの性能が低く、攻撃機と照明機の2機がチームを組んで攻撃を行った。

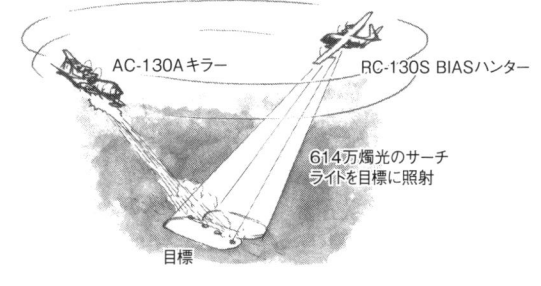

《 ロッキードAC-130AプロジェクトガンシップII 》

C-130輸送機をベースにしたガンシップのプロトタイプ。1967年から実戦テストされた。7.62mmミニガン×4挺、20mmバルカン砲×4門装備。

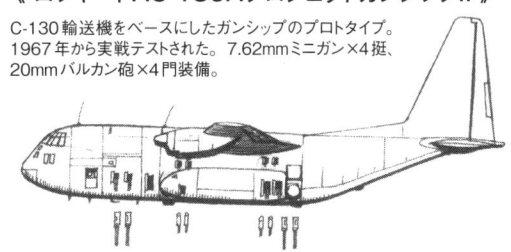

《 ロッキードAC-130Aペイブフロン 》

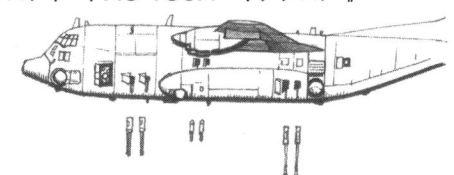

夜間センサー、目標追尾レーダーなど電子装備を強化。このモデルから単機で敵の発見・攻撃を行えるようになった。7.62mmミニガン×2挺、20mmバルカン砲×2門、40mm機関砲×2門装備。

《 ロッキードAC-130Eペイブイージス 》

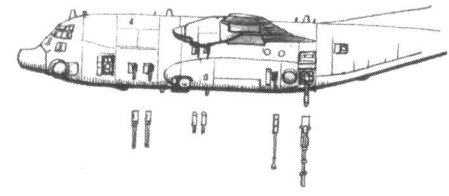

火力をさらに強化。7.62mmミニガン×2挺、20mmバルカン砲×2門、40mm機関砲×1門、105mm榴弾砲×1門装備。

《 ガンシップのスタンドオフ性能 》

7620m 85mm砲
5420m 57mm砲
4389m 37mm砲
3780m 23mm砲
1260m 14.5mm機銃
914m 12.7mm機銃

AC-130E（105mm砲）
AC-130A（40mm砲）
AC-119K（20mm砲）
AC-47D（7.62mm機銃）

〔縦軸〕北ベトナム軍対空砲火の射程（高度）
〔横軸〕ガンシップの最大射程

1km　1.4km　2km　3.1km　6km　8.4km

ＦＡＣ機

戦場上空から地上部隊への近接航空・砲撃支援の指揮管制や攻撃機への目標指示、砲爆撃の効果判断などを行うのが前線航空管制官（FAC = Forward Air Controller）である。ベトナムでは密林に隠れる敵情を探るため、低速度で長時間飛行が可能な機体が使用された。

FAC任務に使用された航空機

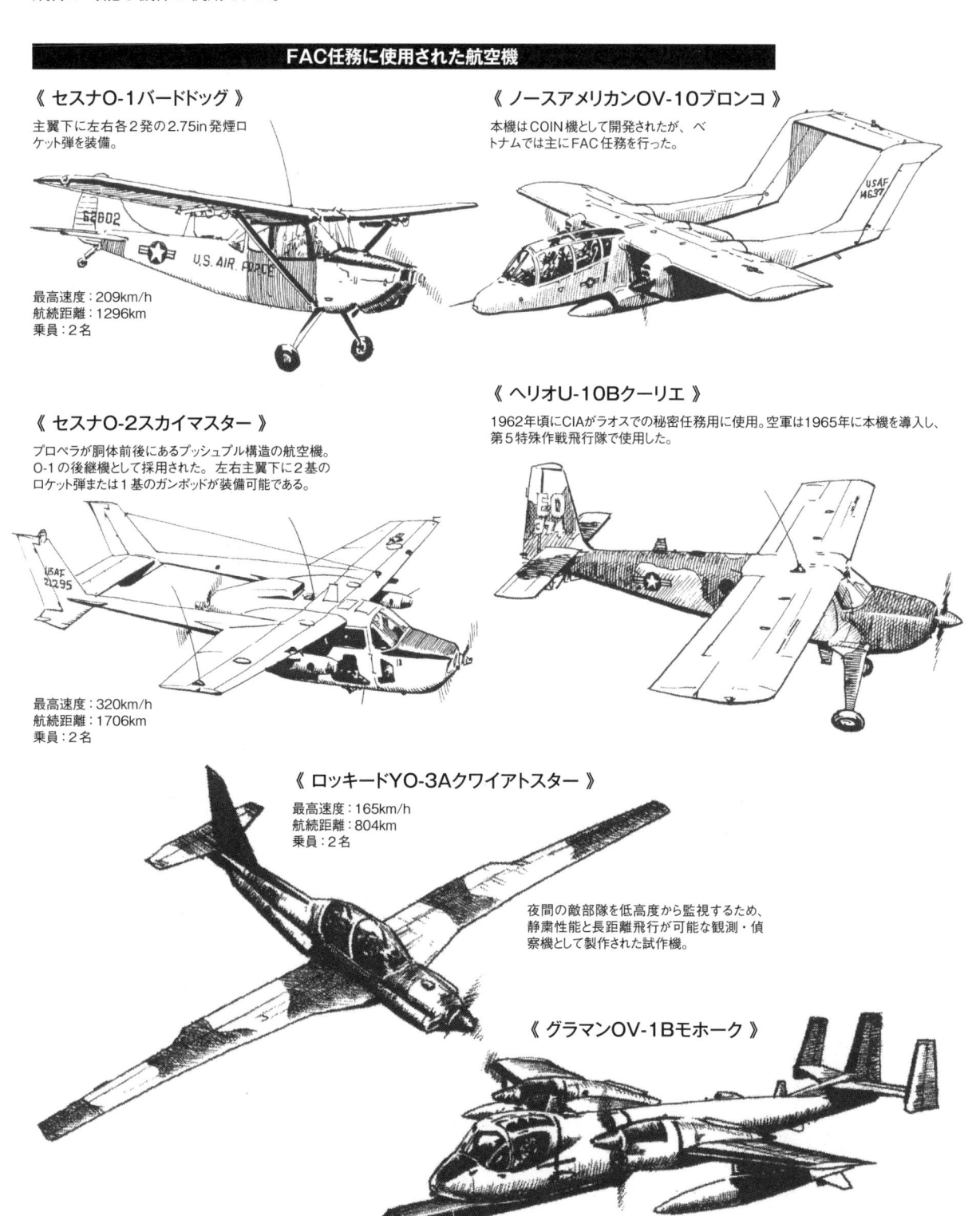

《 セスナO-1バードドッグ 》

主翼下に左右各2発の2.75in発煙ロケット弾を装備。

最高速度：209km/h
航続距離：1296km
乗員：2名

《 ノースアメリカンOV-10ブロンコ 》

本機はCOIN機として開発されたが、ベトナムでは主にFAC任務を行った。

《 セスナO-2スカイマスター 》

プロペラが胴体前後にあるプッシュプル構造の航空機。O-1の後継機として採用された。左右主翼下に2基のロケット弾または1基のガンポッドが装備可能である。

最高速度：320km/h
航続距離：1706km
乗員：2名

《 ヘリオU-10Bクーリエ 》

1962年頃にCIAがラオスでの秘密任務用に使用。空軍は1965年に本機を導入し、第5特殊作戦飛行隊で使用した。

《 ロッキードYO-3Aクワイアトスター 》

最高速度：165km/h
航続距離：804km
乗員：2名

夜間の敵部隊を低高度から監視するため、静粛性能と長距離飛行が可能な観測・偵察機として製作された試作機。

《 グラマンOV-1Bモホーク 》

B型はSLAR側方監視レーダーを搭載し、敵上空を直接飛行しなくても情報収集が行えた。

FACの任務

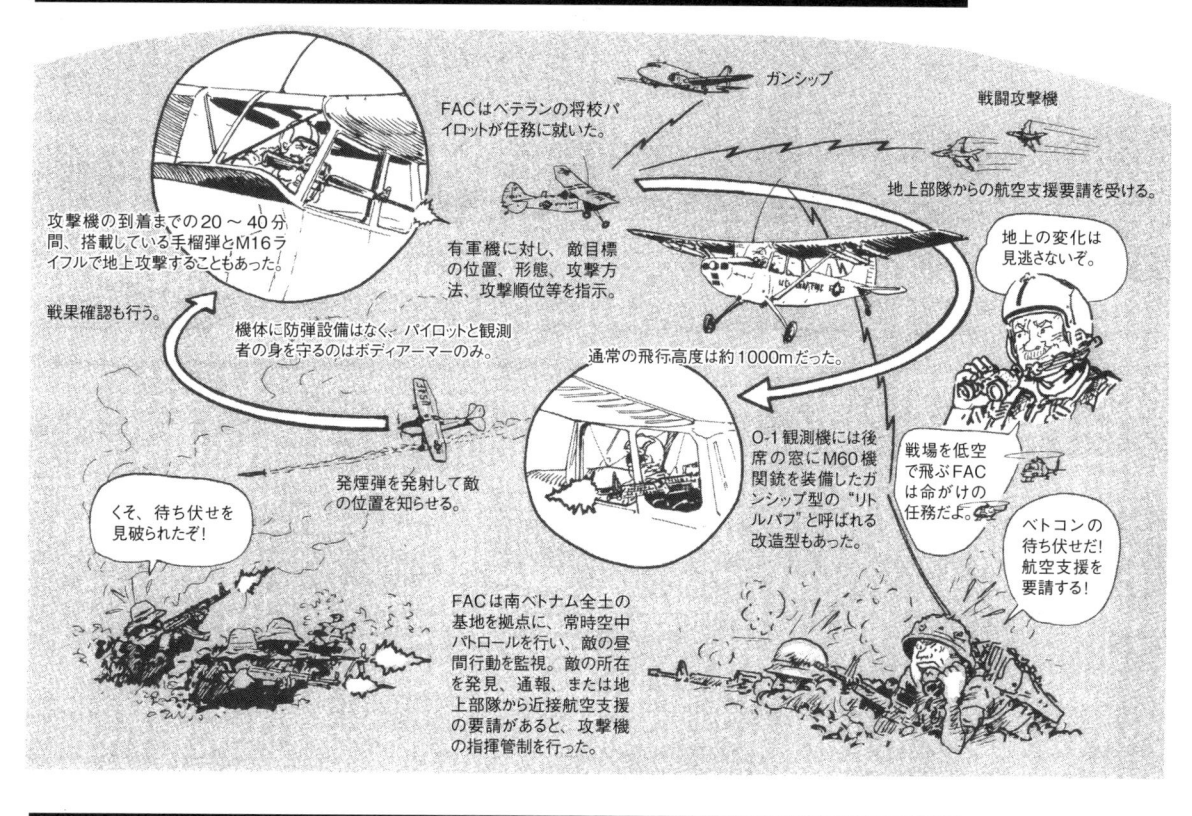

FACはベテランの将校パイロットが任務に就いた。

ガンシップ

戦闘攻撃機

地上部隊からの航空支援要請を受ける。

攻撃機の到着までの20〜40分間、搭載している手榴弾とM16ライフルで地上攻撃することもあった。

有軍機に対し、敵目標の位置、形態、攻撃方法、攻撃順位等を指示。

地上の変化は見逃さないぞ。

戦果確認も行う。

機体に防弾設備はなく、パイロットと観測者の身を守るのはボディアーマーのみ。

通常の飛行高度は約1000mだった。

戦場を低空で飛ぶFACは命がけの任務だよ。

くそ、待ち伏せを見破られたぞ！

発煙弾を発射して敵の位置を知らせる。

O-1観測機には後席の窓にM60機関銃を装備したガンシップ型の"リトルバブ"と呼ばれる改造型もあった。

ベトコンの待ち伏せだ！航空支援を要請する！

FACは南ベトナム全土の基地を拠点に、常時空中パトロールを行い、敵の昼間行動を監視。敵の所在を発見、通報、または地上部隊から近接航空支援の要請があると、攻撃機の指揮管制を行った。

ベトナムでの航空支援

対空火砲の激しい目標の場合、複座ジェット機を使用した高速FACも導入していた。

空軍のF-5A

高速FACに空軍が最初に使用したF-100F。

海軍はTF-9JやOA-4M、A-1を使用。

F-4は、空軍／海軍で使用された。

①地上部隊の航空支援要請を受けたFACは、敵を発見すると、攻撃機を誘導。

②目標（敵）の位置を示す発煙ロケット弾を撃ち込む。

目標周辺を哨戒していた攻撃隊が指示された目標を攻撃。アメリカ軍は、この航空支援要請を40分以内に実施できるシステムを構築していた。

アメリカ空軍はホーチミンルートの補給を絶つため、様々な戦術と航空機を投入して対地攻撃を実施した。

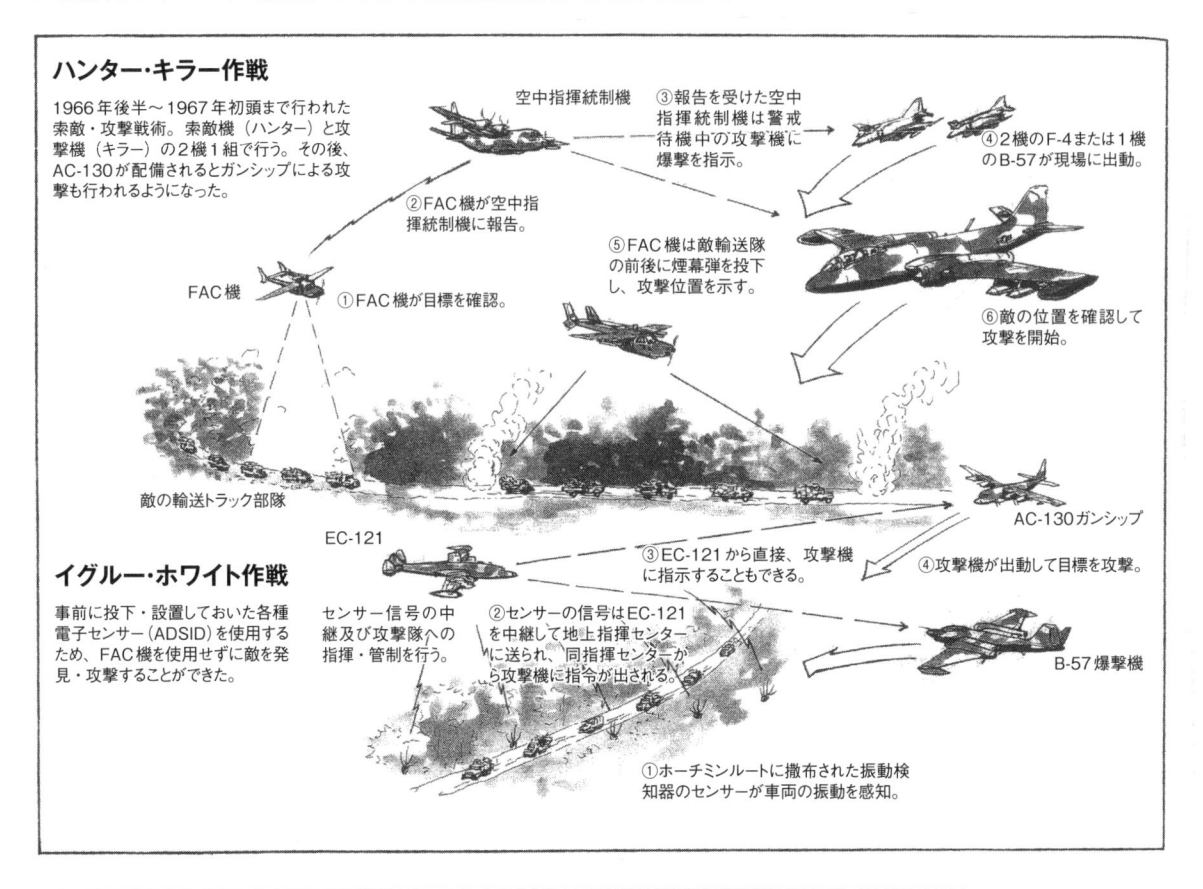

ハンター・キラー作戦

1966年後半～1967年初頭まで行われた索敵・攻撃戦術。索敵機（ハンター）と攻撃機（キラー）の2機1組で行う。その後、AC-130が配備されるとガンシップによる攻撃も行われるようになった。

空中指揮統制機

③報告を受けた空中指揮統制機は警戒待機中の攻撃機に爆撃を指示。

④2機のF-4または1機のB-57が現場に出動。

②FAC機が空中指揮統制機に報告。

⑤FAC機は敵輸送隊の前後に煙幕弾を投下し、攻撃位置を示す。

FAC機

①FAC機が目標を確認。

⑥敵の位置を確認して攻撃を開始。

敵の輸送トラック部隊

AC-130ガンシップ

EC-121

イグルー・ホワイト作戦

事前に投下・設置しておいた各種電子センサー（ADSID）を使用するため、FAC機を使用せずに敵を発見・攻撃することができた。

③EC-121から直接、攻撃機に指示することもできる。

④攻撃機が出動して目標を攻撃。

センサー信号の中継及び攻撃隊への指揮・管制を行う。

②センサーの信号はEC-121を中継して地上指揮センターに送られ、同指揮センターから攻撃機に指令が出される。

B-57爆撃機

①ホーチミンルートに撒布された振動検知器のセンサーが車両の振動を感知。

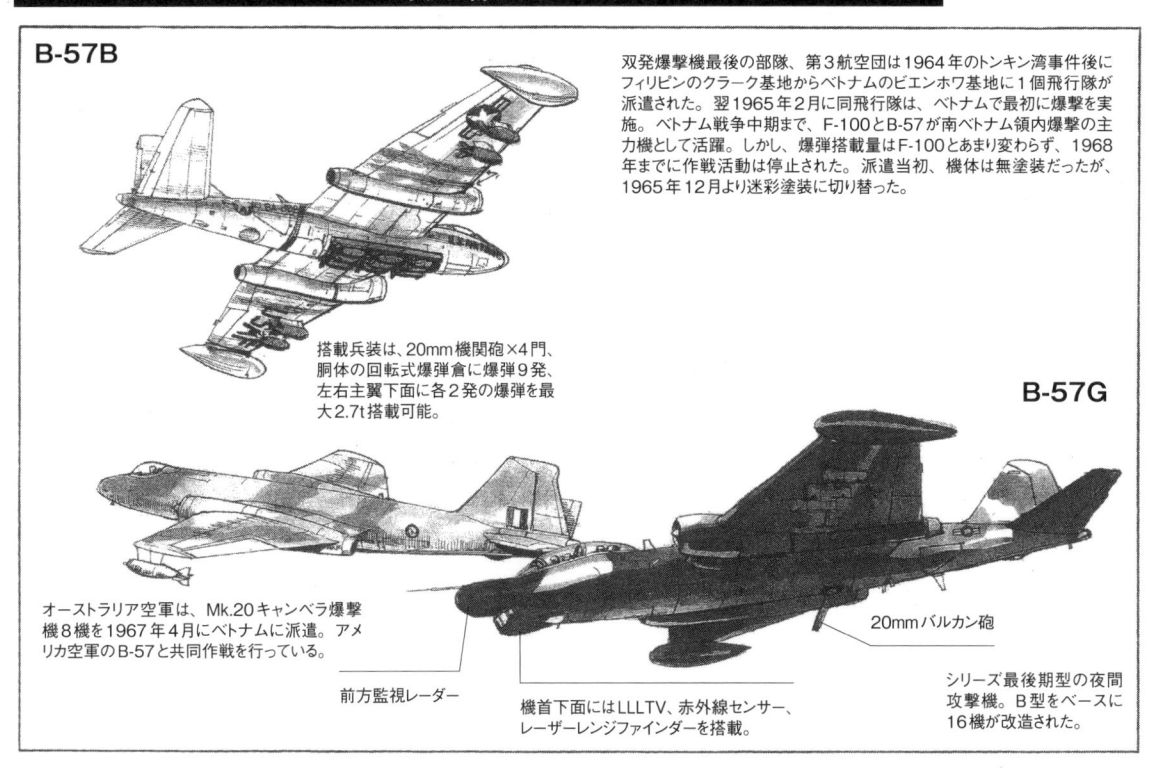

B-57B

双発爆撃機最後の部隊、第3航空団は1964年のトンキン湾事件後にフィリピンのクラーク基地からベトナムのビエンホワ基地に1個飛行隊が派遣された。翌1965年2月に同飛行隊は、ベトナムで最初に爆撃を実施。ベトナム戦争中期まで、F-100とB-57が南ベトナム領内爆撃の主力機として活躍。しかし、爆弾搭載量はF-100とあまり変わらず、1968年までに作戦活動は停止された。派遣当初、機体は無塗装だったが、1965年12月より迷彩塗装に切り替った。

搭載兵装は、20mm機関砲×4門、胴体の回転式爆弾倉に爆弾9発、左右主翼下面に各2発の爆弾を最大2.7t搭載可能。

B-57G

オーストラリア空軍は、Mk.20キャンベラ爆撃機8機を1967年4月にベトナムに派遣。アメリカ空軍のB-57と共同作戦を行っている。

前方監視レーダー

機首下面にはLLLTV、赤外線センサー、レーザーレンジファインダーを搭載。

20mmバルカン砲

シリーズ最後期型の夜間攻撃機。B型をベースに16機が改造された。

捜索救難任務

アメリカ空軍は、北ベトナムや南ベトナム内の敵支配地域に撃墜や事故で墜落した航空機の乗員を救出するため、南ベトナムとタイの各空軍基地に捜索救難飛行隊を派遣して任務にあたった。

捜索救出部隊（SAR）

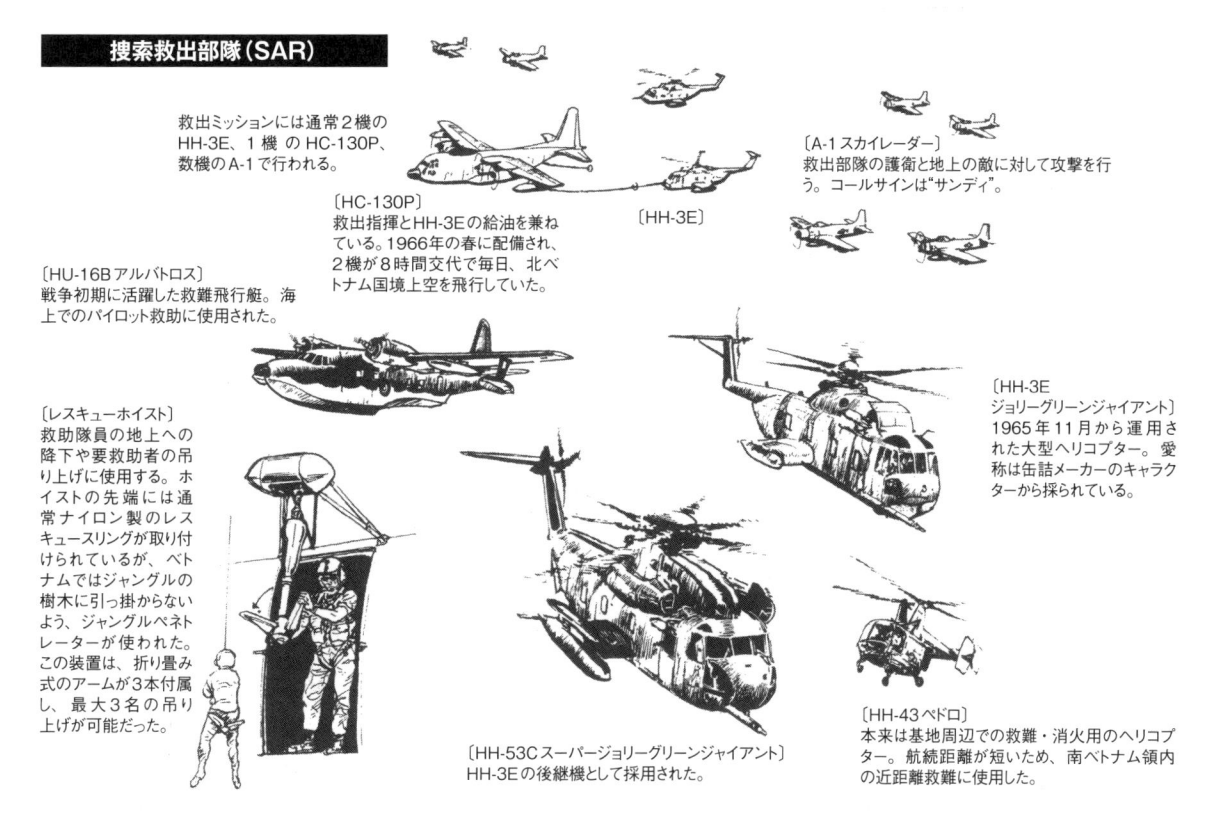

救出ミッションには通常2機のHH-3E、1機のHC-130P、数機のA-1で行われる。

〔HC-130P〕
救出指揮とHH-3Eの給油を兼ねている。1966年の春に配備され、2機が8時間交代で毎日、北ベトナム国境上空を飛行していた。

〔HH-3E〕

〔A-1 スカイレーダー〕
救出部隊の護衛と地上の敵に対して攻撃を行う。コールサインは"サンディ"。

〔HU-16Bアルバトロス〕
戦争初期に活躍した救難飛行艇。海上でのパイロット救助に使用された。

〔レスキューホイスト〕
救助隊員の地上への降下や要救助者の吊り上げに使用する。ホイストの先端には通常ナイロン製のレスキュースリングが取り付けられているが、ベトナムではジャングルの樹木に引っ掛からないよう、ジャングルペネトレーターが使われた。この装置は、折り畳み式のアームが3本付属し、最大3名の吊り上げが可能だった。

〔HH-53Cスーパージョリーグリーンジャイアント〕
HH-3Eの後継機として採用された。

〔HH-3E ジョリーグリーンジャイアント〕
1965年11月から運用された大型ヘリコプター。愛称は缶詰メーカーのキャラクターから採られている。

〔HH-43ペドロ〕
本来は基地周辺での救難・消火用のヘリコプター。航続距離が短いため、南ベトナム領内の近距離救難に使用した。

捜索救難作戦

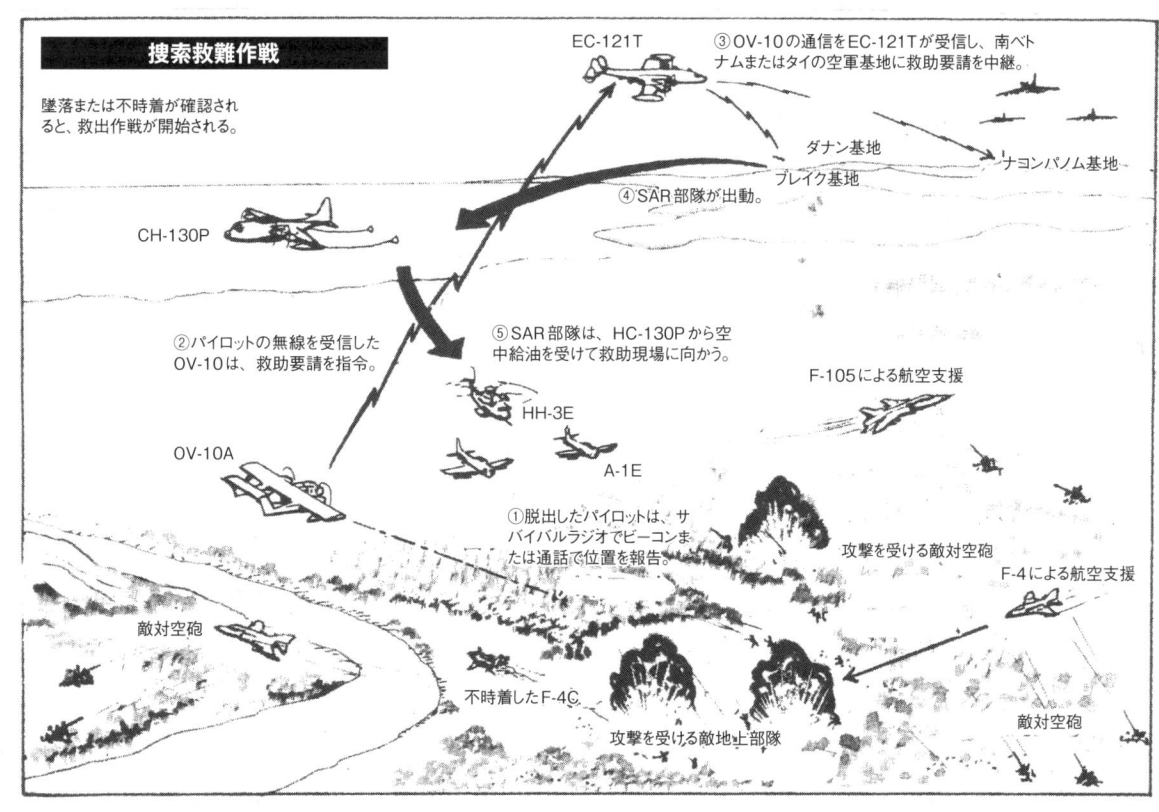

墜落または不時着が確認されると、救出作戦が開始される。

EC-121T

③OV-10の通信をEC-121Tが受信し、南ベトナムまたはタイの空軍基地に救助要請を中継。

ダナン基地
プレイク基地
ナコンパノム基地

CH-130P

④SAR部隊が出動。

②パイロットの無線を受信したOV-10は、救助要請を指令。

⑤SAR部隊は、HC-130Pから空中給油を受けて救助現場に向かう。

F-105による航空支援

HH-3E

OV-10A

A-1E

①脱出したパイロットは、サバイバルラジオでビーコンまたは通話で位置を報告。

攻撃を受ける敵対空砲

F-4による航空支援

敵対空砲

不時着したF-4C

攻撃を受ける敵地上部隊

敵対空砲

ワイルドウィーゼル攻撃機

北ベトナムに配備されたSA-2地対空ミサイルによって1965年7月24日、F-4Cが撃墜された。アメリカ軍はこれに対してECM（電子妨害装置）を利用するなど対抗策を採ったことにより、被撃墜率は下がった。しかし、SA-3が配備されるなど北ベトナムの防空網は日々強化されていき、上空における地対空ミサイルの脅威は続いていた。そうした防空網から攻撃部隊を守るため、アメリカ空軍は新たな戦術を採り入れて、地対空ミサイルを破壊する作戦を実行していくことになる。

新たな戦術とは、北爆に向かう爆撃隊に先駆け、北ベトナム軍の防空レーダー、航空管制施設、対空火器、地対空ミサイルなどで構成される防空網を"アイアンハンド"と呼ばれる専門の攻撃隊が破壊するもので、その任務を行う攻撃機が"ワイルドウィーゼル"だった。攻撃機は、敵の発信する対空レーダーや地対空ミサイルの管制レーダーの電波を捉え、シュライクなどの対レーダーミサイルによりそれらを破壊。その後、通常の対地攻撃により地対空ミサイルを含めた関連施設を破壊する手順で行われた。1966年当初、4機からなるワイルドウィーゼル編隊は、EWO (Electronic Warfare Officer)の電子受信機と解析装置によって補助されるF-105F/G 複座戦闘機1機に3機のF-105Dがともに行動することもあれば、2機のF-105Fがそれぞれ1機のF-105Dを伴って独立して行動することもあった。

ワイルドウィーゼルの任務は、攻撃部隊の本隊に先行し、目標地域にあるレーダー誘導地対空ミサイル（SAM）SA-2ガイドラインの脅威を排除し、攻撃部隊を守ることだった。そのため、ワイルドウィーゼルは自らが囮機となり、敵のレーダーを妨害せず、急降下爆撃を敢行し、わざとSAMを発射させることもあった。機体を鋭く急降下、ブレイクさせることで自機に向かってくる対空ミサイルを回避した。ただし、戦闘機の巡航速度の3倍で接近してくるミサイルをパイロットがしっかりと視界に捉えることができなければ、撃墜されるという危険が絶えず伴ったが……。

また、ワイルドウィーゼルは脅威地域に最初に到着し、最後に離脱するため、ある時は作戦時間が3.5時間にも及び、燃料不足によりタイ空軍基地に帰還することもあった。

ワイルドウィーゼルの攻撃方法

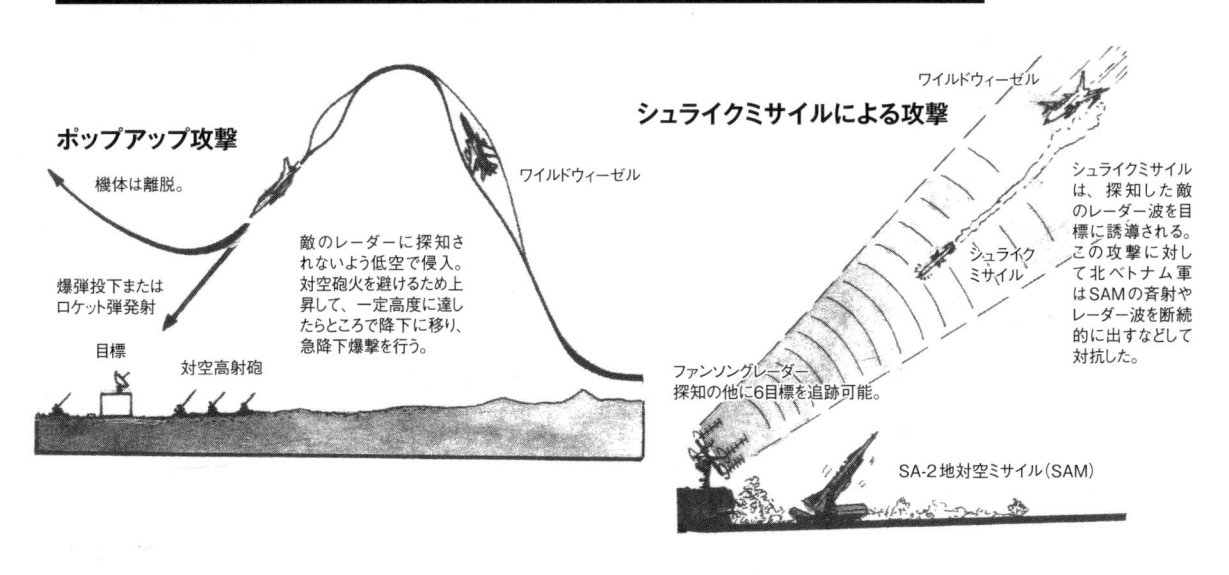

ポップアップ攻撃

機体は離脱。

敵のレーダーに探知されないよう低空で侵入。対空砲火を避けるため上昇して、一定高度に達したらところで降下に移り、急降下爆撃を行う。

爆弾投下または
ロケット弾発射

目標

対空高射砲

ワイルドウィーゼル

シュライクミサイルによる攻撃

ワイルドウィーゼル

シュライクミサイルは、探知した敵のレーダー波を目標に誘導される。この攻撃に対して北ベトナム軍はSAMの斉射やレーダー波を断続的に出すなどして対抗した。

シュライクミサイル

ファンソングレーダー
探知の他に6目標を追跡可能。

SA-2地対空ミサイル（SAM）

《 EB-66E 》

初期のワイルドウィーゼルは、敵対空レーダーの探知とレーダーや通信システムに対する電子妨害を行うためF-100Fとハンター・キラー・チームが組まれた。本機は攻撃をサポートするハンター役となって任務に参加した。

《 F-100FワイルドウィーゼルⅠ 》

高速飛行と地上攻撃が可能なため、最初にワイルドウィーゼルとして採用された。EB-66Eとハンター・キラー・チームのキラー役となり、電子戦機の指示に応じて爆弾やロケット弾で目標を破壊した。

《 F-105FワイルドウィーゼルⅡ 》

攻撃力を高めるため、F-100Fに替わり採用された。レーダー妨害装置と対レーダーミサイルの運用システムにより、単機での攻撃が可能になった。

《 F-105GワイルドウィーゼルⅢ 》

F-105Fに搭載された電子機器や兵装システムを改良したアップグレード型。

《 F-4CワイルドウィーゼルⅣ 》

F-105の生産が1964年に終了していたことから、F-105に替わるワイルドウィーゼルのベース機体としてF-4Cが選ばれ、ワイルドウィーゼル仕様に改造された。

《 F-4GワイルドウィーゼルⅤ 》

F-4Eをベースとして改造された機体。1978年から部隊運用が始まった。F-4Gはワイルドウィーゼルとしての完成度の高さから、後の湾岸戦争においても活躍している。

ベトナム戦争の珍兵器

1950年代〜1970年代、技術の発展と新たな戦術に対応するためアメリカ軍とアメリカの各メーカーは、様々な兵器の開発・研究を行った。その中から傑作兵器が登場するが、また珍兵器も生み出されることになった。

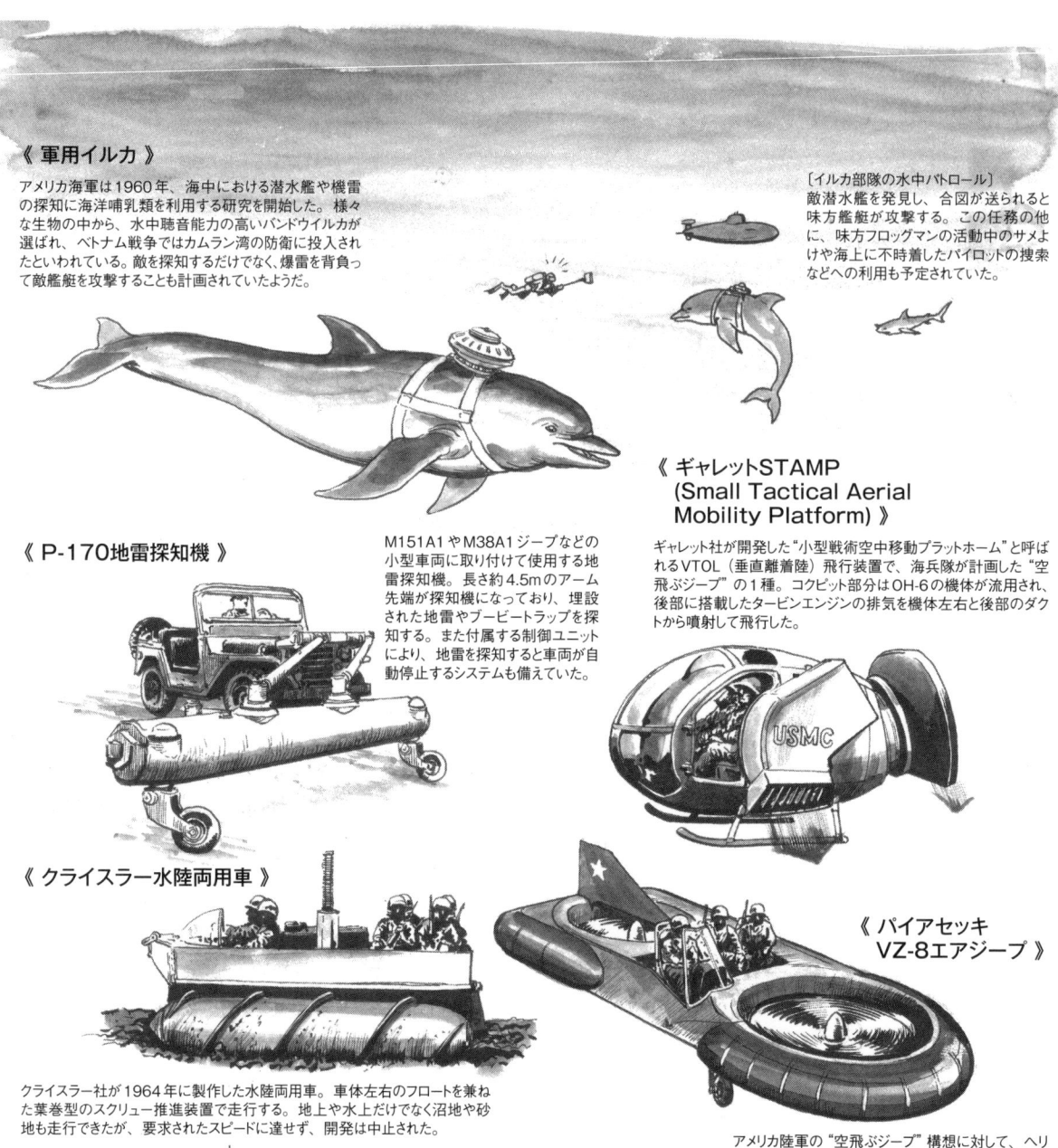

《 軍用イルカ 》

アメリカ海軍は1960年、海中における潜水艦や機雷の探知に海洋哺乳類を利用する研究を開始した。様々な生物の中から、水中聴音能力の高いバンドウイルカが選ばれ、ベトナム戦争ではカムラン湾の防衛に投入されたといわれている。敵を探知するだけでなく、爆雷を背負って敵艦艇を攻撃することも計画されていたようだ。

〔イルカ部隊の水中パトロール〕
敵潜水艦を発見し、合図が送られると味方艦艇が攻撃する。この任務の他に、味方フロッグマンの活動中のサメよけや海上に不時着したパイロットの捜索などへの利用も予定されていた。

《 P-170地雷探知機 》

M151A1やM38A1ジープなどの小型車両に取り付けて使用する地雷探知機。長さ約4.5mのアーム先端が探知機になっており、埋設された地雷やブービートラップを探知する。また付属する制御ユニットにより、地雷を探知すると車両が自動停止するシステムも備えていた。

《 ギャレットSTAMP (Small Tactical Aerial Mobility Platform) 》

ギャレット社が開発した"小型戦術空中移動プラットホーム"と呼ばれるVTOL（垂直離着陸）飛行装置で、海兵隊が計画した"空飛ぶジープ"の1種。コクピット部分はOH-6の機体が流用され、後部に搭載したタービンエンジンの排気を機体左右と後部のダクトから噴射して飛行した。

《 クライスラー水陸両用車 》

《 パイアセッキ VZ-8エアジープ 》

クライスラー社が1964年に製作した水陸両用車。車体左右のフロートを兼ねた葉巻型のスクリュー推進装置で走行する。地上や水上だけでなく沼地や砂地も走行できたが、要求されたスピードに達せず、開発は中止された。

《 ロッキードXM800W偵察装甲車 》

重量：7.7t
最高速度：104km/h（路上）
武装：M139 20mm機関砲×1、M60機関銃×1
乗員：3名

アメリカ陸軍の要求に応じてロッキード社が開発した試作装輪式偵察装甲車。不整地走行の際、地形に合わせて車体が左右に動くようジョイント部分で二分割されている。またウォータージェットシステムを搭載して水上走行もできた。

アメリカ陸軍の"空飛ぶジープ"構想に対して、ヘリコプターメーカーのパイアセッキ社が1957年に開発した小型VTOL機。機体前後に大型のローターを搭載して、離陸・飛行を行う。初飛行を1958年9月に成功させると、エンジンをピストンエンジンからターボシャフトエンジンに変更するなど6種類が試作されたが、同時期に高性能の小型ヘリコプターが開発されたこともあり、計画は試作で終わった。

全長：7.45m
全幅：2.82m
総重量：1.65t
最高速度：136km/h
最大上昇高度：914m
武装：M139 20mm機関砲×1、M60機関銃×1
乗員：3名

アメリカ海軍の活動

北ベトナム沿岸地域における艦砲射撃

アメリカ海軍は、ベトナムに派遣した第7艦隊の第75.8任務部隊を北ベトナムへの艦砲射撃作戦に投入している。これは航空機の北爆に呼応して、巡洋艦と駆逐艦が北ベトナム海岸線から約20～30km圏内に存在する北ベトナム軍施設（対空陣地や対空レーダーサイトなど）、港湾、工場、交通インフラなどを目標に行うもので、オーストラリア海軍の艦艇も参加して実施された。
作戦は1966～1972年までに"シードラゴン作戦"（1966年10月25日～1968年10月31日）、"カスタムテーラー作戦"（1972年5月）、"ライオンの巣穴作戦"（1972年5月9日～10月23日）が発動された。北ベトナム領内以外では、1968年のテト攻勢の際に、南ベトナム北部の沿岸において支援砲撃が行われている。艦砲射撃は昼夜の関係なく、また、航空機が飛べないような悪天候でも攻撃が可能なため、北ベトナム軍と解放戦線にとって大きな脅威であった。

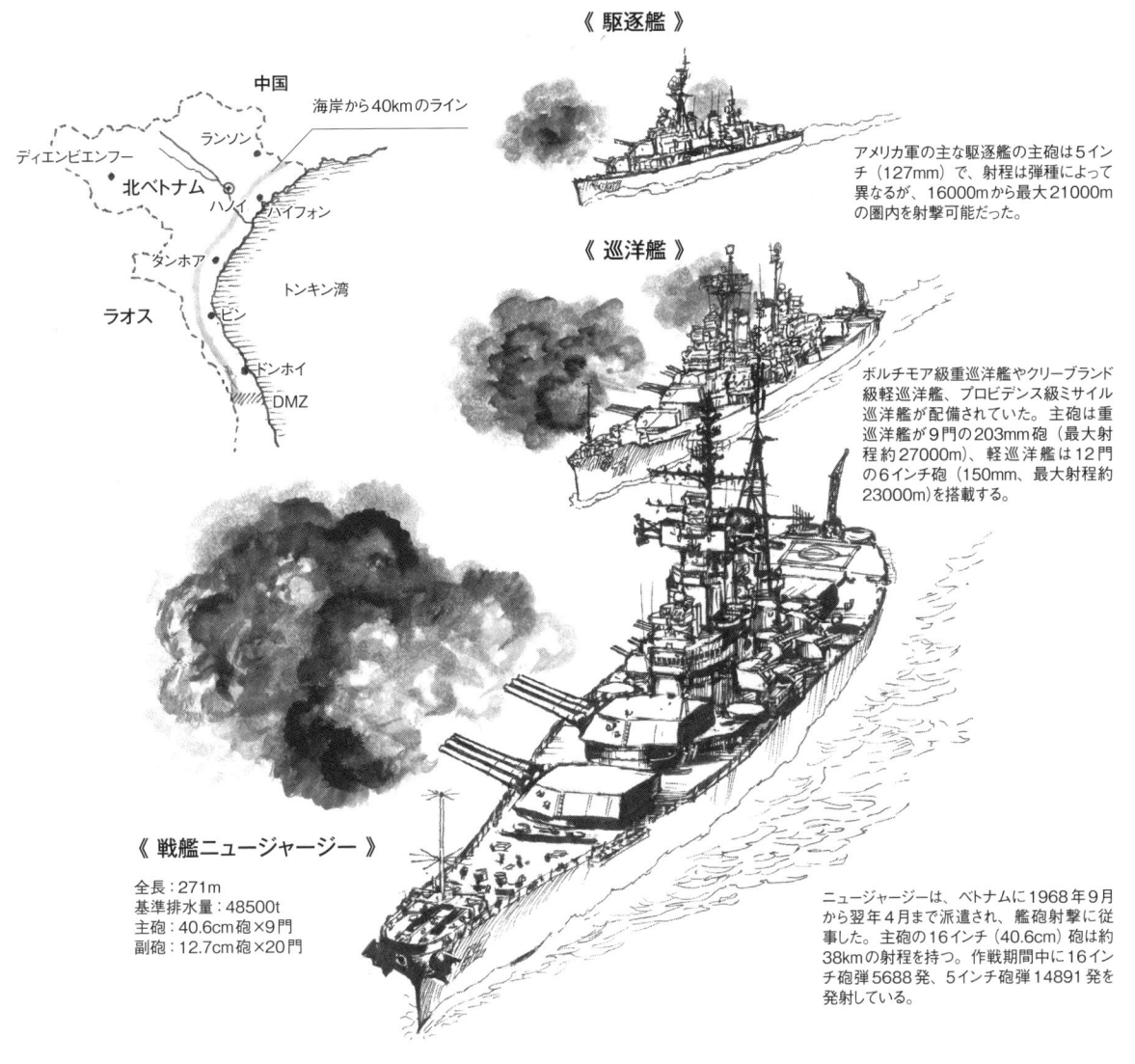

《 駆逐艦 》

アメリカ軍の主な駆逐艦の主砲は5インチ（127mm）で、射程は弾種によって異なるが、16000mから最大21000mの圏内を射撃可能だった。

《 巡洋艦 》

ボルチモア級重巡洋艦やクリーブランド級軽巡洋艦、プロビデンス級ミサイル巡洋艦が配備されていた。主砲は重巡洋艦が9門の203mm砲（最大射程約27000m）、軽巡洋艦は12門の6インチ砲（150mm、最大射程約23000m）を搭載する。

《 戦艦ニュージャージー 》

全長：271m
基準排水量：48500t
主砲：40.6cm砲×9門
副砲：12.7cm砲×20門

ニュージャージーは、ベトナムに1968年9月から翌年4月まで派遣され、艦砲射撃に従事した。主砲の16インチ（40.6cm）砲は約38kmの射程を持つ。作戦期間中に16インチ砲弾5688発、5インチ砲弾14891発を発射している。

中国
海岸から40kmのライン
ランソン
ディエンビエンフー
北ベトナム
ハノイ
ハイフォン
タンホア
ラオス
ビン
トンキン湾
ドンホイ
DMZ

《 アメリカ艦隊に反撃した北ベトナム軍砲兵隊 》

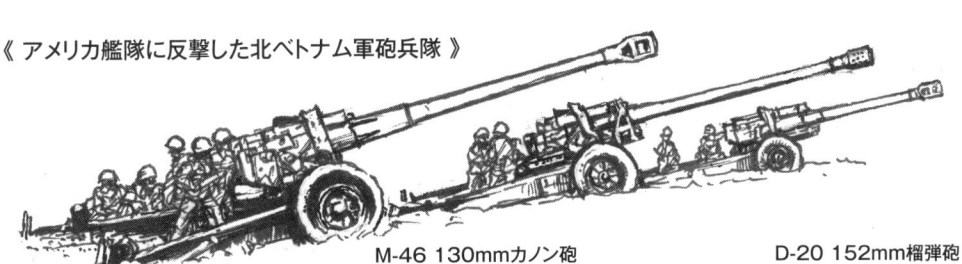

北ベトナム軍は、長射程性能を有する野砲を用いて、アメリカ海軍の艦艇に反撃を行った。北ベトナム軍砲兵隊はアメリカとオーストラリア海軍の延べ200隻以上の艦艇に損害を与えたといわれている。

D-30 122mm榴弾砲
発射速度：7～8発／分
最大射程：15400m、21900m（ロケット補助推進弾）

M-46 130mmカノン砲
発射速度：5発～8発／分
射程距離：27500m、38,000m（ロケット補助推進弾）

D-20 152mm榴弾砲
発射速度：5～6発／分
射程距離：17400m、24000m（ロケット補助推進弾）

1964年8月2日、トンキン湾において北ベトナム沿岸で哨戒任務中だったアメリカ海軍駆逐艦『マドックス』に対し、北ベトナム海軍の魚雷艇が雷撃と銃撃を仕掛けてきた。攻撃を受けた『マドックス』は反撃し、敵魚雷艇1隻を撃破し、残りの2隻にも損害を与えた。そして2日後の8月4日、最初の衝突があった現場近海で、今度は駆逐艦『ターナージョイ』、『マドックス』と北ベトナム軍魚雷艇との交戦が再発した。後に"トンキン湾事件"と呼ばれる衝突であるが、アメリカの派兵が始まった後もアメリカ海軍艦艇と北ベトナム魚雷艇の交戦は1971年までに延べ30回に及んだといわれている。

戦艦や複数の空母などの艦艇を多数派遣したアメリカ海軍に比べると、北ベトナム海軍の兵力は兵員3500名、魚雷艇、哨戒艇、ミサイル艇など約50隻という小規模なものであった。そのような戦力差にもかかわらず、北ベトナム海軍の魚雷艇は、沿岸に近づくアメリカ艦艇に対して攻撃を行っていた。

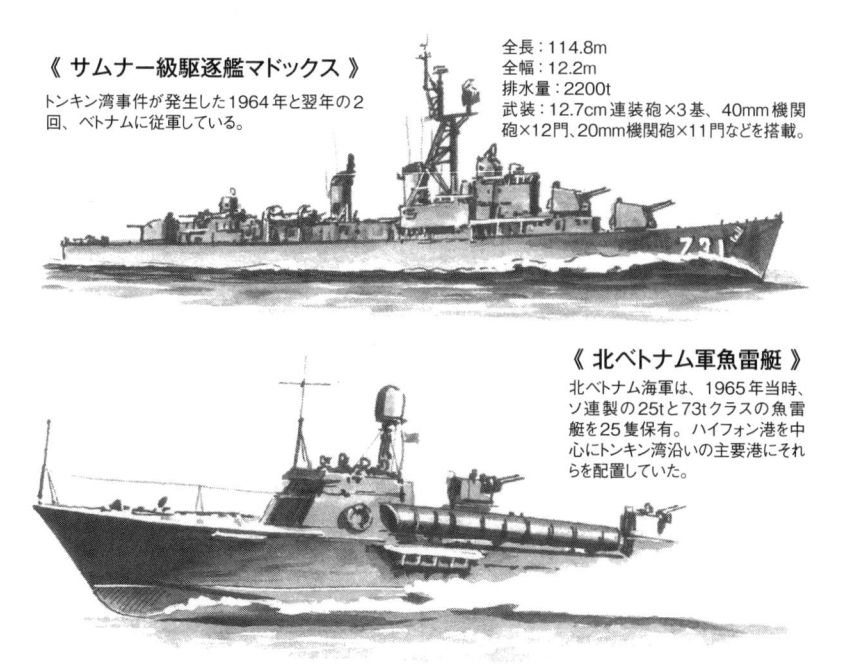

《 サムナー級駆逐艦マドックス 》

トンキン湾事件が発生した1964年と翌年の2回、ベトナムに従軍している。

全長：114.8m
全幅：12.2m
排水量：2200t
武装：12.7cm連装砲×3基、40mm機関砲×12門、20mm機関砲×11門などを搭載。

《 北ベトナム軍魚雷艇 》

北ベトナム海軍は、1965年当時、ソ連製の25tと73tクラスの魚雷艇を25隻保有。ハイフォン港を中心にトンキン湾沿いの主要港にそれらを配置していた。

機雷封鎖された北ベトナム主要港図

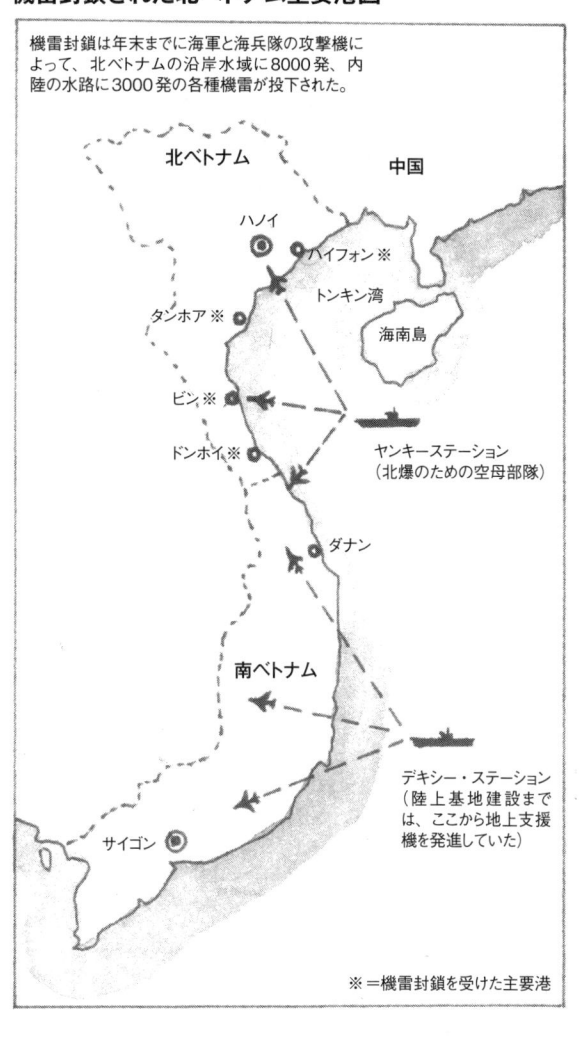

機雷封鎖は年末までに海軍と海兵隊の攻撃機によって、北ベトナムの沿岸水域に8000発、内陸の水路に3000発の各種機雷が投下された。

北ベトナム
中国
ハノイ
ハイフォン ※
トンキン湾
タンホア ※
海南島
ビン ※
ドンホイ ※
ヤンキーステーション
（北爆のための空母部隊）
ダナン
南ベトナム
デキシー・ステーション
（陸上基地建設までは、ここから地上支援機を発進していた）
サイゴン

※＝機雷封鎖を受けた主要港

北ベトナムに対する機雷封鎖作戦

北ベトナムに対する海上からの輸送を封鎖するため、アメリカ軍は1972年5月8日、ハイフォン港などの主要港や河川を機雷封鎖する"ポケットマネー作戦"を実施した。機雷に対して掃海能力を持たない北ベトナム軍は対応することができず、港は300日近く、使用や船舶の航行が不可能となった。

この作戦は北ベトナム軍の攻勢を鈍らせ、当時、パリで開催されていた和平交渉を有利にするため実行された。事実、機雷の掃海と引き換えに和平交渉でアメリカ軍捕虜の釈放が決定している。封鎖は、事前にアメリカ政府の通告もあり、期間中に船舶と人的被害を出すことはなかった。敷設された機雷は1972年1月の和平協定締結後、アメリカ海軍により掃海処分された。

《 ハイフォン港の機雷封鎖 》

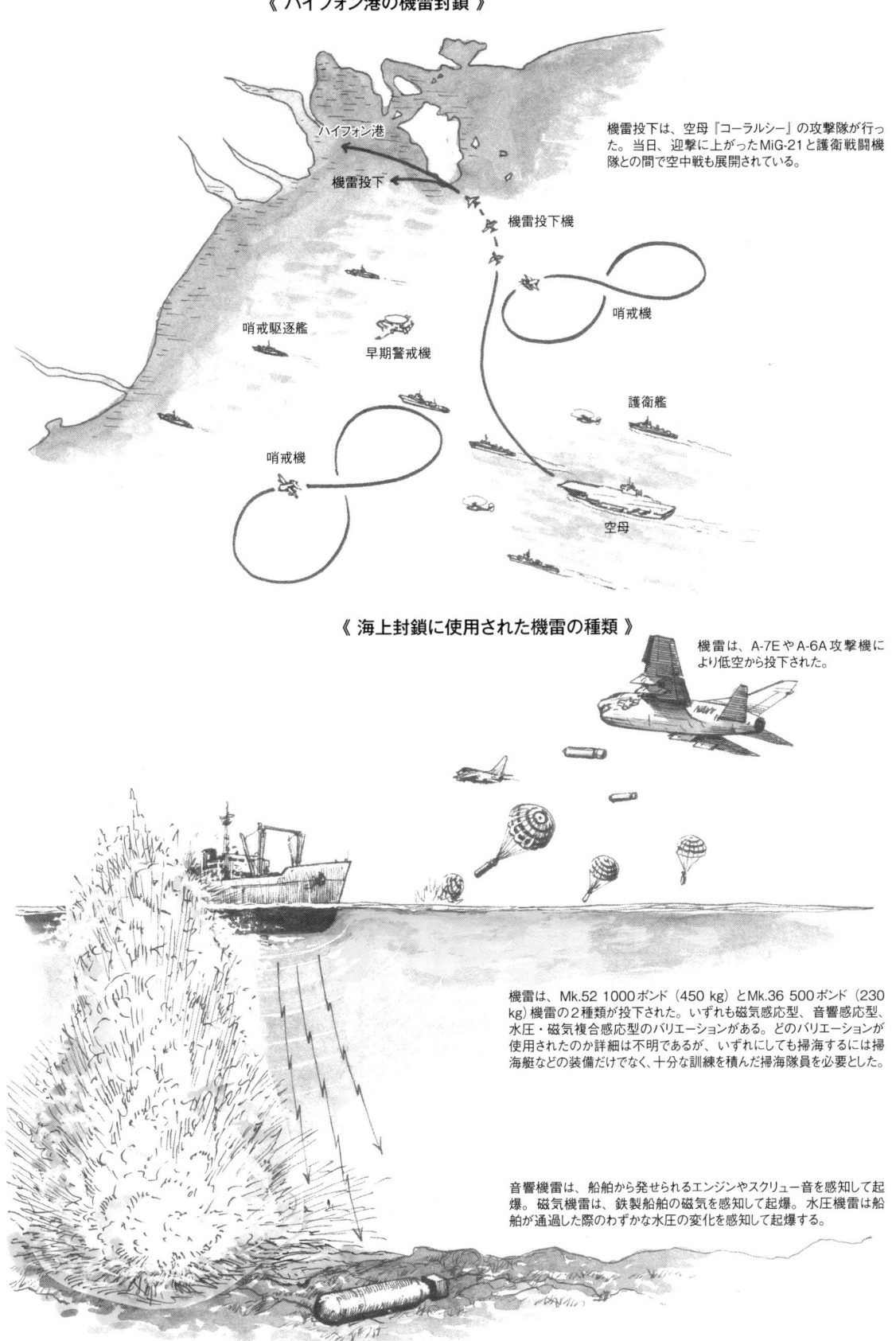

機雷投下は、空母『コーラルシー』の攻撃隊が行った。当日、迎撃に上がったMiG-21と護衛戦闘機隊との間で空中戦も展開されている。

ハイフォン港

機雷投下

機雷投下機

哨戒機

哨戒駆逐艦

早期警戒機

護衛艦

哨戒機

空母

《 海上封鎖に使用された機雷の種類 》

機雷は、A-7EやA-6A攻撃機により低空から投下された。

機雷は、Mk.52 1000ポンド（450kg）とMk.36 500ポンド（230kg）機雷の2種類が投下された。いずれも磁気感応型、音響感応型、水圧・磁気複合感応型のバリエーションがある。どのバリエーションが使用されたのか詳細は不明であるが、いずれにしても掃海するには掃海艇などの装備だけでなく、十分な訓練を積んだ掃海隊員を必要とした。

音響機雷は、船舶から発せられるエンジンやスクリュー音を感知して起爆。磁気機雷は、鉄製船舶の磁気を感知して起爆。水圧機雷は船舶が通過した際のわずかな水圧の変化を感知して起爆する。

メコンデルタとMRFの作戦エリア

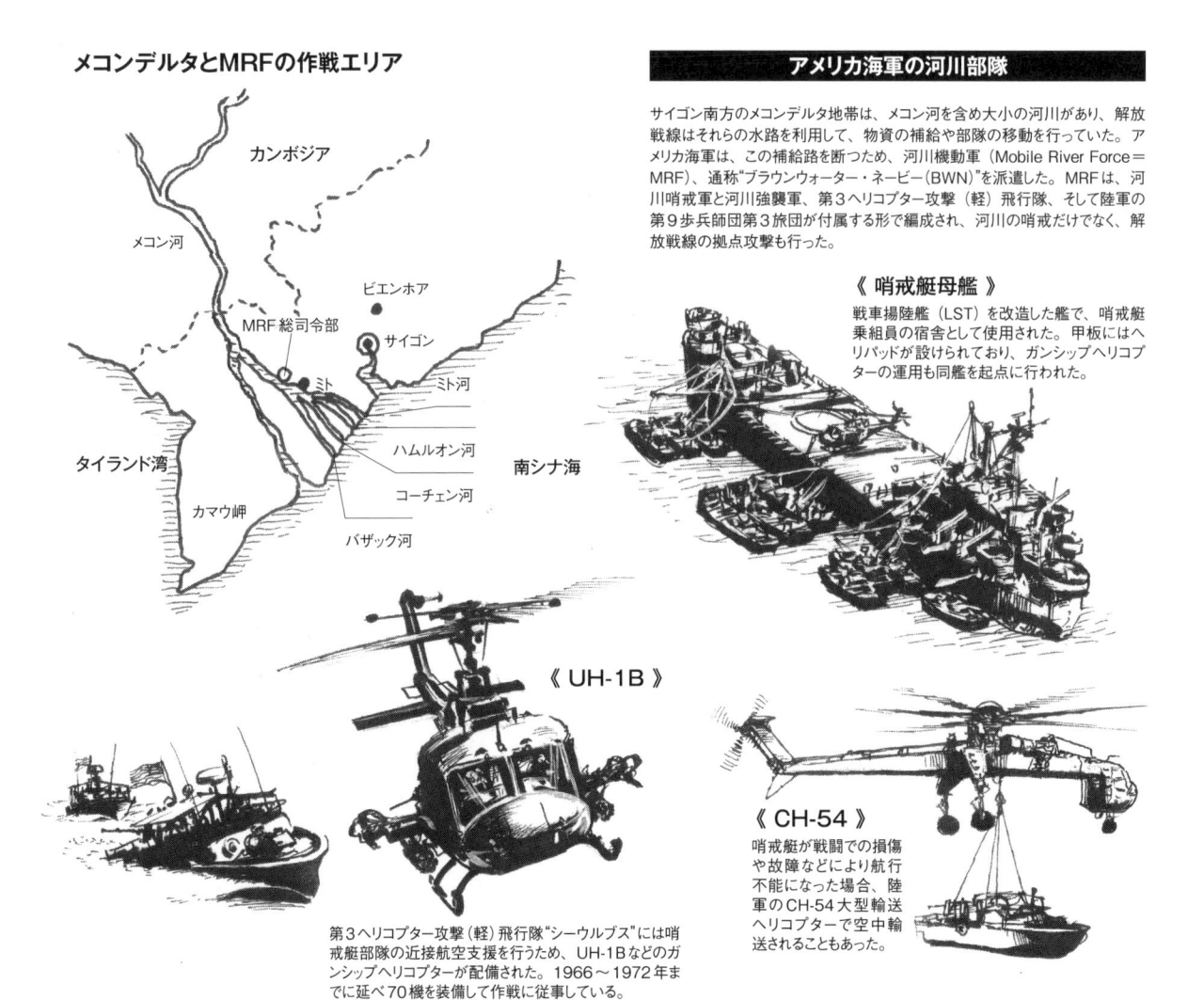

カンボジア

メコン河

ビエンホア

MRF総司令部

サイゴン

ミト

ミト河

タイランド湾

ハムルオン河

南シナ海

コーチェン河

カマウ岬

バザック河

サイゴン南方のメコンデルタ地帯は、メコン河を含め大小の河川があり、解放戦線はそれらの水路を利用して、物資の補給や部隊の移動を行っていた。アメリカ海軍は、この補給路を断つため、河川機動軍（Mobile River Force＝MRF）、通称"ブラウンウォーター・ネービー（BWN）"を派遣した。MRFは、河川哨戒軍と河川強襲軍、第3ヘリコプター攻撃（軽）飛行隊、そして陸軍の第9歩兵師団第3旅団が付属する形で編成され、河川の哨戒だけでなく、解放戦線の拠点攻撃も行った。

《 哨戒艇母艦 》

戦車揚陸艦（LST）を改造した艦で、哨戒艇乗組員の宿舎として使用された。甲板にはヘリパッドが設けられており、ガンシップヘリコプターの運用も同艦を起点に行われた。

《 UH-1B 》

第3ヘリコプター攻撃（軽）飛行隊"シーウルブズ"には哨戒艇部隊の近接航空支援を行うため、UH-1Bなどのガンシップヘリコプターが配備された。1966〜1972年までに延べ70機を装備して作戦に従事している。

《 CH-54 》

哨戒艇が戦闘での損傷や故障などにより航行不能になった場合、陸軍のCH-54大型輸送ヘリコプターで空中輸送されることもあった。

《 哨戒艇の搭載兵器 》

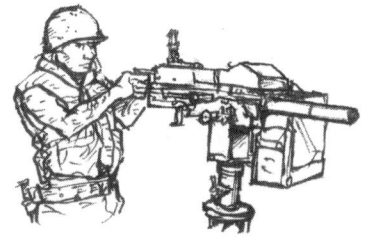

口径：40mm
弾薬：40×53mmグレネード弾
装弾数：金属ベルト給弾48発
作動形式：セミオートマチック
全長：1090mm
銃身長：413mm
重量：35.2kg
最大射程：2200m

Mk.19 Mod.0グレネードランチャー

Mk.18 Mod.0に続き、1967年から配備されたセミオートマチックのグレネードランチャー。新たに開発した中速高低圧の40×53mmグレネード弾を使用するため、40×46mmグレネード弾より射程距離が延び、威力が増している。

Mk.18 Mod.0グレネードランチャー

1962年に開発、1965年からPBRなどの哨戒艇に搭載されたグレネードランチャー。クランクハンドルを回して給弾・発射するラピッドファイヤー機構で40mmグレネード弾を連射した。

口径：40mm
弾薬：40×46mmグレネード弾
装弾数：ナイロンベルト給弾50発
作動形式：ラピッドファイヤー連発
全長：560mm
重量：12.2kg
最大射程距離：360m

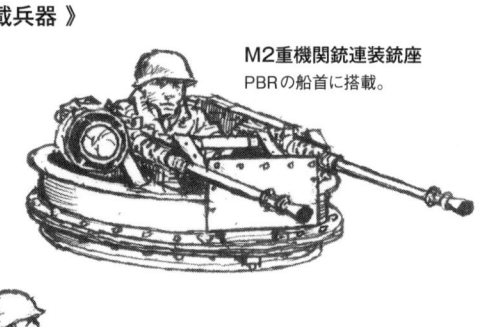

M2重機関銃連装銃座

PBRの船首に搭載。

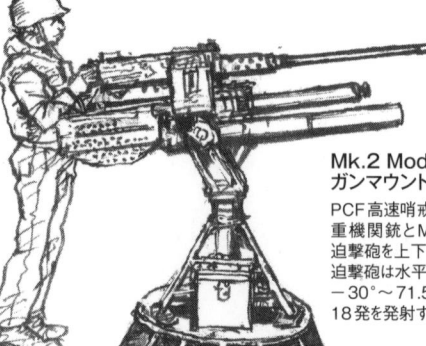

Mk.2 Mod.1 モーター/ガンマウント

PCF高速哨戒艇に搭載されたM2重機関銃とMk.2 Mod.0 81mm迫撃砲を上下にセットした重火器。迫撃砲は水平射撃が可能（俯仰角−30°〜71.5°）。1分間に最大18発を発射することができた。

《 河川哨戒ボートMk.II PBR 》

全長：9.7m
満水排水量：7.1t
最高速力：25ノット
武装：12.7mm機関銃×3、7.62mm機関銃×1、40mmグレネードランチャー×1

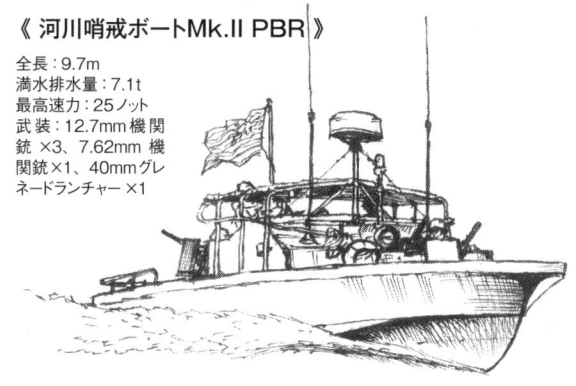

ウォータージェットエンジンを搭載して推進するため、支流など底の浅い河川でも活動できた。

《 哨戒ホバークラフトM7255 PACV 》

全長：11.8m
最高速力：60ノット
武装：12.7mm機関銃×2、7.62mm機関銃×2、40mmグレネードランチャー×1

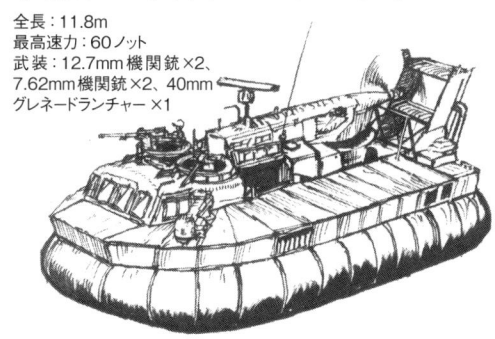

水上だけでなく、哨戒艇が航行できない湿地帯や海岸で使用するため導入された。運用は陸軍も行い、第9歩兵師団第3旅団に配備され、メコンデルタでの作戦で使用した。

《 高速哨戒艇Mk.II PCF 》

全長：15.6m
満水排水量：19t
最高速力：28ノット
武装：12.7mm機関銃×3、81mm迫撃砲×1

"スウィフト艇"とも呼ばれた哨戒艇。河川だけでなく、沿岸海域での哨戒や不審船舶の臨検などの任務に就いた。

《 装甲兵員輸送艇ATC 》

全長：17.2m
満水排水量：66t
最高速力：8.5ノット
武装：7.62mm機関銃×4、20mm機関砲×3、または20mm機関砲×2、40mmグレネードランチャー×1

上陸用舟艇（LCM）を改修した兵員輸送艇。RPG-2やRPG-7の攻撃から船体を防御するために鉄パイプを増設。銃塔を搭載している。

《 強襲支援哨戒ボートMk.I ASPB 》

全長：15.3m
満載排水量：26t
最高速力：14ノット
武装：20mm機関砲×2、12.7mmまたは7.62mm機関銃×2、40mmグレネードランチャー×1

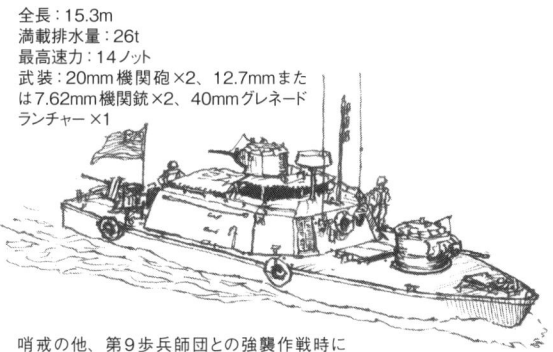

哨戒の他、第9歩兵師団との強襲作戦時にATCや上陸部隊の掩護と支援に就いた。

《 装甲兵員輸送艇ATC（H） 》

全長：17.2m
満水排水量：66t
最高速力：8.5ノット
武装：7.62mm機関銃×4、20mm機関砲×3、または20mm機関砲×2、40mmグレネードランチャー×1

ヘリコプターで物資補給や負傷者の搬送ができるよう、舟艇の船倉上部に離発着用のヘリパットを設置したタイプ。

《 河川用砲艦MON 》

全長：18.2m
満載排水量：75t
最高速力：8ノット
武装：40mm機関砲×1、12.7mm機関銃×1、20mm機関砲×3。または、20mm機関砲×2、40mmグレネードランチャー×1、7.62mm機関銃×2、81mm迫撃砲×1

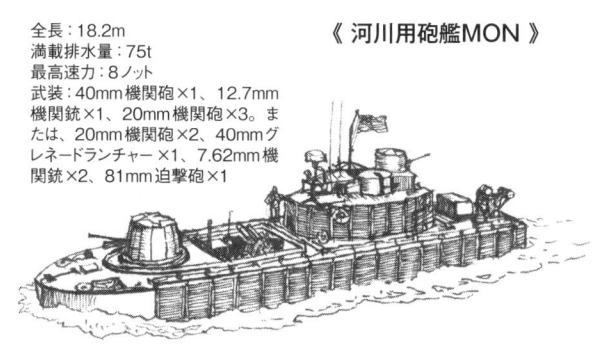

"モニター"の愛称を持つ、火力支援艇。火炎放射器を搭載したモデルも製造された。

《 指揮・通信艇CCB 》

全長：18.4m
排水量：80t
最高速力：8ノット
武装：40mm機関砲×1、12.7mm機関銃×1、20mm機関砲×3。または、20mm機関砲×2、40mmグレネードランチャー×1、7.62mm機関銃×2、81mm迫撃砲×1

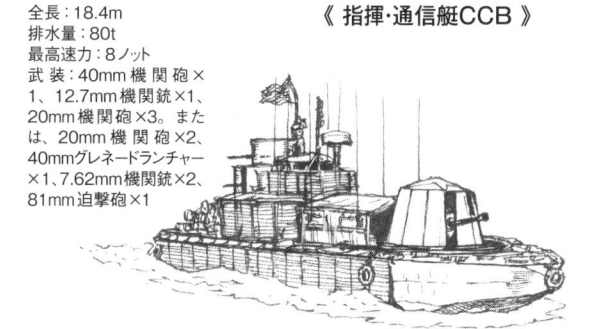

河川強襲戦隊に所属する分隊の旗艦。船首砲塔後部に無線通信室が設置されている。

【図解】ベトナム戦争

■作画 上田 信
■解説 沼田和人

編集　　　塩飽昌嗣
デザイン　今西スグル
　　　　　矢内大樹
　　　　　〔株式会社リパブリック〕

2019 年 11 月 10 日　初版発行
2020 年 3 月 10 日　2 刷発行
発行者　　福本皇祐
発行所　　株式会社 新紀元社
〒 101-0054 東京都千代田区神田錦町 1-7
錦町一丁目ビル 2F
Tel 03-3219-0921　FAX 03-3219-0922
smf@shinkigensha.co.jp
http://www.shinkigensha.co.jp/
郵便振替　00110-4-27618
印刷・製本　中央精版印刷株式会社

ISBN978-4-7753-1793-8